AF389693

MUSÉUM
D'HISTOIRE NATURELLE
DE LYON.

GUIDE

AUX COLLECTIONS

DE

ZOOLOGIE, GÉOLOGIE ET MINÉRALOGIE

PAR

ARNOULD LOCARD

MEMBRE DE PLUSIEURS SOCIÉTÉS SAVANTES

Res parva, sed initium non parvæ.
(PLINE.)

LYON
IMPRIMERIE PITRAT AINÉ
4, RUE GENTIL.

1875

MUSÉUM

D'HISTOIRE NATURELLE

DE LYON

GUIDE

AUX COLLECTIONS

DE

ZOOLOGIE, GÉOLOGIE ET MINÉRALOGIE

PAR

ARNOULD LOCARD

MEMBRE DE PLUSIEURS SOCIÉTÉS SAVANTES

Res perée, sed initium non perit.

PLINE.

LYON

IMPRIMERIE PITRAT AINÉ

6, RUE GENTIL

1875

Les galeries du Muséum sont ouvertes au public le Jeudi et le Dimanche de 11 heures à 4 heures.

Dans la semaine, elles sont également ouvertes aux étrangers et aux
personnes qui veulent se livrer à des études plus spéciales. Il suffit pour
cela de s'adresser au gardien du Muséum, qui loge sur la terrasse, à
côté du petit escalier de service de l'École des beaux-arts.

En écrivant ce *Guide*, notre intention n'est point de faire le catalogue de toutes les richesses que renferme le Muséum d'histoire naturelle de Lyon. Nous nous proposons simplement de conduire le visiteur dans nos galeries, de le *guider* à travers tout ce monde jadis animé, de lui indiquer l'ordre qui a présidé à ces arrangements et à ces classifications, de lui faire suivre le développement successif de la vie à la surface du sol depuis les premiers âges de notre planète jusqu'à nos jours, en lui montrant sous quelle innombrable variété de formes cette vie s'est manifestée ; enfin, de porter plus spécialement son attention sur les pièces les plus curieuses et les plus rares de nos collections, tout en cherchant à faire ressortir les richesses et les ressources de l'histoire naturelle dans nos environs.

Nous nous adressons à tout le monde, à ceux surtout qui, sans être initiés aux études des sciences naturelles, ont cependant l'occasion de parcourir nos galeries. Puissions-

nous arriver à leur rendre moins aride et plus instructive
la vue de nos collections ! puissions-nous également faire
naître et développer en eux le goût de l'histoire naturelle,
et, en guidant leur première lecture dans le grand livre
de la science, leur inspirer le désir d'en poursuivre l'étude !

Lyon, mai 1875.

MUSÉUM
D'HISTOIRE NATURELLE
DE LYON

DISPOSITIONS GÉNÉRALES

Le Muséum de Lyon, fondé en 1772, a subi depuis son origine bien des transformations, dont nous n'avons pas à nous occuper ici : nous renvoyons ceux de nos lecteurs qui veulent connaître son histoire à la notice récemment publiée par M. Fontannes sur ce sujet.

Actuellement il doit être classé au rang des premiers musées d'Europe ; chaque jour il prend une importance de plus en plus considérable, soit au point de vue des études et des recherches qui y sont faites, soit par la rapidité avec laquelle s'accroissent ses différentes collections. Malheureusement le local qui lui est consacré est tellement restreint qu'il n'est plus possible de donner à ces collections toute l'extension qu'elles méritent. Pourtant on cherche encore à tirer le meilleur parti possible du local en entassant, avec ordre, les principales richesses jadis accumulées dans les greniers et les laboratoires.

Le Muséum est situé dans la partie ouest des bâtiments du Palais Saint-Pierre, sur la place des Terreaux. Son entrée est au premier étage du pavillon sud-ouest du Palais, au-dessus du portique qui entoure l'intérieur de de l'édifice.

Deux escaliers y conduisent :

1° Le grand escalier d'honneur, au fond de la cour, dans l'angle sud-ouest : cet escalier n'est ouvert au public que le jeudi et le dimanche ;

2° L'escalier de service de l'École des beaux-arts et de la Bibliothèque, situé à l'extrémité d'un étroit corridor dont l'entrée est au fond, à droite du vestibule du Palais.

Les collections sont renfermées dans trois salles, disposées et réparties ainsi qu'il suit :

1° Au premier étage, la **Minéralogie**, et la **Géologie** des *terrains Primaire et Secondaire ;*

2° Au second étage, la **Géologie** des *terrains Tertiaire et Quaternaire ;*

3° La **Zoologie** dans la grande galerie située au dessus de la salle de minéralogie.

Nous invitons le visiteur à commencer par examiner dans la *Galerie de zoologie*, au deuxième étage, tout ce qui concerne le monde actuellement vivant, aussi bien dans nos pays qu'à l'étranger; de là, il passera dans la *Galerie de géologie* pour suivre l'histoire de la terre à l'époque où l'homme a commencé à apparaître sur le globe; puis descendant au premier étage, il parcourra les différents âges de notre planète, jusqu'aux époques les plus anciennes, et terminera sa visite par la minéralogie, où il fera l'étude des éléments constitutifs de la partie solide du globe.

Tel est l'ordre que nous suivrons dans ce guide.

Pour faciliter les recherches du visiteur, nous adopterons dans ce travail l'ordre zoologique, en commençant par l'homme pour finir par les animaux les plus rudimentaires.

Chaque vitrine portant un numéro d'ordre, il lui suffira de se reporter de notre guide au numéro inscrit au-dessus de chaque vitrine ou de chaque meuble, et réciproquement. Une seule série de numéros a été adoptée pour les collections. Dans les tables qui sont à la fin de ce travail, il trouvera, étant donnée une vitrine quelconque, à quelle page du guide il doit se reporter, et à quelle famille appartient le sujet qu'il veut étudier.

ÉTIQUETTES. — Les échantillons sont disposés dans des vitrines verticales ou des meubles horizontaux; chaque échantillon est accompagné d'une étiquette sur laquelle on peut lire :

1° Le nom latin générique et spécifique de l'objet; c'est là, la véritable dénomination scientifique adoptée dans tous les pays;

2° A la suite, le nom de l'auteur qui le premier en a donné la description. Exemple : URSUS SPELÆUS, *Linné*, doit se traduire ainsi : Genre URSUS, espèce SPELÆUS, décrite par Linné;

3° Au dessous du nom latin, le nom français ou nom vulgaire;

4° A droite de l'étiquette et dans le bas, le nom de la localité où a été recueilli l'échantillon.

Tout échantillon donné au Muséum porte, inscrit en bas, à gauche de l'étiquette, le nom de son donateur.

Pour toutes les observations, réclamations, dons ou échanges, s'adresser à la Direction. Le cabinet de M. le Directeur du Muséum a son entrée sur le palier, à droite de la galerie de Zoologie. — Les laboratoires et magasins sont situés au fond de la petite salle de Géologie.

GALERIE
DE ZOOLOGIE

La galerie de zoologie renferme tout ce qui a rapport à l'étude du monde animal actuellement vivant ; mais par suite de l'exiguïté du local des galeries de Géologie, on a dû faire figurer dans la Zoologie quelques grands squelettes d'animaux éteints, ou des moulages en plâtre de pièces fossiles étrangères au bassin du Rhône.

Le règne animal a été divisé en cinq grands embranchements fondés sur l'organisation du système nerveux : les *Vertébrés*, les *Mollusques*, les *Annelés*, les *Zoophites* et les *Protozoaires*.

Dans les huits compartiments de droite se trouvent les Mammifères ; les Oiseaux, les Reptiles et les Poissons occupent ceux de gauche. Entre chaque compartiment il existe des vitrines verticales destinées aux collections entomologiques ; au dessous, dans les vitrines horizontales, sont disposés les Mollusques et les Crustacés. Au centre de la galerie on a reparti dans deux meubles spéciaux les animaux inférieurs, et l'on a monté quelques squelettes importants.

On remarquera, au dessus des vitrines des Insectes, les bustes de quelques naturalistes remarquables : à droite, Duméril, de Blainville, Oken, Geoffroy Saint-Hilaire, Latreille, Cuvier ; à gauche, Aristote, Pline, Buffon, Linné, Pallas, C. Bonaparte et Lamarck.

VERTÉBRÉS

Les vertébrés sont des animaux pourvus d'un squelette intérieur ; ils ont un système nerveux central composé du cerveau, du cervelet et de la moelle épinière ; leur sang est rouge, le cœur musculeux et la respiration pulmonaire ou branchiale ; les uns donnent naissance à des petits vivants, d'autres à des œufs. C'est dans cet embranchement que sont groupés les êtres animés les plus complets et ceux dont les organes des sens ont acquis le plus de développements : on les divise en cinq ordres : les *Mammifères*, les *Oiseaux*, les *Reptiles*, les *Batraciens* et les *Poissons*. Chacun de ces ordres a été classé d'après les plus récentes monographies des naturalistes français ou étrangers.

MAMMIFÈRES

Les mammifères occupent les vitrines situées à droite de la galerie. On a suivi pour les classer le système de Cuvier modifié par Jourdan ; se basant plus particulièrement sur quelques considérations anatomiques, il reporte les chéiroptères à côté des rongeurs.

En tête de chaque Famille, près du guidon sur lequel se trouve inscrit le nom générique, on a placé de petites planchettes sur lesquelles se trouvent disposés les crânes des principaux genres qui constituent cette famille, de façon à pouvoir en étudier les caractères anatomiques et plus particulièrement la dentition. — Sur des cartes géographiques déposées dans chaque vitrine, on pourra suivre la distribution des principaux genres d'animaux sur la surface du globe.

La collection de mammifères comprend plus de 800 individus répartis en 550 espèces, représentant 250 genres. La collection des Singes à elle seule renferme 110 individus formant 76 espèces et 33 genres : cette série et celle des paresseux sont des plus remarquables.

Vitrine 1

La première vitrine est exclusivement consacrée à l'homme. — Sur les côtés figurent les **Squelettes** complets des types Nègre et Européen. — Un squelette d'enfant, de dix ans appartenant à la race blanche. — Au milieu une **Momie** des sépultures d'Esuch ou Latopis (Égypte), se présentant dans une attitude verticale. — De l'autre côté, une **Momie péruvienne** *(Chiquitos)*, des côtes d'Aréquipa ; elle est accroupie et repliée sur elle-même ; elle était déposée dans un grand vase en verre qui lui servait de sépulture. — Dans le bas, à droite de la momie, trois **Crânes** de race blanche, type dolichocéphale, c'est-à-dire à forme allongée. — A gauche, trois **Crânes** brachycéphales, c'est-à-dire à forme élargie latéralement, également de la race blanche. — Au centre de la vitrine une pyramide de crânes d'anciens Lyonnais suppliciés, recueillis en 1835 au cimetière de la Miséricorde, à Lyon, lors de la construction des égouts collecteurs ; l'histoire rapporte que c'est précisément dans ce même cimetière que Cinq-Mars et de Thou furent enfouis après leur exécution en 1642. — Dans le haut, une série de crânes représentant les principales races humaines : un crâne néo-zélandais momifié porte encore sa peau couverte de tatouages.

Plusieurs Momies de Coptes du type dolichocéphalique. — Le crâne de race chiquitéenne est remarquable par la déformation du front, obtenue par la compression des os du sommet de la face à l'aide d'une planchette ; cette coutume barbare existait autrefois dans le Toulousain ; de là l'origine du type à front fuyant qui s'est perpétué par hérédité. — D'autres crânes de Momies du Soudan, d'Assyrie, d'Abyssinie, des sépultures d'Esuch ou Latopis, etc. — Dans la race asiatique, des crânes de Papous, Calmoucks, Chinois, Mantchous, Annamites, etc.

Vitrine 2

Cette vitrine renferme les squelettes des Singes anthropomorphes, c'est-à-dire dont les formes se rapprochent du squelette humain. — En face du visiteur, un grand squelette de **Gorille** *(Gorilla gina)* du Gabon (Afrique occidentale). C'est un des rares individus amenés en Europe; le Gorille y fut apporté pour la première fois par le missionnaire P. S. Savage en 1847; c'est le type du Singe le plus grand et le plus fort; l'individu du Muséum fut tué par une balle qui lui a traversé le crane de part en part; il présente plusieurs particularités curieuses, d'abord la déformation considérable du bassin, due sans doute à quelque accident arrivé lorsqu'il était en bas âge; les exostoses qu'il porte au coude montrent quelles luttes il a dû subir de son vivant. La longueur de l'animal, de la tête à la plante des pieds, est de cinq pieds et demi, la largeur des épaules est de trois pieds; les apophyses crâniennes sont particulièrement développées, ce qui laisse supposer des muscles d'une très-grande puissance; les dents et notamment les canines sont énormes. La crête osseuse qui surmonte son crâne indique un individu mâle déjà vieux; cette crête en effet n'existe ni chez la femelle, ni chez les jeunes mâles, ainsi qu'on peut le constater sur un jeune individu exposé à sa gauche, et que l'on a représenté en marche, s'appuyant sur la face dorsale de la main. — Sur les côtés de la vitrine, on remarquera d'autres squelettes de Singes de la même famille, mais de taille plus petite. — Le **Chimpanzé** *(Troglodytes niger)*, espèce plus petite que la précédente, qui n'a à l'âge adulte que 1ᵐ52 de hauteur; cet animal habite la haute et basse Guinée, dans les grandes forêts qui avoisinent la mer. — Le **Gibbon wouwou** *(Hylobates agilis)*; c'est le singe dont les membres antérieurs sont les plus allongés; tout en étant debout, ses mains touchent le sol; il vit dans la presqu'île Malaise et particulièrement aux environs de Sumatra.

Vitrines 3 & 4

Les vitrines numéros 3, 4, 5, 6 et 7, qui constituent le premier compartiment de la galerie, sont exclusivement consacrées aux Singes. — Dans le bas de la vitrine numéro 3, un jeune **Troglodyte** *(Troglodytes niger)*, accompagné d'un **Orang-Outang** *(Simia satyrus)* en bas âge; lorsque cet animal devient adulte, il atteint quatre pieds de hauteur; les poils sont rares sur le dos et sur la poitrine, tandis qu'au contraire, ils sont longs et fourrés sur les parties latérales du corps; ceux de sa figure forment barbe; ses membres sont terminés par de longues mains et de longs doigts; tant que l'Orang est jeune, son crâne ressemble à celui d'un enfant, mais ils se modifie avec l'âge et n'a plus par la suite aucun rapport avec la forme qu'il présentait dans sa jeunesse; on le rencontre surtout dans l'île de Bornéo. — Le **Gibbon** *(Hylobates syndactylus)*, de Sumatra, à longue robe noire, avoisine le **Gibbon Wouwou** *(Hylobates agilis)* dont la robe grise est des plus remarquables. — Au-dessus, les **Semnopithèques** *(Semnopithecus)* dont la structure de l'estomac présente une disposition toute spéciale; par suite des étranglements multiples dont il est pourvu, il rappelle vaguement l'estomac des ruminants et se rapproche davantage encore de celui des Kangurous; on en distingue plusieurs espèces qui se trouvent a Java, Sumatra et dans les îles de la Sonde. — Le **Colobe** d'Abyssinie *(Colobus guetera)* se distingue par son mantelet noir à grandes franges.

Vitrines 5 & 6

La grande famille des **Guenons** *(Cercopithecus)*, Singes d'Afrique aux formes légères et gracieuses, aux membres déliés, aux mains fines et courtes avec de longs pouces, qui peuvent emmagasiner leur nourriture dans leurs abajoues en attendant un moment propice pour la livrer à la mastication. — Les **Macaques** *(Macacus)* des Indes, sont plus forts et plus trapus, ils étaient autrefois répandus sur une partie considérable de l'Europe. — Le **Mandrill** *(Mandrilla)*, qui vit en troupes nombreuses dans les forêts montagneuses de la Guinée, représente un genre aux formes solides et robustes ; sa tête ornée d'une protubérance nasale est couverte de poils roides et hérissés ; ses dents sont très-dangereuses : il peut atteindre jusqu'à 1ᵐ50 de hauteur. — Les **Pithecus** *(Pithecus)* ou Magots sont des singes appartenant à la Barbarie, ils sont moins gros que les précédents et moins agiles. — Les **Cynocéphales** *(Cynocephalus)* ainsi nommés, par suite de la ressemblance qu'offre leur tête allongée avec celle du Chien : ce n'en est du reste que la caricature comme le Gorille est la caricature de la tête de l'Homme : ces grands Singes au museau fort, allongé et tronqué à son extrémité, habitent l'Afrique et vivent toujours en bandes nombreuses dans les forêts. — Les **Hurleurs** *(Mycetes seniculus, M. fuscus, M. niger)*, doivent leur nom aux cris rauques et constants qu'ils poussent lorsqu'ils sont ensemble, on les entend à plus de 1.500 mètres de distance ; ils portent au larynx un développement qui ressemble à un goître ; on examinera cette singulière structure sur un squelette monté et disposé à cet effet ; ces Singes vivent en famille dans les régions tropicales de l'Amérique du Sud. — Les **Atèles** *(Ateles paniscus)*, au pelage noir et aux membres grêles, vivent sur la cime des arbres les plus élevés dans les environs de Cayenne ; leurs mouvements sont lents, ils se traînent en marchant et se servent de leur longue queue prenante pour se suspendre aux arbres des forêts. — Des Singes de taille plus petite, les **Sajous** *(Cebus)*, des forêts des régions du Sud, présentent de grandes variétés de couleurs ; ce sont de petits animaux, vifs, intelligents, espiègles, dont la voix est douce et larmoyante. — Le **Saïmiri** *(Saïmiris sciurus)*, de l'Amérique du Sud, au corps élancé, aux formes grêles, connu en Amérique sous le nom de Sagouin. — Les **Oukis** *(Pithecia)* ou Singes à queue de Renard vivent dans l'Amérique méridionale ; très-paresseux pendant le jour, ils se couchent dans le haut des arbres et poussent le soir des cris puissants qui les trahissent de très-loin.

Vitrine 7

Les **Ouistitis** *(Jacchus)*, gracieux petits Singes dont les pieds postérieurs ont le pouce opposable aux autres doigts, tandis que, dans les pieds antérieurs, le pouce est droit ; ce sont les plus petits Singes connus : leur queue est longue et touffue, leurs oreilles sont garnies de pinceaux de poils ; on les rencontre sur la côte orientale du Brésil, dans le voisinage des villes et des villages. — Avec les Propithèques commence la famille des lémuriens ou Faux-Singes, qui servent de passage entre les Singes proprement dits et les chéiroptères. — Le **Propithèque** à robe blanche (*Propithecus coronatus*) de Madagascar, est une des espèces les plus belles, mais en même temps des plus rares. — Le **Makis** (*Lemur*), autre espèce plus petite, également de Madagascar et des îles voisines. — Le **Loris** (*Loris gracilis*), joli petit Singe des forêts de l'île de Ceylan; les indigènes lui font la chasse pour avoir ses yeux si vifs et si brillants, qu'ils font entrer dans la préparation de certains filtres. — Le **Galago** (*Otolicnus galago*), petit animal aux formes gracieuses, orné d'une queue longue et touffue, se trouve dans les forêts de Mimosas de l'Afrique et notamment du Sénégal. — Le **Marikina** (*Midas rosalia*), de couleur claire, également orné d'une longue queue. — Le **Midas** (*Midas*) aux mains rousses a une queue prenante deux fois aussi longue que son corps; les Midas vivent dans l'Océanie.

Dans le haut de la vitrine, les **Galéopithèques** (*Galeopithecus*), sorte de Singes pourvus de larges membranes qui s'étendent de chaque côté du corps et leur servent de parachutes; ils forment ainsi un groupe d'animaux transitoires entre les Singes, les rongeurs et les Chauves-Souris. — Le **Galéopithèque volant** (*Galeopithecus volans*) habite les îles de la Sonde, les Moluques et les Philippines; pendant le jour il s'accroche avec les pattes de derrière aux branches d'arbres à la façon des Chauves-Souris; la nuit, il chasse et peut franchir en sautant une distance oblique de haut en bas de près de 100 mètres, grâce à cette disposition de parachute; les indigènes estiment beaucoup sa chair.

Vitrine 8

Les vitrines numéros 8 à 17 renferment les animaux carnassiers, ainsi nommés parce qu'ils se nourrissent de chair; ce sont de redoutables animaux, forts et puissants pour la plupart; on les divise en plantigrades ou digitigrades suivant qu'ils s'appuient pour marcher sur la paume de la main ou simplement sur les doigts.

L'Ours des cavernes (*Ursus spelæus*), espèce fossile, c'est-à-dire ne vivant plus à notre époque, remarquable par sa force et sa grande taille; on peut du reste se rendre facilement compte de son ossature en la comparant à celle des espèces vivantes qui sont à côté; cet Ours a été contemporain de l'Homme; son squelette, aussi complet que possible, a été recueilli dans la grotte de l'Herm (Ariége) et monté au musée de Toulouse. — **L'Ours brun des Alpes** (*Ursus arctos*), l'un des plus grands mammifères d'Europe; le mâle adulte atteint jusqu'à 2 mètres de longueur; son poids varie de 250 à 300 kilogrammes; cet animal devient de plus en plus rare dans l'Europe centrale où il abondait autrefois; il habite les grandes forêts, et à mesure que les progrès de la culture envahissent les montagnes, il tend à disparaître; on le rencontre encore dans les Alpes et les Pyrénées.

Vitrines 9 & 10

L'Ours blanc ou **Ours polaire** (*Ursus maritimus*), représenté par un individu de taille bien au-dessous de la moyenne; il existe en effet des Ours blancs dont la longueur n'est pas moindre de 2m. 50, et dont le poids varie de 450 à 600 et même 750 kilogrammes. Il habite la zone arctique, là où la mer est couverte de glace pendant presque toute l'année; il vit surtout de poissons: sa fourrure blanche est très-recherchée par les chasseurs. — L'**Hélarctos jongleur** (*Ursus labiatus*). espèce plus petite que les précédentes et que l'on trouve dans les Indes : les Indiens l'apprivoisent et lui apprennent à jongler; c'est de là que lui vient son nom. — Les **Ratons** (*Procyon*) petits Ours propres à l'Amérique, ne marchent que sur les ongles; le **Raton laveur.** trempe sa proie dans l'eau. la lave et la frotte avant de la manger. - Le **Blaireau** (*Ursus meles*). le plus inoffensif de tous les Carnassiers. habite dans des terriers qu'il creuse lui-même dans le flanc des montagnes les plus exposées au soleil: on le trouve dans toute l'Europe: les poils de sa queue servent à faire des brosses et des pinceaux. La **Moufette** (*Mephites*) habite l'Amérique. elle possède des glandes anales qu'un muscle spécial vient comprimer et d'où jaillit un liquide infestant qu'elle projette à près de trois mètres de distance pour se débarrasser de ses ennemis. — La **Mangouste** (*Herpestes*). petit carnassier d'Afrique aux formes allongées. tenu pour sacré dans l'antiquité par les Egyptiens, sous le nom d'Ichneumon. c'est-à-dire découvreur de gibier. — La **Genette** et la **Civette** possèdent sous l'abdomen une poche sécrétant une liqueur employée jadis dans la thérapeutique et recherchée encore pour la parfumerie: l'un de ces individus (*Vierra genetta*) a été tué aux environs de Lyon.

Vitrine 11

Le **Loup** (*Canis lupus*) était autrefois très-commun en France dans tous nos bois; aujourd'hui il est devenu plus rare; depuis le commencement du siècle. on lui fait partout la chasse: il est très-répandu dans les steppes de la Russie. en Norvége et dans le nord de l'Asie. Il tient beaucoup du Chien sauvage; il existe de nombreux exemples d'accouplement du Loup et du Chien. — L'**Hyène** (*Hyæna*) est très-commune dans le nord de l'Afrique où nos soldats la rencontrent fréquemment autour des camps où elle vient rôder la nuit; c'est pour eux un maigre gibier, car on ne peut tirer aucun profit de cet animal. — Le **Renard** (*Canis vulpes*) se rencontre dans toute l'Europe; dans les parties du Dauphiné qui avoisinent les Alpes. on lui fait la chasse pour l'éloigner des basses-cours, où souvent il vient faire de nombreux ravages pendant l'hiver. — Le **Renard bleu** (*Canis lagopus*) ou Isatis. de l'Amérique septentrionale. est très-recherché pour sa fourrure; sa couleur change avec les saisons pour s'adapter à la teinte générale des lieux qu'il habite; en été, sa robe est de couleur terne; en hiver elle est d'un gris bleuâtre. comme la glace des pays qu'il habite; c'est surtout dans cette saison qu'on le chasse. — Le **Chien** (*Canis familiaris*). dont les nombreuses variétés n'ont pu être représentées dans nos galeries: le seul type qui y figure est remarquable par le soin avec lequel il a été monté.

Au-dessus de la vitrine on remarquera les squelettes d'**Ours** (*Ursus arctos*) et de **Chien** (*Canis lupus*).

Vitrine 12

L'**Hyène** (*Hyæna striata*). belle espèce à robe rayée dont la tête est ornée d'une longue crinière qui suit toute la région dorsale. — Carte géographique indiquant la répartition des Hyènes à la surface de la terre. — La **Panthère noire** (*Felis melas*). l'un de plus féroces carnassiers ; elle ne se trouve qu'à Java : sa robe, au premier aspect, semble d'un noir uniforme, mais avec un peu d'attention on y retrouve les mêmes dessins que dans la Panthère ordinaire. — La **Panthère des Indes** (*Felis pardus*) habite les jungles de l'Inde ; cet animal aux formes élégantes tient surtout du Chat : il atteint jusqu'à 2m. 15 de longueur, la queue comptant pour un tiers de la longueur totale, et 0m.80 de hauteur en garrot ; les types que nous voyons dans les ménageries sont généralement petits et abâtardis : sa robe, aux riches couleurs, est très-recherchée ; aussi la chasse de la Panthère est-elle l'objet d'une véritable spéculation. — Le **Guépard** (*Felis jubatus*) tient à la fois du Chat et du Chien ; il habite les steppes du sud-ouest de l'Asie ; son agilité et sa souplesse lui servent encore plus que sa force pour chasser et poursuivre sa proie. — Dans le haut, le **Conguar** (*Felis concolor*) ou Puma, est très-répandu dans toute l'Amérique ; la réputation de férocité de ce félin égale presque celle du Lion d'Afrique.

Au-dessus de la vitrine, le squelette de la **Panthère** (*Felis pardus*) des Indes.

Vitrines 13 & 14

Le **Tigre royal** (*Felis tigris*), représenté par deux beaux spécimens. le mâle et la femelle ; le squelette du mâle est monté. Cette espèce est propre aux Indes ; plus fort et plus puissant que le Lion, il ne redoute aucun animal : ses habitudes et ses mœurs sont tout à fait celles du Chat dont il tient beaucoup, sa robe est très-estimée. — Moulage en plâtre d'*Felis similodon* du Brésil. grand Carnassier fossile dont la mâchoire supérieure est armée de deux canines gigantesques. — Les **Chats sauvages** (*Felis catus*) se rencontrent encore parfois dans nos pays. mais ils deviennent de plus en plus rares : on les confond souvent avec des Chats domestiques qui quittent les habitations pour aller vivre dans les bois : leur peau est recherchée pour divers usages médicaux. — Le **Lion** d'Afrique mâle (*Felis leo*) et son squelette. accompagné d'un jeune Lionceau ; le mâle adulte, lorsqu'il a toujours vécu en liberté devient très-grand, il peut avoir 2m.60 depuis l'extrémité du museau jusqu'au bout de la queue et 1 mètre de hauteur au garrot : sa tête, entourée d'une épaisse crinière, est empreinte d'un caractère de noblesse qui lui a valu le titre de roi des animaux. — Le **Lynx** (*Felis lynx*). qui, d'après la fable. pourrait voir à travers les montagnes, possède, il est vrai une vue très-puissante. mais qui pourtant est loin d'atteindre la portée qu'on lui accorde ; il vit dans l'Afrique septentrionale avec l'Hyène et le Lion, à la recherche des cadavres dont il fait sa pâture.

Vitrine 15

La **Lionne** (*Felis leo*). avec deux Lionceaux. Lorsqu'il est pris jeune, le Lion est susceptible de s'apprivoiser tout comme le Chat : mais en grandissant son instinct sauvage reprend le dessus et sa domestication n'est plus possible. — Le **Putois** d'Europe et d'Amérique (*Putorius fœtidus*), l'ennemi juré de nos basses-cours : il vit dans les creux des arbres, dans les ravins : en hiver il s'approche des habitations. poussé par la faim.

et se laisse prendre aux piéges qu'on lui tend : le mâle exhale une odeur infecte qui laisse après lui des traces certaines de son passage ; plusieurs spécimens de Putois ont été pris aux environs de Lyon. — L'**Hermine** (*Putorius erminea*) est recherchée pour sa belle robe d'hiver qui est d'un blanc immaculé : l'été sa robe prend la même couleur que celle de la Belette. — Le **Furet** (*Mustella furo*), bien connu et surtout bien apprécié des chasseurs qu'il aide pour aller poursuivre les Lapins dans leurs gîtes. — La **Fouine** (*Mustella fouina*), autre animal redouté dans les basses-cours et les pigeonniers : on la trouve également dans nos pays. — Les **Martes** et particulièrement la **Marte zibeline** (*Mustella ziblina*) sont recherchées pour leur belle fourrure : les plus beaux types viennent des régions septentrionales d'Europe, d'Asie et d'Amérique. — La **Belette** (*Mustella vulgaris*) est répandue dans toute la zone froide et tempérée de l'ancien continent.

Vitrine 16

La **Marte** du Canada (*Mustella Canadensis*) ou Pékan est l'espèce dont la fourrure est le plus commune dans le commerce ; elle est beaucoup plus grande que la Marte d'Europe : on la chasse dans toute l'Amérique. — La **Loutre** (*Lutra vulgaris*), animal aussi redouté des pêcheurs que recherché par les chasseurs, habite les bords des eaux, sur toute la surface du globe, sauf pourtant dans la Nouvelle-Hollande et les contrées polaires : elle nage et plonge à merveille et peut rester longtemps sous l'eau ; sa peau est très-recherchée pour la pelleterie : c'est surtout l'Amérique du Nord qui approvisionne les marchés français : un des exemplaires du Muséum a été tué sur les bords du Rhône ; d'autres espèces proviennent du Canada, du Brésil, de l'Océanie. — L'**Aonyx de Delalande** (*Lutra inunguis*), variété d'Amérique. — La **Loutre marine** (*Enhydris marina*) est curieuse par la forme cylindrique et très-allongée de son corps, que soutiennent de petites pattes : elle habite les îles et les côtes du Grand Océan entre l'Asie et l'Amérique du Nord : sa fourrure est très-estimée : tous ces animaux vivent dans l'eau et servent de passage aux animaux amphibies que nous voyons dans la vitrine suivante.

Vitrines 17 & 18

Ces deux vitrines sont consacrées aux animaux amphibies, c'est-à-dire vivant alternativement dans l'eau et dans l'air ; les organes locomoteurs se modifient et ressemblent à des nageoires ; tous vivent dans la mer, et à l'inverse des poissons, ils viennent respirer l'air nécessaire à leur existence.

Le **Pelage moine** (*Phoca monacus*) de la Méditerranée. Cet animal, assez commun sur certaines côtes, aime les roches à fleur d'eau et les archipels, c'est celui dont parlait déjà Aristote. — Le **Veau marin** (*Calocephalus vitulinus*) ou Phoque ordinaire, nommé aussi Chien de mer, est l'espèce la plus commun des mers d'Europe. — Le **Morse ou Cheval marin** (*Trichechus rosmarus*) habite une grande partie de l'océan Glacial Arctique ; ses défenses, sa peau et sa graisse sont utilisées ; on remarquera plusieurs beaux crânes de Morses, dont les défenses atteignent des dimensions considérables. — Le **Dauphin** (*Delphinus delphis*), chanté jadis par les poëtes, habite toutes les mers de l'hémisphère septentrional; il vit en bandes et suit volontiers les navires, plongeant et remontant sans cesse; c'est le baromètre du marin, car les Dauphins marchent, dit-on, toujours du côté d'où doit venir le vent. — Le **Marsouin** (*Phocœna Rondeleti*) est très-commun dans les mers aux embouchures des fleuves, qu'il remonte même assez loin; c'est ainsi qu'on en a pris dans le Rhin, dans la Tamise et dans la Seine tout près de Paris; sa voracité est proverbiale; comme le Dauphin il vit par bandes; lorsqu'il nage il abaisse et élève alternativement la tête et la queue en recourbant son corps en arc, de telle façon qu'il semble bondir dans l'eau. — Le **Dugong** (*Halicore Dugong*) qui jadis a donné naissance à la fable des Sirènes; c'est probablement le Tachach de la Bible, de la peau duquel les Israélites avaient recouvert l'Arche d'alliance; c'est un animal lent et très-lourd qui vit près des côtes, souvent couché au fond de la mer, arrachant avec ses grosses lèvres les algues qui forment la base de son régime; il habite plus spécialement les mers de l'océan Indien et remonte vers le nord jusque dans la mer Rouge. — Le **Lamentin d'Amérique** (*Manatus Americanus*) et son squelette, espèce voisine de la précédente, et que l'on rencontre dans l'océan Atlantique. — Le **Rorqual** et la **Baleine**, représentés par les Fanons qui meublent leur bouche au lieu et place de dents; nous en reparlerons plus loin à l'occasion d'un squelette disposé au fond de la galerie.

Au dessus des vitrines, le *Callocephalus vetulinus* de l'Océan.

Vitrine 19

Les animaux que nous voyons dans cette vitrine appartiennent à la famille des Solipèdes, caractérisée par le sabot du pied qui est entier; à cette famille appartiennent le Cheval, l'Ane, le Mulet, etc. — Le **Couagga de Cafrerie** (*Equus quaccha*), espèce voisine du Zèbre, mais beaucoup moins zébrée, se rapproche beaucoup du Cheval. — Le **Cheval** (*Equus caballus*) est représenté par plusieurs crânes sur lesquels on peut étudier diverses phases de la dentition; on sait en effet que cette dentition se modifie suivant l'âge de la bête. — Un squelette de Cheval (*Equus caballus*) provenant de la station préhistorique de Solutré (Saône-et-Loire), monté et reconstitué par les soins de M. Toussaint. Ce type se rapporte assez exactement au type du Cheval de la Camargue; les stylets, petits os situés près des métacarpiens ne sont pas soudés comme chez l'Hypparion, espèce fossile du genre Cheval, tandis qu'ils le sont toujours chez le Cheval. — Dans la station de Solutré on a trouvé des quantités considérables de squelettes de Chevaux de cette même espèce.

Vitrine 20

Le **Zèbre** (*Equus zebra*) appartient encore à la famille des Solipèdes; on le rencontre dans l'Afrique australe où il vit par bandes nombreuses dans les plaines et les montagnes arides; il n'est connu en Europe que depuis 1666; jusqu'à présent on n'est pas encore parvenu à l'élever et à l'apprivoiser de façon à le rendre propre à la domestication.

Nous trouvons à la suite les pachydermes, famille autrefois considérable et dont les espèces actuellement vivantes représentent les plus grands Mammifères. — Un jeune **Rhinocéros de Java** (*Rhinoceros Javanus*). Cette espèce ne possède qu'une seule corne sur le nez ; à l'âge adulte il a jusqu'à 3 mètres de longueur et 1 m 1 2 de hauteur au garrot. — A côté, un crâne de **Rhinocéros de Sumatra** (*Rhinoceros Sumatrensis*), qui porte au contraire deux cornes sur le nez. — Enfin, deux crânes de **Rhinocéros de l'Inde** (*Rhinoceros Indicus*). Nous aurons à reparler du genre Rhinocéros, lorsque nous examinerons le beau squelette monté au milieu de la salle.

Vitrines 21 & 22

Le **Tapir de l'Inde** (*Tapirus Indicus*) porte au bout du nez une petite trompe, mais qui n'a pas la propriété d'être préhensile comme celle de l'Éléphant : les Tapirs vivent dans l'Amérique, dans les Indes et les îles voisines. — Au dessus on peut examiner le squelette du même animal ; on remarquera qu'il possède quatre doigts aux pieds de devant et trois aux pieds de derrière. — Un crâne de Tapir d'Amérique, recueilli à Rio-Janeiro par l'expédition de l'*Uranie*. — Ici doivent prendre rang dans la série zoologique plusieurs types importants d'animaux qui n'existent plus aujourd'hui et que nous retrouverons dans la galerie de Géologie ; tels sont les *Palæotherium, Anoplotherium, Lophiodon, Mastodon*, etc., qui figurent dans cette vitrine sous forme de moulages. — Le **Mastodonte géant** (*Mastodon giganteum*), trouvé dans les alluvions de l'Ohio en Amérique, est représenté par le moulage de la mâchoire inférieure droite ; d'après l'examen de ce seul spécimen on peut juger quelle devait être la puissance de pareils animaux. — Un beau crâne du **Rhinocéros des Indes** (*Rhinoceros Indicus*). — Dans le haut, les différents types d'Éléphants d'Afrique, de Sibérie et d'Asie, reconnaissables à la disposition des lamelles qui forment le couronnement dentaire.

Dans cette même vitrine commence la famille des ruminants ; ces animaux possèdent quatre estomacs dans lesquels passent successivement les aliments qu'ils absorbent et d'où ils remontent ensuite dans la bouche pour subir une nouvelle mastication : c'est à cette importante famille qu'appartiennent plusieurs espèces domestiques, telles que le Bœuf, le Mouton, etc. — La race bovine est représentée par quelques types curieux et tout à fait anormaux. — Un **Veau** à deux têtes (*bicéphalie*). — Un **Veau** sans pattes (*apodie*). — Un **Veau** cyclope, c'est-à-dire n'ayant qu'un seul œil au milieu du front. — Dans le fond, un tout jeune **Bœuf domestique** (*Bos taurus*).

Vitrine 23

Un beau spécimen de l'**Antilope caama** (*Alcelaphus caama*) du Cap, avec ses cornes brusquement recourbées en arrière dans la partie supérieure ; sa tête rappelle celle de l'Élan ; elle habite le désert dans les endroits les plus arides et les plus sauvages. Dans certaines saisons, elles émigrent par bandes de deux cents à trois cents individus et se réunissent, pour voyager, à d'autres troupeaux d'Antilopes et même d'Autruches. — La **Gazelle d'Algérie** (*Antilope dorcas*) aux cornes annelées, en forme de lyre, habite les déserts et les steppes, vivant en troupes assez nombreuses. — L'**Antilope addax** (*Antilope addax*) de la Nubie et de l'Abyssinie, se distingue par ses longues cornes ; sa tête figure souvent sur les monuments Égyptiens sous le nom d'Antilope de Mendés ; ce sont les cornes de Mendés qui ornaient la tête des dieux, des prêtres et des rois. — L'**Antilope Guib** (*Tragelaphus scriptus*) de Sénégambie. — Plusieurs types de cornes aux formes les plus variées et les plus élégantes appartenant aux Antilopes, Ergocères, Oryx, etc.

Vitrine 24

Un bel exemplaire de l'**Antilope gnou** (*Connochætes Gnu*) dont les cornes offrent une disposition toute spéciale : elles sont aplaties, recourbées d'abord en bas, puis en dehors : cette espèce, autrefois commune au cap de Bonne-Espérance, ne se rencontre plus guère maintenant que dans le pays des Hottentots ; sa forme générale rappelle à la fois celle de l'Antilope, du Bœuf et du Cheval. — Le **Saïga femelle** (*Saiga Tartarica*) des bords du Volga, curieux animal dont la tête présente plusieurs singularités particulières : son nez très-mobile forme une proéminence en avant de la mâchoire inférieure : les yeux sont logés dans une cavité orbitaire qui fait fortement saillie sur le reste du crâne ; ces étranges dispositions seront observées sur le crâne du même individu placé à ses côtes. — La **Gazelle d'Algérie** (*Antilope dorcas*) dont nous avons déjà vu un spécimen dans la vitrine précédente. — L'**Antilope corine** (*Antilope corina*) de la Barbarie. — La grande **Antilope pygargue** (*Antilope pygarga*) du cap de Bonne-Espérance, etc.

Au-dessus de la vitrine, un bois de **Cerf** (*Cervus elaphus*).

Vitrine 25

Nous y retrouvons encore une autre variété de **Gazelle** (*Gazella euchore*) du Cap, dont le museau est sillonné par une bande de poils fauves qui s'étend ensuite tout le long de son corps. — L'**Antilope pygmée** (*Antilope pygmæa*), la plus petite de toutes les Antilopes, également du cap de Bonne-Espérance. — Le **Bouc** (*Capra hircus*) de nos pays, avec sa belle robe et sa barbe au menton. — Une grande Chèvre d'Afrique, à robe soyeuse noire et blanche. — Le **Chamois des Alpes** (*Rupicapra Europea*) qui vit sur les hauteurs et les escarpements alpestres. — Le **Mouflon** (*Musimon musimon*) habitait jadis le midi de l'Europe : on ne le retrouve plus aujourd'hui que dans les montagnes de la Corse et de la Sardaigne : la tête du mâle est ornée de cornes longues et fortes, très-épaisses et presque jointes à la base, se recourbant en dehors en forme de faucille. — Le **Bouquetin des Alpes** (*Ibex Alpinus*) a les cornes noueuses et peu divergentes, soutenues par des axes osseux dont l'intérieur est celluleux : elles peuvent atteindre chez les vieux mâles jusqu'à 1^{m}.15 de longueur et peser de 7 à 15 kilogrammes. — L'**Izard** (*Rupicapra Pyrenaica*) ou Chamois des Pyrénées. — Etc.

Vitrine 26

Les **Cerfs** et les **Biches** *(Cervus elaphus)*. Le mâle seul a la tête ornée d'un bois à andouillers arrondis; ce bois tombe chaque année et est remplacé par un autre bois portant un andouiller nouveau, de telle sorte que l'on peut facilement connaître l'âge de la bête en comptant ses andouillers. — Le **Daim** *(Cervus dama)* a les andouillers du sommet du bois soudés entre eux; une variété blanche qui a vécu pendant quelque temps dans la ménagerie du parc de la Tête-d'Or, à Lyon, figure à côté du Daim à robe fauve. — Le **Cerf Gonaz** ou **Bira** *(Cervus memori-vagus)* du Paraguay.

Le **Bison d'Amérique** *(Bison Americanus)* ou Buffle, est le plus grand des Mammifères du nouveau continent; le mâle mesure 2ᵐ 80 à 3 mètres de longueur, non compris la queue, et 2 mètres de hauteur au garrot; son poids varie de 600 à 1.000 kilogrammes; ce bel animal, jadis très-répandu en Amérique, est menacé de subir le même sort que le Bison d'Europe et de disparaître complétement des prairies de l'Amérique du Nord; aujourd'hui il habite les régions voisines du Missouri. Tout est utilisable dans cet animal; aussi les Indiens lui font-ils une chasse assidue: la bosse du Bison est, dit-on, un met fin et délicat; sa laine est très-abondante; une seule toison pèse jusqu'à 4 kilogrammes. — Le **Caribu** *(Tarandus caribu)* ou Renne d'Amérique est de plus grande taille que le Renne de l'ancien continent; son bois est plus petit; il vit solitaire dans les grandes forêts du nord de l'Amérique. — L'**Élan original** *(Alces original)* est un des beaux Cervidés de l'Amérique du Nord et du Canada; sa taille est très-grande; les Indiens lui font la chasse et croient qu'après avoir mangé sa chair ils peuvent courir davantage; ils utilisent son bois pour en fabriquer divers ustensiles.

Au-dessus des vitrines 25 et 25, bois du **Renne** *(Cervus tarandus)* de la Laponie. Ces animaux sont exclusivement propres aux régions les plus froides de l'hémisphère boréal; les indigènes ont su les domestiquer et s'en servent comme d'un Cheval pour tirer leurs traîneaux. — Crâne du **Bœuf bantanga** *(Bos sondaicus)*, espèce sauvage des îles de la Sonde; le Bantanga mesure 2ᵐ.15 de longueur et 1ᵐ.55 de hauteur; il a le port des belles races du bœuf domestique.— Crâne du **Bœuf des Indes** *(Bos frontosus)* dont le front très-développé forme saillie en avant. — Crâne du **Bœuf de la Romagne** *(Bos taurus)*, remarquable par la longueur de ses cornes; on le rencontre à l'état demi-sauvage dans la Maremme, au milieu des plaines marécageuses. — Crâne du **Bœuf ordinaire** des environs de Lyon *(Bos taurus)*.

Vitrine 27

Un grand **Cerf d'Alsace** *(Cervus elaphus)*. Cette même espèce se rencontre à l'état fossile dans nos environs, ainsi que nous le verrons plus loin. — Au pied de cet animal figure une carte géographique indiquant la dispersion des différentes espèces du genre Cerf à la surface du globe; dans cette carte, le pôle nord est pris pour centre de figure, les régions occupées par chaque espèce sont indiquées par des traits de différentes couleurs. — Le **Chevreuil** *(Cervus capreolus)*, que l'on chasse dans les grandes forêts de France et dont la chair est si appréciée des amateurs. — Deux jeunes types du Cerf d'Amérique avec leurs robes couvertes d'élégantes mouchetures blanches. — Au-dessus, le **Chevrotin porte-musc** (*Moschus moschiferus*) : il porte sous le ventre une petite poche arrondie dans laquelle des glandes spéciales sécrètent le musc ; un individu adulte fournit environ 60 grammes de cette précieuse substance ; on chasse le Chevrotin dans toute l'Asie ; mais c'est surtout le musc de la Chine et celui du Thibet qui a le plus de valeur. — Le **Chevrotin de Java** (*Tragulus Javanicus*) se distingue de l'espèce précédente par l'absence de la bourse à musc. — Dans le haut, le **Renne** (*Cervus tarandus*) de la Laponie ; le mâle et la femelle portent des bois insérés sur une courte saillie, recourbés en arc d'arrière en avant et terminés par une empaumure à échancrures digitiformes et faiblement fourchue. — Etc.

Au-dessus de la vitrine, squelette du **Daim** (*Cervus dama*). — Bois de **Cerf** (*Cervus elaphus*).

Vitrine 28

Cette vitrine est occupée par deux spécimens de la **Girafe** (*Cameleopardis giraffa*), dont un tout jeune individu ; ce singulier animal ne semble plus en harmonie avec les êtres de la période actuelle et rappelle les types des époques antédiluviennes : la Girafe peut atteindre jusqu'à 6m,2 de hauteur totale ; on la rencontre dans l'Afrique centrale et méridionale, sa grande taille lui permet d'atteindre les feuilles des arbres élevés, mais lorsqu'elle veut manger à terre, elle est condamnée à écarter les deux jambes de devant jusqu'à ce que sa tête puisse atteindre le sol. — Dans le fond, un moule en plâtre du *Bramatherium* de l'île de Perim.

Au-dessus de la vitrine, moulage des membres antérieurs du *Ciratherium giganteum*, Cerf fossile aussi grand que l'Éléphant, et qui portait quatre bois sur sa tête ; il a été découvert sur les bords du Bramapoutra dans l'Inde.

Vitrines 29 & 30

Le **Lama du Pérou** (*Auchenia lacma*). C'est en quelque sorte le Chameau de l'Amérique ; on s'en sert au Pérou comme bête de somme ; il s'apprivoise facilement et devient très-docile ; à l'état sauvage, lorsqu'on l'attaque, il lance contre son agresseur, sa salive et les herbes qu'il peut avoir dans sa bouche.

Nous arrivons à la famille des Pachydermes. La plupart de ces animaux ont la peau épaisse ; leur estomac est simple, ils ne ruminent pas. L'**Hippopotame** (*Hippopotamus amphibius*). Ce curieux animal, aux formes lourdes et trapues, a le corps recouvert d'une peau qui a plus de 3 centimètres d'épaisseur et qui pèse à elle seule de quatre à cinq quintaux ; nous verrons plus loin que, dans des temps géologiques relativement peu anciens, l'Hippopotame vivait aux environs de Lyon ; aujourd'hui on ne le rencontre plus que dans les régions tropicales de l'Asie et de l'Afrique. — Le **Pecari à collier** (*Dicotyles torquatus*), ou Sanglier des forêts d'Amérique, n'a que trois doigts aux pieds de derrière et une queue tout à fait rudimentaire ; il porte sur le dos une glande qui sécrète un liquide d'une odeur forte et pénétrante. — Le **Babiroussa oriental** (*Babirussa orientalis*) des

Célèbes et des Moluques, se rapproche du Sanglier; ses défenses croissent tellement qu'elles se recourbent au-dessus de la tête comme des cornes: l'un de ces crânes, peint en rouge avec ses défenses dorées, a été pris dans une pagode après y avoir été longtemps adoré. — Le **Sanglier** (*Sus scrofa*) des forêts d'Europe, avec ses puissantes défenses: il est accompagné de deux petits Marcassins: leur robe est rayée, mais cette ornementation disparaît avec l'âge. — Le **Phacochère africain** (*Phacocerus Africanus*) ou Cochon à verrues, ressemble par sa dentition au Babiroussa; il vit dans l'Afrique méridionale. - Le **Sanglier à masque** (*Sus larvatus*) jeune individu d'une espèce propre à l'Afrique orientale. — Le **Daman du Cap** (*Hyrax Capensis*), dont parle la Bible, habite aujourd'hui l'Afrique orientale et méridionale, etc.

Dans le haut de la vitrine numéro 30, se trouvent des animaux appartenant à la famille des tardigrades ou paresseux: ces mammifères qui vivent tous dans l'Amérique du Sud, sont représentés dans la galerie par une belle collection. Ils ont les pattes de devant plus longues que celles de derrière; leurs mains sont armées de grands ongles recourbés qui rendent leur marche lente et pénible; ils passent leur vie dans les arbres, suspendus aux branches, se nourrissant de bourgeons et de jeunes pouces. Telles sont les différentes variétés de **Bradypes** et de **Cholèpes** de la Guyane (*Bradypus ustus, B. tridactylus, B. torquatus, Cholœpes didactylus*).

Au-dessus de la vitrine, moulage en plâtre du crâne d'*Hexaprotodon palœindicus*, grande espèce, fossile de l'Inde. — Squelette d'**Hippopotame** (*Hippopotamus amphibius*). — Moule en plâtre du *Megatherium Cuvieri*, grand animal fossile de la famille des Edentés trouvé dans l'Amérique du Sud, qui mesurait 4 mètres de longueur sur 3 mètres de hauteur; la nature de ces dents porte à croire qu'il fouillait le sol pour aller y déterrer les racines nécessaires à son alimentation.

Vitrine 31

Dans cette vitrine nous trouvons les représentants de la famille des Edentés; sous ce nom se trouvent réunis des animaux qui vivent dans les régions tropicales et dont les dents manquent soit en totalité, soit en partie.

L'**Apar de Buffon** (*Dasypus tricinctus*) a le corps recouvert d'une carapace formant plusieurs ceintures: lorsqu'on l'attaque il se roule en boule comme le hérisson: il vit dans des terriers qu'il se creuse avec ses grands ongles et ne sort que la nuit pour chasser les Termites et les Fourmis dont il fait sa nourriture exclusive. — Le **Cachimane noir** (*Cachimana novemcostata*), espèce voisine de la précédente, a sa cuirasse dorsale composée de neuf anneaux. — L'**Encoubert du Paraguay** (*Dasypus villosus*) possède, outre ses écailles, de rares poils rudes qui lui donnent un aspect repoussant. — Le **Tatou mulet** (*Dasypus hybridus*), autre espèce voisine des précédentes. — Le **Priodonte géant** (*Priodontes gigas*), se distingue surtout par sa grande taille, par la longueur et l'inégalité des ongles de ses pieds de devant: il possède de 90 à 100 dents en forme de lames minces un peu arrondies: il vit dans le Brésil et la Guyane. — Le **Tamanoir** (*Myrmecophaga jubata*) ou Fourmilier est originaire du Paraguay: on le trouve également à Cayenne; dans sa longue tête est logée une langue qui n'a pas moins de 50 centimètres de longueur, sur 7 à 10 millimètres d'épaisseur : elle est couverte de petits piquants cornés et constamment imprégnée d'un liquide visqueux. Il n'a point de dents : avec les ongles de ses pattes de devant, il bouleverse les nids, allonge sa langue au milieu des insectes et la retire lorsqu'elle en est couverte. — Le **Tamandua tétradactyle** *(Tamandua tetradactylus)* se rapproche des Fourmiliers : avec sa queue prenante il peut se suspendre aux arbres. — Le **Tamandua didactyle** *(Tamandua didactylus)* porte aux pieds antérieurs deux grands ongles, tandis que l'espèce précédente en a trois : il chasse les insectes sur les arbres. — Dans le haut de la vitrine, le grand **Oryctérope du Cap** *(Orycteropus Capensis)*. Il a les mœurs du Tatou, et comme le Pangolin vit exclusivement de Fourmis : on le trouve au cap de Bonne-Espérance. — Le **Pangolin** *(Manis multiscutata)* a son corps presque entièrement entouré d'écailles imbriquées comme le fruit du pin ; lorsqu'il est attaqué il se pelotonne en boule et hérisse ses écailles. — Le **Platagin à longue queue** *(Manis longicaudata)*, espèce voisine de la précédente, habite la Sénégambie. — Etc.

Vitrine 32

Nous arrivons au animaux appartenant à la classe des chéiroptères ou Chauves-Souris ; leurs membres antérieurs sont transformés en ailes et par suite très-développés, tandis que le corps est réduit à de petites dimensions ; à l'entrée de l'hiver, les Chauves-Souris tombent dans un sommeil léthargique profond, pendant lequel la température de leur sang s'abaisse considérablement. On compte un grand nombre d'espèces de Chauves-Souris, soit en Europe, soit dans les autres parties du monde ; nous signalerons plus particulièrement les espèces suivantes : la **Roussette édule** *(Plecotus edulis)* qui vit dans les contrées les plus chaudes de l'archipel Indien : c'est le plus grand des chéiroptères frugivores ; on suivra les particularités anatomiques de cet animal sur son squelette. Un autre individu est représenté suspendu par les pieds de derrière à une branche d'arbre ; telle est la position qu'il prend soit pour se reposer, soit pendant son sommeil. — L'**Oreillard d'Europe** *(Plecotus auritus)* ou grande Chauve-Souris d'Europe se distingue par ses longues oreilles qui portent dans leur longueur vingt-deux à vingt-quatre plis transversaux. — Le **Vespertilion noctule** *(Vesperugo noctilo)*, la plus agile et la plus vigoureuse de nos Chauves-Souris : le soir, on le voit voler haut, luttant de vitesse avec les oiseaux de proie. — Le **Rhinolophe** *(Rhinolophus)*, dont le nez difforme présente une disposition toute particulière. — Le **Vampire sangsue** *(Vampyrus sanguisuga)* se distingue de ses congénères par sa grosse tête à long museau ; ses lèvres minces sont bordées de petites papilles dentelées à l'intérieur, à l'aide desquelles il suce le sang de ses victimes : il habite l'Amérique centrale et méridionale ; etc.

Vitrine 33

Les animaux suivants portent le nom d'insectivores ; ils tiennent à la fois des carnassiers et des rongeurs : ils se nourrissent surtout d'insectes : la plupart habitent l'Europe. — Le **Hérisson** *(Erinaceus Europæus)*, dont le corps est couvert de piquants, se roule en boule en présence de son ennemi et lui présente son dos hérissé d'épines aiguës : on le trouve dans la plupart des bois de l'Europe. — La **Marmotte** (*Arctomys marmotta*). que l'on voit chaque jour entre les bras du petit Savoyard. passe une partie de l'hiver endormie d'un sommeil profond que le printemps vient seul troubler : elle est assez commune dans les Alpes. — Les **Tenrecs** (*Centetes*) ou Hérissons soyeux de Madagascar. — Le **Desman des Pyrénées** (*Myogale Pyrenaica*). véritable Rat à trompe des Pyrénées, dont la queue écailleuse sécrète une liqueur musquée: en Russie on le connaît sous le nom de Rat musqué.— Le **Macroscélide** (*Macroscelides typus*) du Cap porte également un museau en forme de trompe. — Les **Musaraignes** (*Sorex fodiens* et *S. araneus*). espèce voisine du Rat. qui en diffère pourtant par la forme allongée du museau; elles sont surtout carnassières: plusieurs individus ont été pris aux environs de Lyon. — Les **Taupes** (*Talpa Europæa*) sont représentées par différentes variétés blanches. grises et noires; tout le monde connaît les curieuses demeures que se construisent ces intelligents mineurs qui vivent dans le sol ; mais c'est une grave erreur, pourtant encore bien répandue, que de croire la Taupe aveugle; ses yeux n'ont. il est vrai, que la grosseur d'un grain de pavot. et leur couleur d'un noir d'ébène. fait qu'ils se confondent et se perdent au milieu des poils qui les recouvrent; ils sont situés à égale distance de l'oreille et de l'extrémité du museau. — Etc.

Au-dessus commence la famille des rongeurs; ces animaux portent à chaque mâchoire deux grandes incisives remplaçant les canines et même les premières molaires; comme ces dents sont exposées à s'user par suite du travail considérable qu'elles peuvent avoir à subir, elles ont la propriété de croître indéfiniment ; les rongeurs s'en servent pour tous les usages possibles ; on verra dans la vitrine un tuyau de plomb rongé par des Rats. — Les **Loirs** (*Myoxus glis*) sont de gros Rats que l'on rencontre fréquemment dans toute l'Europe méridionale et centrale; leur sommeil hivernal dure sept mois de l'année. de là le dicton populaire : dormir comme un Loir. — Une autre espèce de **Loir** (*Myoxus avellanarius*) se distingue surtout par sa dentition. — L'**Hydromys à ventre jaune** (*Hydromys chrysogaster*), Rat spécial à la Nouvelle-Hollande. — Le **Rat de Barbarie** (*Mus Barbarus*) se fait remarquer par son pelage élégant. — Le **Mulot** et le **Surmulot** (*Mus sylvaticus* et *M. decumanus*) fréquentent les égouts et sont très-communs à Lyon et dans les environs. — La **Souris** (*Mus musculus*) vit dans nos habitations et s'y livre à de véritables dévastations. — Les **Campagnols** (*Arvicola*) commettent parfois de grands ravages dans les campagnes où ils vivent par bandes nombreuses; après avoir déserté une contrée, ils émigrent à de grandes distances, traversant les cours d'eau pour chercher un nouvel asile. — Le **Rat d'eau** (*Arvicola amphibius*) établit son nid au bord de l'eau et chasse dans cet élément. — L'**Oryctère des dunes** (*Bathyergus maritimus*), espèce voisine des Taupes. se rencontre au cap de Bonne-Espérance. — Le **Spalax** (*Spalax typhlus*) des bords du Volga ; ce curieux animal possède des yeux rudimentaires situés sous la peau qui ne s'ouvre pas devant eux pour former les paupières: ces yeux, par conséquent. sont impropres à la vision: comme la Taupe. il vit sous terre dans des terriers qu'il se creuse. — Les **Écureuils** (*Sciurus*). représentés par de nombreuses variétés : l'Écureuil noir du Mississipi, l'Écureuil à queue de cheval de Java, l'Écureuil des Indes et de la Caroline, l'Écureuil de nos pays, etc.

Vitrine 34

La **Gerboise** (*Dipus gerboa*), élégant Rongeur, dont les pattes de derrière sont six fois plus longues que celles de devant, marche par bonds et par sauts ; les Égyptiens la nomment, Souris bipède. — Le **Hamster** (*Cricetus frumentarius*), grand Rat des champs de l'Europe tempérée et de l'Asie. — Le **Capromys de Fournier** (*Capromys Fournieri*), belle espèce de l'île de Cuba. — Le **Coypou du Chili** (*Myopotamus coypus*), ou Castor des marais, est armé de puissantes incisives qui font saillie en dehors de sa bouche. — Les **Castors** (*Castor*); autrefois on les trouvait sur les bords du Rhône; l'un des individus de cette vitrine a été tué dans nos régions; avec leurs dents ils scient et coupent les arbres et se bâtissent des habitations au milieu de l'eau; leur large queue leur sert à la fois de truelle et de rame. — Le **Porc-Épic** (*Hystrix cristata*) a son corps couvert de longues épines diversement colorées. — Dans le haut, les **Léporides** (*Lepus*); Lièvres et Lapins sauvages et domestiques. — Le **Cabiari** (*Hydrochœrus capibara*) de l'Amérique du Sud, se rapproche beaucoup du Cochon, mais grâce à sa dentition, il doit être placé avec les rongeurs. — Le **Dolichotis** (*Dolichotis pentagonica*) vit dans les déserts pierreux et arides de la Patagonie. — Le **Cobaye** ou **Cochon d'Inde** (*Cavia domestica*), jolie petite espèce originaire d'Amérique maintenant bien acclimatée dans nos pays ; etc.

Vitrine 35

Nous remarquerons ici des animaux exotiques appartenant à la famille des marsupiaux ; ils se distinguent des autres mammifères par l'existence de deux os appelés os marsupiaux qui soutiennent une poche que porte la parroi abdominale antérieure : c'est dans cette poche que se trouvent les mamelles sur lesquelles se grouperont les petits nouvellement nés ; suivant les espèces, elle peut être complète ou réduite à de simples replis cutanés. — Le **Kanguroo géant** (*Macropus major*) est le plus grand des animaux de cette famille; le mâle adulte, assis, a la hauteur de l'homme; avec la disposition toute spéciale de ses pattes, il ne peut marcher que par bonds; on ne le rencontre que dans la Nouvelle-Galles du Sud. — Le **Phascolome** (*Phascolomys wombat*), que l'on nomme également Blaireau d'Australie, a pour patrie la terre de Van-Diemen et la côte méridionale de la Nouvelle-Galles du Sud. — Le **Xoula** (*Phascolarctos cinereus*) ressemble à un petit Ours : cet animal peu commun habite les forêts de l'Australie. — Les **Phalangers** (*Phalangista*), qui servent de transition entre les carnassiers et les rongeurs, viennent également de l'Australie.

Le **Pétauriste taguanoïde** (*Petaurista taguanoides*) de la Nouvelle-Hollande doit son excessive agilité à une membrane cutanée couverte de poils qui s'étend de chaque côté de son corps. — Le **Couscous roux** (*Phalangister cariprons*) des forêts d'Amboine se distingue par sa queue nue et papilleuse qui lui sert pour se suspendre aux arbres. — Le grand **Thylacine** mâle (*Thylacinus cynocephalus*) de Tasmanie, tient à la fois du Loup et du Chien. — Les **Dasyures** (*Dasyurus*) de l'Australie rappellent la Marte et le Renard. — Enfin, dans le haut, la **Sarigue** (*Didelphis*) possède une large poche abdominale dans laquelle viennent se réfugier ses petits à l'approche du danger; on ne la trouve qu'en Amérique. — Etc.

Dans le pan coupé de cette même vitrine, on observera les animaux appartenant à la famille des monotrèmes, curieuse famille qui sert de transition entre les mammifères et les oiseaux; on n'y distingue que deux genres: les **Échidnés** et les **Ornithorhynques**. — Les monotrèmes n'ont des mammifères que la peau, l'Ornithorynque le pelage, l'Échidné les piquants; ils s'en distinguent par tous les autres caractères; un bec corné comme celui des Canards, et les organes urinaires disposés comme chez les Oiseaux. On trouve l'Échidné dans les montagnes de l'Australie et de la Tasmanie, l'Ornithorynque fréquente les eaux tranquilles de la Nouvelle-Hollande.

Mammifères montés au milieu de la galerie

Le **Rorqual** (*Petrobalœna communis, Rorqualus antiquorum*). — Squelette d'un animal échoué le 27 novembre 1828 sur les côtes de la Méditerranée près de Saint-Cyprien (Pyrénées-Orientales). Sa tête seule est montée et mesure 5 mètres de long sur 2 mètres de large; l'animal complet peut atteindre de 30 à 35 mètres de longueur et peser 1,250 quintaux; les côtes sont déposées près de la tête; les vertèbres ont été placées sur les vitrines voisines en attendant qu'on puisse monter le squelette tout entier. — Le Rorqual est un des plus grands Mammifères; il fréquente plus spécialement les mers du Nord où on lui fait la chasse pour en retirer les fanons et en extraire l'huile; ses mâchoires sont dépourvues de dents; il porte, fixées à l'intérieur du palais, 350 à 400 rangées de fanons serrés en avant et séparés en arrière; quand il avale l'eau de la mer, il retient dans ces fanons de petits animaux qui servent à sa nourriture; il ne saurait s'attaquer aux gros poissons, son œsophage étant trop étroit pour pouvoir les avaler; il rejette ensuite cette eau par deux évents placés au-dessus de sa tête; toutes les minutes il vient à la surface de l'eau respirer l'air; souvent on le rencontre endormi à la surface des flots, bercé par la vague.

Le **Rhinocéros** (*Rhinoceros keitloa*), de la république de Natal (Afrique du Sud). Cette espèce porte au-dessus de la tête deux cornes: la corne postérieure, inclinée en avant, surpasse d'ordinaire en longueur l'autre corne; l'animal complet a de 3m,60 à 4 mètres de long et 1m,60 de hauteur en garrot. — Comme on le voit, les Rhinocéros sont des animaux mal bâtis, de grosse taille, à dos lourd, à cou court, aux membres épais; leurs pieds sont terminés par trois doigts; la peau très-épaisse a plus de 2 centimètres sous le ventre; les os du front se soudent à des os naseaux forts et larges qui recouvrent les fosses nasales et sont encore soutenus par une cloison médiane. C'est le Rhinocéros que les anciens désignaient sous le nom de Licorne et dont parle la Bible; les Romains le faisaient figurer dans les jeux du cirque. — En consultant la carte géographique placée au pied de l'animal, on reconnaîtra que les Rhinocéros vivent aujourd'hui en Asie et en Afrique.

Le **Mammouth** (*Elephas intermedius*), type créé par feu Jourdan, ancien doyen de la Faculté des sciences, sur ce squelette, trouvé en 1859 à Lyon, dans la rue des Trois-Artichauts. Ce magnifique individu a été reconstitué et monté en 1873, aux frais de l'Association lyonnaise des Amis des sciences naturelles, par M. Charles Bevil, préparateur au Muséum de Lyon. — Ce genre, aujourd'hui éteint, était autrefois très-commun dans nos environs. On a raconté souvent comment un premier individu presque complet de cette espèce avait été trouvé sur les bords de la mer Glaciale, récemment détaché de la glace et encore enveloppé d'une partie de ses chairs et de sa peau, après plusieurs milliers d'années d'enfouissement, à dater d'une époque certainement antérieure au déluge mosaïque; son corps était couvert de crins noirs et de poils qui avaient jusqu'à 12 centimètres de longueur; il est à supposer que ce gigantesque animal vivait dans les régions froides, et qu'il a habité nos pays précisément à l'époque où les glaciers des Alpes s'étendaient jusqu'à Lyon. — Sa taille est environ un tiers plus grande que celle des Éléphants actuellement vivants.

OISEAUX

Les Oiseaux sont des animaux vertébrés pourvus d'ailes et de plumes; ils donnent naissance à des œufs d'où éclosent ensuite les petits; leur cœur est complet et leur sang est chaud; les poumons très-développés communiquent avec des réservoirs ou sacs aériens qui facilitent le vol; les dents sont remplacées par des pièces cornées qui constituent ce que l'on nomme le bec; le canal digestif offre dans son parcours trois cavités ou poches, le jabot, le ventricule succenturier et l'estomac proprement dit ou gésier, enfin leur larynx est double.

La collection des Oiseaux occupe les quatre compartiments qui sont situés au fond de la salle, dans la partie gauche. On a suivi pour les classer l'ouvrage de Gray. — Cette collection comprend environ 2.200 individus formant 1.304 espèces réparties dans 918 genres.

Vitrine 36

L'**Autruche mâle d'Afrique** (*Struthio camelus*) accompagnée d'un jeune petit et de plusieurs œufs. Cet oiseau de grande taille habite les steppes et les déserts de l'Afrique; les indigènes l'appellent le Chameau du désert; son nid consiste en un simple trou pratiqué dans le sable, et n'a pas moins de 1 mètre de diamètre; ses bords sont entourés d'un rempart fait avec la terre du sol; la ponte varie de quinze à trente œufs, pesant chacun de 1 à 1 kilog. 1/2, soit environ le poids de vingt-cinq œufs de poule; l'incubation dure six semaines et est partagée par le mâle et plusieurs femelles qui pondent dans le même nid; les longues plumes des ailes sont très-recherchées pour l'ornementation. — Le **Casoar emen** (*Strutio casuarius*) de la Nouvelle-Guinée porte sur la tête une sorte de casque produit par les os du crâne revêtus d'une substance cornée; ses ailes sont armées de cinq baguettes piquantes qui servent à sa défense. — Le **Mandou** (*Strutio rhea*), espèce voisine de l'Autruche, propre à l'Amérique.—

Le *Palapteryx robustus* de la Nouvelle-Zélande, représenté par un moulage en plâtre du métatarsien et des phalanges : on peut juger d'après ces seuls fragments quelle pouvait être la taille d'un pareil oiseau. — L'**Aptérix austral** (*Apteryx australis*) : ce curieux et rare animal, connu seulement depuis 1812, a les ailes réduites à l'état de simples moignons : son squelette est monté à côté : on ne l'a encore trouvé qu'en Australie. — L'**Émou parambang** (*Dromœus ater*) mâle et femelle, de la Nouvelle-Hollande : tous deux ont vécu au parc de la Tête-d'Or, à Lyon ; leurs plumes offrent cette particularité qu'elles sont toutes doubles. — Œufs d'**Œpyornis** (moulages). Ce genre a été récemment créé d'après des débris trouvés dans un alluvion moderne à Madagascar : on ne sait pas si l'animal existe encore : l'œuf de cet oiseau gigantesque mesure 85 centimètres dans sa grande circonférence, son volume est de 8 lit. 34 et équivaut à environ 150 œufs de poule ; cet oiseau, d'après les dimensions de quelques ossements connus, ne devait pas avoir moins de 4 mètres de hauteur. — Etc.

Au-dessus de la vitrine, squelette de **Bœuf** (*Bos taurus*) de nos environs.

Vitrine 37

La famille des **Perroquets** est représentée par une série d'Oiseaux aux couleurs aussi riches que variées : tous ont le bec gros, robuste et arrondi : leurs pieds sont éminemment préhensiles : ils habitent surtout les zones tropicales de tous les continents, sauf l'Europe ; parmi les nombreuses espèces que nous avons sous les yeux nous citerons : le **Grand Cacatoès** (*Cacatua galerita*), au plumage blanc, avec la tête ornée d'une huppe : cette espèce nous vient de la Nouvelle-Hollande et de la Nouvelle-Guinée. — Le **Psicatule** (*Psitachus menstruus*), avec son beau camail bleu. — L'**Électe Linné** (*Electus Linnœi*) de la Nouvelle-Guinée, paré de plumes aux couleurs bleues et rouges. — Les petites **Perruches** vertes du Brésil. — L'**Ara** (*Ara nobilis*), le plus gros de tous les Perroquets, habite l'Amérique méridionale ; il y en a de bleus, de rouges, de verts et même de noirs. — La **Perruche ingambe** (*Peroporus formosus*) d'Australie, qui ne perche jamais, se cache dans les herbes et les rochers lorsqu'on la poursuit. — Le **Lori** (*Lorius*), belle espèce rouge des moluques et de la Nouvelle-Guinée. — Le **Toucan taco** (*Rhamphastos toco*) dont le bec démesurément long renferme une longue langue garnie de chaque côté de barbes serrées comme une plume, se chasse dans la Guyane et au Brésil. Etc.

Vitrine 38

Dans le bas, la famille des **Calao** (*Buceros*) porte au-dessus d'un grand bec dentelé une volumineuse proéminence cornée presque aussi grande que le bec lui-même : tout cet ensemble est fait d'une matière cellulaire qui la rend très-légère. — Le **Canéliphage papou** (*Epimachus maximus*), de la Nouvelle-Guinée, se fait remarquer par la beauté de ses plumes aux reflets bronzés et par sa queue trois fois plus longue que son corps. — Au-dessus, la jolie famille des **Colibris** ou **Oiseaux-Mouches** : ce sont incontestablement les plus ravissants des êtres ailés : leur plumage étincelle des feux de toutes les couleurs : leur légèreté rend leur vol si rapide que l'œil ne peut suivre les battements de leurs ailes ; créés spécialement pour la vie aérienne, ils sont sans cesse en mouvement, occupés à chercher leur nourriture dans les calices des fleurs ; leur petite langue, dont ils se servent comme d'une trompe, est composée de deux demi-tubes placés l'un contre l'autre et susceptibles de s'écarter ou de se rapprocher comme les branches d'une pince ; continuellement humectée par une salive gluante, elle leur sert à retenir les plus petits insectes qu'ils mêlent au suc et au miel des fleurs. Leurs nids, si artistement et si délicatement construits, reçoivent deux fois par an une paire de petits œufs d'où sortent, au bout de six jours, les jeunes oisillons. Toutes ces espèces, aussi nombreuses que variées, habitent les régions tropicales du Nouveau-Monde. — Dans le haut de la vitrine, la **Menure lyre** (*Menura superba*) de la Nouvelle-Hollande ; chez le mâle, les plumes de la queue présentent exactement la forme d'une lyre. — Citons également dans la même vitrine le **Grimpereau** (*Certhia familiaris*) et la **Sittelle** (*Silta Europæa*) que l'on rencontre dans nos environs. — Etc.

Au-dessus des vitrines 37, 38 et 39, Vertèbres de **Rorqual** (*Pterobalæna communis*).

Vitrine 39

Dans le bas, le **Coucou** (*Cuculus canorus*) doit son nom aux cris que fait entendre le mâle : il passe la belle saison en Europe et l'hiver en Afrique ou dans les parties chaudes de l'Asie, voyageant la nuit ; il ne fait pas de nids et dépose ses propres œufs dans les nids d'autres oiseaux, leur confiant le soin de faire éclore et d'élever ses petits. — L'**Ani des Savanes** (*Crotophaga ani*) : on le voit souvent s'abattre sur les bestiaux pour dévorer les insectes parasites qui les tourmentent. — Le **Scythrops présageur** (*Scythrops Novæ-Hollandiæ*) de l'Océanie. — Le **Pic vert** (*Gecinus viridis*), l'un des plus jolis oiseaux de nos contrées, creuse son nid dans les vieux troncs d'arbres. — Dans le haut de la vitrine, nous rencontrons de nombreuses espèces bien connues dans nos pays, qui y vivent ou les traversent à l'époque de leurs émigrations. — Le **Bruant des roseaux** (*Citrinella schœnicla*). — L'**Alouette des champs** (*Alauda arvensis*) ; ses différentes variétés passent presque du noir au blanc. — La **Linotte** (*Linaria cannabina*). — Le **Sizerin** (*Linaria rufescens*). — Le **Bruant jaune** et le **Bruan des haies** (*Citrinella cirlus*). — L'**Ortolan** (*Citrinella hortulana*) si recherché des gourmets. — Le **Pinson** (*Fringilla cœlebs*) dont la pétulance et les éternels refrains en ont fait la personnification de la gaieté. — Le **Moineau** (*Passer domesticus*). — Le **Bec-Figue** (*Passer montanus*). — Parmi les espèces voisines, mais exotiques, nous signalerons : le **Cardinal** (*Cardinalus virginœnus*) avec son beau plumage rouge. — Le **Moineau bleu** (*Passerina cyanea*). — Le **Moineau pape** (*Passerina ciris*). — Ces trois dernières espèces se voient en France depuis quelques années dans les cages d'amateurs ; plusieurs couples ont pu s'y reproduire. — Le **Bouvreuil** (*Pyrrhula rubicilla*) se trouve dans nos environs. — Etc.

Vitrine 40

Nous voyons dans cette vitrine des animaux de la même famille que ceux que nous venons d'examiner dans la vitrine précédente, c'est-à-dire des passereaux; la plupart sont bien connus dans nos pays. — Le **Verdier** (*Fringilla chloris*) fréquente nos bois et nous charme par son chant. — Le **Serin** (*Fringilla Canaria*), originaire des îles Canaries et importé en Europe au quinzième siècle, maintenant très-répandu dans les volières. — Le **Chardonneret** (*Fringilla carduelis*) doit son nom à sa prédilection pour les graines de chardon. — Le **Gros Bec** (*Coccothraustes vulgaris*); les enveloppes des graines les plus dures ne résistent pas au vigoureux outil dont il est armé. — Passant de nos pays au Brésil et à la Guyane, nous trouverons des oiseaux aux couleurs riches et éclatantes. — Les **Tangara tricolor** et **septicolor** (*Tangara seledon* et *T. Tatus*). — L'**Euphone téité** (*Euphonia violacea*). — Le **Tangara du Canada** (*Pirango rubra*) dont le plumage est d'un rouge des plus vifs. — Les **Bengalis bleus et cendrés** (*Estrilda Bengalus*), (originaires du Bengale et déjà très-répandus dans les volières. — Le **Pada** (*Amandia oryzivora*) de la Malaisie. — L'**Étourneau de la Louisiane et des terres de Magellan** (*Sturnella Ludoviciaria* et *S. militaris*). — Dans le haut, l'**Étourneau** de nos pays (*Sturnus vulgaris*), plus connu peut-être sous le nom de Sansonnet. — Le **Corbeau noir** (*Corvus corax*). — La **Corneille** commune (*Corvus cornix*). — Le **Choucas** (*Corvus monedula*) ou petite Corneille. — L'**Astrapie à gorge d'or** (*Astrapia nigra*), magnifique Oiseau de la Nouvelle-Guinée. — Etc.

Par-dessus la vitrine, squelette du **Dromadaire** (*Camelus dromedarius*) d'Afrique: cet animal porte une bosse sur le dos, tandis que le Chameau, plus propre à l'Asie, en porte deux. Il doit être classé à côte du Lama dans la vitrine numéro 29.

Vitrine 41

Le regard est attiré par ces beaux **Oiseaux de paradis** (*Paradisea*) dont le costume ne le cède en rien pour l'éclat et la variété des couleurs à celui des colibris; mais ils sont surtout remarquables par la beauté des grandes plumes qui leur servent de parure: les paradisiers ne se trouvent que dans la Nouvelle-Guinée ou terre des Papous; grâce à ces longues rames, ils se meuvent avec une excessive facilité dans l'air, mais à la condition qu'il ne survienne pas un vent trop violent qui peut alors embrouiller leurs plumes et paralyser leurs forces. — La **Pie-grièche** (*Enneoctonus minor*) d'Europe et particulièrement des environs de Lyon. — Au-dessus, les **Coqs de roche** du Pérou et de Cayenne (*Rupicola crocea* et *R. Peruviana*); les mâles, avec leur tête ornée d'une crête de plumes, ont le corps paré d'un superbe plumage rouge, tandis que les femelles et les petits sont simplement de couleur grise. — Le **Céphaloptère orné** (*Cephalopterus ornatus*), superbe oiseau d'un noir bronze, portant une crête en forme de panache; le mâle adulte a sur le poitrail un long appendice charnu. — Le **Tchitoc bec blanc** (*Tchitrea paradisi*) est orné de plumes longues comme celles des paradisiers. — Le **Gobe-Mouches** d'Europe et d'Océanie *(Musicapa)*. — Le **Choucari** *(Campephaga Papuensis)*, de la Nouvelle-Guinée. — L'**Averano caroncule** *(Casmarhynchus niveus)* de la Guyane porte sur la tête un long stylet. — L'**Échenilleur frangé** *(Campephaga fimbriata)* de Java, grand destructeur des chenilles, fort aprécié par les indigènes. — Le **Loriot** *(Oriolus galbula)* des environs de Lyon. — Le **Rossignol** *(Luscinia vera)*, dont le chant ravissant se fait entendre dans nos bois pendant les premières soirées du printemps. — Etc.

Au-dessus de la vitrine, le squelette de l'**Autruche** *(Strutio came-lus)* d'Afrique ; nous avons vu son plumage dans la vitrine numéro 36.

Vitrine 42

Le **Merle** *(Tardus merula)* dont les couleurs varient du noir au blanc : le merle blanc n'est donc pas un mythe, mais bien une simple rareté. — La **Grive** *(Tardus vulgaris)*; elle est parfois poursuivie par les chasseurs dans les vignes alors qu'elle est gorgée de raisins à tel point qu'elle ne peut plus s'envoler, sans pourtant être grise comme on le prétend souvent. — La **Bergeronnette** *(Motacilla flava)*. — La **Mésange** *(Parus cæruleus)*. — Le **Rouge-Gorge** *(Ruticilla tithys)*. — Enfin les nombreuses variétés de petits oiseaux de nos pays connus sous le nom de **Bec-fins**. — Le **Martin-Pêcheur** *(Alcedo hispida)* se nourrit surtout de poissons qu'il pêche lui-même avec son bec. — Le **Choucalcyon australien** *(Dacelo gigas)*. — Le **Couroucou povonien** *(Pharomacrus mocina)*, l'un des plus beaux oiseaux de l'Amérique du Sud. — Dans le haut, les **Hirondelles** *(hirundo)*, représentées par plusieurs variétés. — Le grand **Crapeau volant** *(Myctibus grandis)* de Cayenne, l'un des types les plus affreux des habitants de l'air. — Etc.

Vitrine 43

Ici, nous sommes en présence de Rapaces ou Oiseaux de proie; leur bec est crochu, à pointe aiguë et recourbée en bas ; les pieds courts et robustes se terminent par des doigts libres, armés d'ongles puissants appelés serres. — La **Chouette** *(Syrnium aluco)* ou Chat-Huant, dont les cris sinistres se font entendre dans les bois pendant les longues soirées d'automne. — Le **Hibou** *(Otus vulgaris)* espèce voisine qui se distingue par la présence de deux aigrettes sur la tête. — Le **Grand-Duc** *(Bubo maximus)* le plus remarquable des Hibous par sa taille et par sa force : il ne chasse que la nuit et dort le jour dans les troncs d'arbres ; son vol est lent et lourd. — Le **Busard** *(Circus)*, porte autour du cou une collerette formée de plumes serrées. — L'**Épervier** *(Acipiter nisus)*, grand chasseur de petits oiseaux, vient planer en hiver jusqu'au dessus des villes. — L'**Autour** *(Astur palumbarius)* s'attaque à un gibier plus fort : il fond sur les basses-cours et les pigeonniers pour y chercher sa proie. — La **Buse** *(Pernis apivorus)*. — Le **Milan royal** *(Milvus regalis)* servait jadis aux plaisirs des rois, qui le faisaient chasser par le Faucon et même par l'Epervier ; il se nourrit surtout de Rats, de Taupes et de reptiles. — Etc.

Au-dessus de la vitrine, squelette de la **Girafe** *(Cameleopardis girofa)* que nous avons vu dans la vitrine numéro 28.

Vitrine 44

Nous y trouvons la suite des Oiseaux de proie dont nous venons d'examiner quelques types dans la vitrine précédente: plusieurs vivent dans nos pays et, à ce titre, méritent notre attention.— L'**Émerillon** (*Hypotriorchis æsalon*) habite en été le nord et le sud de l'Europe. — La **Cresselle** (*Tinnunculus alaudarius*), nommée aussi Émouchet ou Mouquet, doit son nom à son cri aigu. — Le **Hobereau** (*Hypotriorchis subbuteo*). dressé au moyen âge pour la chasse, comme le Faucon; on estime que, par an, il ne détruit pas moins de 1.095 petits oiseaux. — Les **Faucons laniers et pèlerins** (*Falco lanarius* et *F. percyrinus*); leur nom est resté attaché à la chasse au vol ou fauconnerie, fort en usage au moyen âge; avant l'invention de la poudre on dressait les Faucons à poursuivre les oiseaux en utilisant leurs propriétés toutes spéciales pour le vol et la chasse. — Le **Gerfaut** *(Falco caudicanus)* également recherché jadis pour la chasse. — Plus haut, l'**Aigle pyarge** (*Haliætus habicilla*) ou Orfraie: il vit au bord des eaux, se nourrissant de poissons et d'oiseaux aquatiques; parfois même il ose s'attaquer aux Phoques; on le rencontre dans les régions les plus froides du globe. — L'**Aigle fauve** (*Aquila fulva*), le plus fort et le plus grand de tous les Aigles; il a jusqu'à 1 mètre de long et 2ᵐ,30 d'envergure; ses grandes ailes sont manœuvrées par des muscles puissants qui lui permettent de s'élever dans les airs en entrainant dans ses serres des proies telles que le Mouton ou le Chamois; on le trouve dans les forêts des hautes montagnes d'Europe. — L'**Aigle royal** *(Aquila chrysætus)*, plus petit que le précédent, n'a que 2 mètres à 2ᵐ,20 d'envergure; il appartient au sud-est de l'Europe. — L'**Aigle botté** *(Aquila pennata)* vit dans l'est et le midi de l'Europe, et se montre quelquefois en France. — L'**Aigle ravisseur** *(Aquila nævioides)* fréquente plus volontiers les régions froides de l'Europe. — Dans le haut. la **Buse vulgaire** *(Buteo vulgaris)*, oiseau lourd et disgracieux, dont les yeux sont très-sensibles à la lumière du jour, ce qui lui donne un air de stupidité devenu proverbiale. — La **Buse tricolore** *(Buteo erythronatus)* du Chili. — La **Buse à dos tacheté** *(Buteo albicollis)* de la Guyane. — Etc.

Au-dessus de la vitrine, un squelette de **Cerf** *(Cervus elaphus)*.

Vitrine 45

Dans le bas, le **Vautour griffon** *(Gyps fulvus)* se distingue de l'Aigle par sa tête et son cou exempts de plumes: son vol est lourd et pesant; il préfère les chairs corrompues aux viandes fraîches. — Le **Condor** *(Sarcoramphus gryphus)*, ou grand Vautour des Andes, diffère de ses congénères par son plumage noir rehaussé d'un col d'une parfaite blancheur; le mâle porte sur le devant du cou deux appendices charnus, et sa tête est ornée d'une crête cartilagineuse. — Le **Messager serpentaire** *(Serpentarius reptilivorus)* se nourrit de reptiles et porte sur sa tête une longue huppe qu'il peut hérisser à volonté; il court avec une excessive rapidité. de là son nom de Messager; on le rencontre dans les plaines arides de l'Afrique méridionale. — Le **Percnoptère** *(Neophon percnopterus)*. que l'on voit souvent représenté sur les monuments égyptiens, était pour les prêtres de l'Égypte le symbole du soleil ; on le voit parfois dans les environs de Lyon.

Au dessus, commence la famille des palmipèdes dont le type bien connu, le **Canard** (*Anas*) est représenté par de nombreuses variétés : les oiseaux de cette famille sont tous aquatiques, les doigts de leurs pieds sont reliés entre eux par une membrane de façon à leur servir de rames. — Le grand **Harle** (*Mergus castor*), espèce voisine du Canard, se nourrit exclusivement de poissons, qu'il avale par la tête ; comme parfois le reste du corps est trop gros pour passer dans leur œsophage, il attend que la digestion de la tête soit achevée dans l'estomac, pour avaler le reste. — La **Macreuse** et la **Double Macreuse** (*Oidemia fusca*), très-communes dans la Camargue. — L'**Hydrobate** (*Biziurus lobata*) ; le mâle porte un appendice charnu ou jabot en dessous du bec. — L'**Eider** (*Somateria mollissima*), propre aux régions les plus septentrionales des deux continents, est très-recherché pour son fin duvet dont on fait les édredons les plus moelleux. — Le **Canard marchand** (*Oidemia perspicillata*), jolie variété. — Le **Canard musqué** (*Cairina moschata*) d'Amérique. — La **Sarcelle** (*Querquedula circia*), fin gibier d'eau qui paraît en France au printemps et en automne. — Le **Canard** domestique et le **Canard** sauvage (*Anas boschas*). — Etc.

Au dessus des vitrines 45 et 46, crâne de **Buffle** (*Bos bubalus*) de l'Asie mineure, espèce voisine du Bœuf, mais plus trapue : les cornes portent à leurs bases des anneaux réguliers ou des saillies tuberculeuses ; ils vivent surtout en Asie et en Afrique. — Squelette de **Bouc** (*Capra hircus*) du département du Rhône. — Crâne de **Renne** (*Cervus alces*) de Laponie. — Squelette de **Bélier** (*Ovis*) du département du Rhône. — Crâne de **Buffle** (*Bos bubalus*) de la campagne de Rome.

Vitrine 46

Au bas de la vitrine, le **Cygne blanc** (*Cygnus olor*), aux formes gracieuses et élégantes, fait l'ornement de nos bassins. — Le **Cygne noir** (*Cygnus australis*), espèce australienne très-recherchée depuis quelques années et qui commence à s'acclimater en Europe. — Le **Cygne blanc à col noir** (*Cygnus nigricollis*), curieuse espèce de l'Amérique du Sud. — Au dessus, les Oies ; l'**Oie de Toulouse** ou l'**Oie cendrée** (*Ancer cinerus*). Tout le monde connaît l'histoire des Oies du Capitole qui, par leurs cris aigus, annoncèrent aux Romains l'assaut tenté par les Gaulois ; on donne le nom de Jars au mâle de l'Oie. — L'**Oie frisée du Danube** (*Ancer cinereus*) n'est qu'une variété de la précédente. — L'**Oie d'Égypte** (*Sarkidiornis Ægyptiola*). — Plus haut, l'**Albatros fuligineux** (*Diomeda fuliginosa*), le plus grand des Oiseaux qui volent à la surface des mers ; ils appartiennent à l'hémisphère austral ; leurs ailes étendues ont jusqu'à 5 mètres d'envergure. — Le **Pétrel puffin** (*Puffinus kuhlii*), armé d'un long bec, se rencontre dans la Méditerranée. — Le **Pétrel des tempêtes** (*Procellaria pelagica*) fréquente les mers d'Europe et apparaît sur les côtes du nord de la France à la suite des ouragans. — Les **Pélicans** (*Pelicanus*), représentés par plusieurs variétés, se distinguent par la poche membraneuse qui s'étend au-dessous de leur long bec ; ce sac guttural qui joue un si grand rôle dans l'existence du Pélican est composé de deux peaux, dont l'externe n'est que le prolongement de la peau du cou; l'interne est contiguë de la paroi de l'œsophage. — Le **Cormoran** *(Graculus carbo)*, plus vorace encore que le Pélican, absorbe par jour 3 à 4 kilogrammes de poissons: ces deux espèces vivent de préférence dans les régions tempérées. Ils sont très-connus en Afrique, à Siam et à Madagascar. — Etc.

Vitrine 47

Le **Grand Manchot** *(Apterodytes pennautii)*, curieux animal dont les ailes atrophiées sont tout à fait impropres au vol; il s'en sert comme de nageoires et constitue ainsi un passage entre les oiseaux et les poissons. Il est très-commun dans les îles antarctiques. — Le **Corfou sauteur** *(Endyptes cataractes)*, espèce voisine de la précédente mais de taille plus petite. — Le **Sphœnisque du Cap** *(Shenites demensus)*. — Le **Macareux moine** *(Alca artica)*, oiseau des mers polaires; son bec a une disposition très-singulière. — Le **Pingouin macroptère** *(Chenalopex torda)*, autre espèce propre aux pays froids, dont le corps est abondamment imprégné d'une graisse huileuse, comme chez les Manchots: il se tient droit lorsqu'il est à terre, tandis que, dans l'eau, il se couche comme le Canard. — Le **Grèbe** *(Podiceps cristatus)*, jolie espèce dont la peau soyeuse est très-recherchée pour la pelleterie. — Le **Catmarin** et l'**Imbrun** *(Calymbus septentrionalis* et *C. glacialis)*, propres aux mers du Nord. — Les **Stercoraires** *(Stercoraria)* des régions septentrionales se rencontrent sur la mer à de grandes distances des terres. — Les **Goëlands** et les **Mouettes** *(Larus rivibundus)* habitent les pays maritimes; on les voit sur toutes les côtes, et parfois ils remontent le Rhône jusque près de Lyon. — Les **Sternes** ou **Hirondelles de mer** *(Sterna fluviatilis)*, avec leurs ailes longues et pointues, sont presque toujours dans les airs; elles arrivent sur les côtes de France aux approches du printemps. Leurs nids sont tellement rapprochés les uns des autres que les couveuses se touchent: aux États-Unis, ces nids font l'objet d'un commerce considérable. — Dans le haut, le beau **Tantale** *(Tentalus loculator)*, qui vit dans les régions chaudes des deux continents. — La **Cigogne blanche** *(Ciconia alba)*. Elle vient nicher dans le nord de la France et aime les lieux humides de l'Europe centrale.— La **Cigogne noire** *(Ciconia nigra)*, espèce plus petite de l'Europe orientale, et qui se voit rarement en France. — Etc.

Au-dessus de la vitrine, le squelette du **Condor** *(Sarcoramphus gryphus)* des Andes du Pérou.

Vitrine 48

Cette vitrine renferme des oiseaux auxquels on donne le nom d'Échassiers; nous devons y joindre le Tantale et la Cigogne, que nous avons vus dans la vitrine précédente. Les Échassiers, oiseaux de rivage, sont caractérisés par la longueur de leurs tarses, ou os faisant suite à la jambe; en outre, ils ont le cou et le bec très-allongés.— Dans le bas de la vitrine, nous remarquerons : les **Flamants** *(Phœnicopterus antiquorum)*, curieux types d'Échassiers au corps grêle, porté par de longues pattes et surmonté d'un long cou; leur nid a la forme d'un cône tronqué haut de 50 centimetres, fait de terre séchée au soleil : au dessus se trouve une cavité peu profonde qui reçoit les œufs ; pour les couver, la femelle s'assied sur son nid en laissant pendre en dehors et de chaque côté ses longues pattes. — La **Grue couronnée** (*Balearica pavonina*) porte sur la tête une aigrette aux fils d'or ; autrefois très-commune dans les îles Baléares, on la rencontre encore sur les côtes orientales et septentrionales d'Afrique. — Le **Marabou** (*Leptoptilos crumenifevus*) des Indes et du Sénégal porte au bas de son cou déplumé une sorte de goître assez disgracieux. — Le **Jabiru** (*Mycteria Americana*) de l'Amérique méridionale. — Au dessus, les **Grues** (*Grus*), animaux essentiellement migrateurs, à vol puissant, pouvant supporter l'abstinence pendant plusieurs jours. — La **Grue cendrée** (*Grus cinerea*) vient en France au printemps après avoir hiverné en Égypte et en Abyssinie. — La **Demoiselle de Numidie** (*Anthropoides virgo*) est remarquable par les deux jolis faisceaux de plumes blanches qui tombent derrière sa tête et par les longues plumes noires de son cou : ses moindres mouvements respirent la joie et l'affectation comme si elle voulait attirer l'attention. — Dans le haut, le « Héron au long bec emmanché d'un long cou, » représenté par plusieurs variétés. — Le **Héron cendré** (*Ardea cinerea*), le plus commun des Hérons de France. — Le **Héron pourpré** (*Ardea purpurea*) des bords du Danube et du Volga. — Le **Héron garzette** (*Ardea garzetta*), espèce plus petite des mêmes pays. — L'**Aigrette blanche** (*Ardea alba*) ; ses plumes sont fort recherchées comme objet de parure. — Etc.

Au-dessus de la vitrine, squelette de *Cervus tarandus*, du nord de l'Europe.

Vitrine 49

Dans le bas, le **Butor** (*Botaurus stellaris*), aux formes ramassées et trapues, est commun en Hollande et dans le bassin supérieur du Danube et du Volga ; sa démarche est lente et lourde. — Les **Bihoreaux** d'Europe et de la Nouvelle-Calédonie (*Nyctiardea nycticorax* et *N. Caledonica*). — L'**Ibis rouge** (*Ibis rubra*) : son plumage, à l'âge de deux ans seulement, prend cette belle couleur vermillon. — L'**Ibis sacré** (*Ibis religiosa*), autrefois vénéré par les Égyptiens, parce qu'il leur annonçait chaque année, au moment de son retour, le débordement du Nil. — Les **Spatules roses** de Cayenne (*Platalea ajaja*) doivent leur nom à la forme particulière de leur bec, qui leur sert à pêcher dans la vase et dans l'eau les vers et les poissons dont ils se nourrissent. — Les **Spatules blanches** (*Platalea leucorodia*) du midi de l'Europe portent sur la nuque une petite aigrette. — L'**Ibis vert** (*Ibis fulcinellus*) de l'Afrique et du midi de l'Europe était également honoré par les Égyptiens. — Les **Courlis** (*Numenius phœpus* et *N. arquati*), avec leur bec démesurément long, sont très-communs en France, où ils arrivent en avril pour repartir à la fin d'août. — Etc.

Plus haut, l'**Échasse** (*Himantopus autumnalis*) avec ses longues pattes, se rencontre surtout dans les marais de la Russie et de la Hongrie. — Les **Chevaliers** (*Totanus glottis*, *T. fuscus*, *T. colidris*, etc.) vivent par petites troupes sur le bord des eaux douces ou de la mer et passent en France au printemps et à l'automne. — Le **Combattant** ou **Paon de mer** (*Philomacus pugnax*) : au printemps son plumage, de sombre qu'il était, prend des couleurs plus brillantes ; en même temps l'oiseau devient plus belliqueux et livre des combats dont le prix est une jeune femelle ; il habite l'Europe et l'Asie septentrionale. — La **Bécassine** *(Gallinago scalopacina)* et la **Bécasse** *(Scalopax rusticula)*, sont toutes les deux fort recherchées par les amateurs de gibier. — Le **Râle d'eau** *(Aranus aquaticus)*, vulgairement appelé Roi de Caille, assez commun en France, vit avec les Cailles et les accompagne dans leurs migrations. — Le **Râle hydro-gallinette** *(Asani Cayana)* de Cayenne. — La **Poule d'eau** *(Gallinula chloropus)* fréquente les parties marécageuses, les lacs et les rivières de France, se nourrissant de vers, d'insectes et de petits poissons. — Le **Talève à manteau vert** *(Porphyryo smaragnatus)* ou Poule -sultane, de Madagascar. — Les **Foulques macroule** *(Fulica atza)*, que l'on chasse en France et en Allemagne, portent sur le bec une plaque frontale très-développée : leur plumage est lustré et imperméable à l'eau. — Etc.

Au-dessus de la vitrine, squelette de **Biche** *(Cervus elaphus)*.

Vitrine 50

L'**Outarde** *(Otis tarda)*, l'un des plus grands oiseaux d'Europe ; son poids atteint jusqu'à 16 kilogrammes : on la rencontre encore dans la Champagne, mais elle vit en troupes innombrables dans les steppes de la Tartarie et de la Russie méridionale. — L'**Outarde houbara** *(Oupodotis houbara)* a le cou orné de longues plumes en forme de collerettes. — Au-dessus les **Pluviers** *(Charadrius auratus)* et les **Vanneaux** *(Vanellus cristatus)* : ces oiseaux voyageurs descendent du Nord en grandes troupes pour y retourner au printemps ; on en distingue plusieurs espèces qui toutes se trouvent dans nos pays. — L'**Agami trompette** *(Psophia crepitens)* doit son nom aux cris perçants qu'elle fait entendre, elle s'apprivoise facilement et habite les forêts de l'Amérique méridionale. — Les grands **Kamichi Koija** *(Chamna chavaria)* du Paragay et le **Kamichi de Cayenne** *(Palamedea cornuta)* portent sur les ailes, à l'épaule, de puissants éperons. — Etc.

Avec les Tetras commence la famille des Gallinacés, dont les représentants ont la plus grande analogie avec la Poule *(Gallina).* — Le **Tétras blanc** *(Lagopus albus)* ou Perdrix des neiges vit dans les neiges des hautes montagnes et jusque vers les pôles ; ses pattes sont couvertes de plumes. — Le **Tétras gélinotte** *(Bonosa betulina)* se rencontre fréquemment dans les Vosges et les Ardennes : sa chair savoureuse est un mets très-délicat et fort estimé en Russie. — Le **Tétras à queue fourchue** *(Tetrao testrix)* ou Petit Coq de bruyère : le mâle est orné de belles plumes couleur bleu foncé qui se bifurquent à la queue, tandis que la femelle n'a que des plumes grises. — Le **grand Coq de bruyère** *(Tetrao urogallus)* habite les forêts de pins et de bouleaux des hautes montagnes : sa chair est très-estimée, autant à cause de sa succulence que de sa rareté. — La **Perdrix rouge** *(Caccubis rufa)* se rencontre plus spécialement dans le Midi. — La **Perdrix grise** *(Perdrix cinerea)* est très-répandue dans toute l'Europe centrale et le nord de la France. — La **Perdrix grecque** *(Perdrix Græca)* se plaît dans les lieux élevés et rocailleux ; elle est assez rare en France. — La **Perdrix des rochers** *(Perdrix perosa)* ne se rencontre qu'en Espagne, en Corse et dans le sud de l'Italie. —

La **Caille** (*Coturnix communis*) émigre chaque année de nos pays pour aller passer les hivers dans les régions les plus reculées de l'Afrique. — Les **Dindons** (*Meleagris gallopavo*) vivent encore à l'état sauvage dans l'Amérique septentrionale; le Dindon sauvage peut dit-on peser jusqu'à 18 kilogrammes; la femelle est beaucoup plus petite et ne pèse que 5 kilogrammes. — La **Pintade** (*Numida meleagris*) est originaire d'Afrique; elle était très-connue des Romains et des Grecs: ces derniers en avaient fait l'emblème de l'attachement fraternel. — Etc.

Vitrine 51

Le **Faisan doré** (*Chrysolophus pictus*) et le **Faisan argenté** (*Nycthemerus argentatus*) sont tous les deux originaires de la Chine et du Japon. — Le **Faisan ordinaire** (*Phasianus communis*) est également originaire de l'Asie; on le trouve aujourd'hui en France, en Angleterre et jusqu'en Suède: il est à remarquer que, chez tous les Faisans, c'est le mâle seul qui porte ces belles plumes aux couleurs voyantes. — Le **Lophophore resplendissant** (*Lophophorus impegnanus*) est un des plus brillants gallinacés; son plumage, chamarré des couleurs les plus vives, lui a valu dans l'Inde le nom d'Oiseau d'or. — Les **Coqs** et les **Poules** (*Gallina domestica*) présentent de grandes variétés qui chaque jour deviennent de plus en plus nombreuses. La domestication du Coq remonte aux temps antéhistoriques; pourtant l'espèce d'où sont sorties les variétés actuellement répandues dans toutes les contrées du monde paraît être l'une de celles qui vivent encore à l'état sauvage dans l'Inde et les îles de l'archipel Indien. — Le **Paon** (*Pavo cristatus*), originaire des mêmes pays, fut apporté en Grèce par Alexandre, puis de là fut répandu dans toute l'Europe: le mâle porte une queue splendide qu'il se plaît à montrer et à étaler lorsqu'on le regarde. Ces belles plumes tombent à la fin du mois d'août, au moment de la mue, pour ne repousser qu'au printemps. — Le **Hocco d'Albin** (*Crax Blumenbachi*) représente les Dindons dans l'Amérique méridionale: il porte sur la tête une large huppe formée de plumes contournées et érectiles. — Le **Canga cata** (*Pterocles alchata*), aux ailes longues et pointues, est essentiellement voyageur; il habite les plaines arides de l'Europe méridionale, de l'Asie et de l'Afrique. — Le **Pigeon ramier** (*Palumbus palumbus*), très-répandu en Europe, arrive en France vers le commencement du mois de mars et repart en octobre pour l'Espagne et l'Italie; c'est le plus grand de tous les Pigeons sauvages. — Le **Pigeon messager** (*Ectopistes migratorius*), célèbre par son attachement pour les lieux qui l'ont vu naître, ou qui recèlent sa progéniture, et par l'intelligence admirable qui le ramène à son nid quand il en est éloigné: qui de nous a oublié les services rendus par ce charmant messager pendant nos dernières guerres? — La **Tourterelle** (*Turtur auritus*) vit dans toute l'Europe mais émigre comme le pigeon; les anciens en avaient fait l'emblème de la tendresse en voyant les marques de sympathie que ces oiseaux éprouvent entre eux. — Etc.

Au-dessus de la vitrine, le squelette du **Cheval de la Camargue** (*Equus caballus*), petite race dont nous avons déjà parlé à propos du Cheval de Solutré.

REPTILES

Les **Reptiles** sont des animaux vertébrés, respirant par des poumons, ayant le sang rouge et froid, c'est-à-dire ne produisant pas assez de chaleur pour que sa température ne soit pas sensiblement supérieure à celle de l'atmosphère ; ils sont dépourvus de poils, de plumes, de mamelles, et ont le corps garni d'écailles, la plupart sont ovipares.

La collection des reptiles fait suite à celle des oiseaux : elle occupe cinq vitrines. Elle se compose de 1,100 individus répartis en 630 espèces, formant 300 genres : cette collection, déjà très-remarquable, vient de s'enrichir d'une série considérable de précieux échantillons rapportés de la Cochinchine par notre compatriote, M. le Dr Morice, qui a bien voulu en faire don au Muséum.

On divise les reptiles en quatre classes que nous examinerons successivement : les sauriens, les ophidiens, les lacertiens et les chéloniens. On a suivi dans ces classifications les ouvrages de Bibron et Duméril.

Vitrine 52

Les **Sauriens** ont le corps allongé et terminé par une queue très-épaisse à sa base ; ils reposent sur quatre membres courts ; leur cœur n'a que trois compartiments, sauf pourtant chez le Crocodile ; le poumon très-allongé et vésiculeux s'étend en grande partie dans l'abdomen.

Dans le bas de la vitrine, un squelette de *Crocodilus vulgaris* nous permettra d'étudier la structure de ces animaux. — Deux momies du **Crocodile du Nil**, dont l'une est encore recouverte de ses bandelettes ; c'était chez les Égyptiens un animal sacré auquel on rendait les honneurs funéraires. — Le **Crocodile ordinaire** *(Crocodilus vulgaris)*, redoutable reptile, est très-répandu dans l'Afrique et notamment sur les bords du Nil ; il peut atteindre plus de 3 mètres de longueur. Lorsqu'il prend sa nourriture, il arrive parfois que l'intérieur de sa gueule se remplit de petits **Moucherons** *(Bdella)*, qu'un oiseau du pays, le **Trochyle** *(Charadrius Ægyptus)*, vient lui manger jusque dans sa bouche sans avoir crainte d'être dévoré à son tour. — Dans un bocal voisin, on a déposé un **Œuf de Crocodile** dans lequel on voit l'animal prêt à sortir de sa coquille. — Plus haut, deux crânes de grands **Crocodiles de Saint-Domingue** *(Mulinia Americana)* et **de l'Inde** *(Bombifrons Indicus)*. — Crâne d'une autre variété, le **Crocodile à deux arêtes** *(Oophalis porosus)* des îles de l'Archipel Indien. — Dans la partie supérieure de la vitrine, les **Caïmans** ou Crocodiles américains ; ils ont la tête d'un tiers plus large que longue et le museau court, ceci les distingue des Crocodiles dont la tête a une longueur à peu près double de sa largeur. — Le **Caïman cynocéphale** *(Icare latirostris)* et le **Caïman à lunettes** *(Icare punctulata)* sont répandus dans toute l'Amérique méridionale. — Les **Caïmans à museau de brochet** *(Alligator Mississipiensis)* ou **Alligators** habitent l'Amérique septentrionale, et plus spécialement les bords du Mississipi et le Mexique ; on les rencontre par bandes nombreuses vivant presque continuellement dans l'eau ; pendant la mauvaise saison, ils s'ense-

velissent dans la vase des marais, attendant dans un état de torpeur le retour
du printemps. — Le **Gavial** ou **Crocodile de l'Inde** (*Gavialis Gange-
ticus*) est caractérisé par son museau rétréci, cylindrique et très-allongé ; il
abonde dans les fleuves de l'Inde ; sa taille atteint jusqu'à 5 et 6 mètres. —
Etc.

Au-dessus de la vitrine, le **Crocodile du Nil** (*Crocodilus vulgaris*).

Vitrine 53

Les **Ophidiens** ou **Serpents** sont renfermés dans les vitrines 53 et 54 :
ils se distinguent des autres reptiles par la forme de leur corps, qui est
allongé, cylindrique et dépourvu de membres ; l'un des poumons est à
l'état rudimentaire, l'autre s'étend fort loin dans l'abdomen entre les côtes
qui sont libres en avant ; l'œil n'a pas de paupières distinctes, de là cette
fixité qui leur permet de fasciner leur proie. — Dans le fond de la vitrine, on
remarquera un beau squelette complet du **Python de Seba** (*Python
Sebæ*) qui mesure 6 mètres de longueur ; sa peau est montée au-dessus de
la vitrine ; les Pythons habitent l'Inde et l'Afrique ; ils peuvent atteindre
8 à 9 mètres de longueur : ils sont assez puissants pour étreindre entre
leurs anneaux la Gazelle ou le Chevreuil ; leur morsure n'est point venimeuse — Le **Python de Java** (*Python Javanicus*) des îles de la Sonde
est une espèce plus petite, mais non moins redoutable. — Les **Boas** sont
propres à l'Amérique où ils vivent sur les arbres au milieu des forêts ; ils
pondent sur le sable des œufs nombreux de la grosseur d'un œuf d'oie : ils ne
sont pas venimeux. — Le **Boa empereur** (*Boa imperator*) habite le
Mexique. — Le **Boa constrictor** (*Boa constrictor*), jeune individu
d'Amérique. Ce reptile, qui semble rechercher de préférence les localités
sèches des forêts à une certaine distance dans l'intérieur des terres, habite
surtout la Guyane, le Brésil et les provinces de Rio de la Plata : quoique non
venimeux, le Boa n'en est pas moins très-redoutable. — Nous ne pouvons citer
ici toutes les intéressantes espèces qui suivent, pareille énumération nous
entraînerait trop loin ; nous signalerons plus spécialement à l'attention du
visiteur : le **Cylindrophe** (*Cylindrophis rufa*) de Saïgon. — L'**Éryx
javelot** (*Eryx jaculus*) d'Égypte. — Le **Rouleau scytale** (*Tortrix
scytale*) de la Guyane. — Le **Calamaire de Linné** (*Calamaria Lin-
næi*) de Java. — Les **Dendrophides de l'Inde et d'Amérique**
(*Dendrophis Indicus* et *D. vernalis*). — Le **Compsome** (*Compso-
soma radiatum*) de la basse Cochinchine. — Le **Leptophide émeraude** (*Leptophis smaragdinus*) du Gabon, remarquable par ses belles
couleurs bleues. — Les **Ptyas de la Cochinchine** (*Ptyas macosus*),
etc. — Dans le haut de la vitrine, les **Couleuvres** (*Tropidonotus*),
espèces non venimeuses très-communes dans nos pays ; elles vivent au bord
de l'eau, dans les lieux humides, et plongent souvent dans les cours d'eau ;
parmi les espèces que l'on rencontre dans nos environs nous signalerons :
le **Tropinodonte ordinaire** (*Tropinodotus quincunciatus*) avec ses
œufs. — Le **T. à calice** (*T. natrix*). — Le **T. chersoïde** (*T. chersoïdes*).
— Le **T. à bandes** (*T. fasciatus*). — Le **T. bi-ponctué** (*T. bipunctatus*).
— L'**Herpeton tentaculé** (*Herpeton tentaculatum*) de la Cochinchine : contrairement aux autres serpents, cet animal donne naissance
à des petits vivants ; en outre, il fait usage d'aliments végétaux ; ayant une

vue très-restreinte, il se sert sans doute de ses appendices charnus ou barbes pour trouver dans l'eau ou dans la vase une proie qui ne fuit pas. — Etc.

Au-dessus de cette vitrine, le **Python royal** *(Python regius)* d'Afrique, bel animal monté sur un arbre. — En avant, étendu sur la corniche, le **Python de Seba** *(Python Sebæ)* de l'Afrique orientale, dont nous avons vu le squelette dans la vitrine.

Vitrine 54

On remarque dans le bas les individus des genres exotiques suivants : *Xenodon, Homalocranion, Passerita, Cerbus, Trigonurus, Psammophis, Elaps, Dipsus*, etc., etc. — Au-dessus, le **Serpent à lunette** *(Naia tripudians)* curieuse espèce de l'Inde, qui doit son nom à une disposition spéciales des écailles qui sont au-dessus des yeux. — L'**Aspic** *(Naja haje)* se trouve dans l'Afrique méridionale et orientale, et surtout en Egypte ; les anciens prétendaient que sa blessure ne causait aucune douleur et déterminait seulement un sommeil léthargique ; ce qui est certain c'est que son venin est plus redoutable encore que celui des Vipères de nos climats. — Le **Sidi-Maheddele de Tunisie** *(Cerastes Ægyptiacus)* ou Serpent à cornes habite les lieux arides et arénacés de la Tunisie et de l'Egypte ; c'est une espèce très-venimeuse. — La **Vipère** *(Vipera aspis)*, espèce venimeuse et fort dangereuse de France, dont la couleur varie du gris au noir ; sa mâchoire est armée de deux crochets par lesquels s'insinue dans la plaie un venin mortel distillé par une glande spéciale : sa tête, de forme triangulaire, porte six plaques ou écailles, tandis que celle de la couleuvre est plus arrondie et est couverte par neuf écailles disposées sur quatre rangs. — La **Péliade berus** *(Pelias berus)*, autre espèce voisine de la Vipère, habite nos environs et est aussi dangereuse qu'elle. — Dans le haut, le **Crotale** *(Crotalus horridus)* ou Serpent à sonnettes, espèce très-venimeuse d'Amérique et surtout des Etats-Unis ; l'extrémité de sa queue est garnie de petites capsules emboîtées l'une dans l'autre, de telle sorte que quand l'animal se met en marche, ces capsules résonnent légèrement et peuvent être entendues à trente pas de distance. — Le **Lachesis muet** *(Lachesis mutus)*, espèce voisine, mais de la Guyane. — Etc.

Vitrine 55

Les **Lacertiens** ou Lézards de la vitrine numéro 55 se rapprochent par leur forme des sauriens, ils sont plus petits et partant moins redoutables. — Les **Gecko** *(Gecko)* ont le corps court et trapu, supporté par des pattes armées de lames imbriquées qui leur permettent d'adhérer sur les surfaces les plus lisses ; ils poussent de petits cris rappelant leur nom et habitent toutes les régions chaudes du globe, dans les vieux murs et même dans les habitations. — Le **Caméléon** *(Cameleo vulgaris)*, singulier reptile de l'Afrique septentrionale, de la Sicile et de l'Espagne : ses yeux gros et saillants sont recouverts par une paupière que l'animal peut resserrer ou dilater à volonté, mais qui ne laisse qu'un petit trou de libre placé au centre ; les deux yeux sont indépendants et peuvent regarder chacun dans un sens différent ; la peau n'adhère pas partout aux muscles, de telle sorte qu'en envoyant de l'air dans cette sorte de vessie, l'animal peut se gonfler plus ou moins ; enfin sa peau, sous l'influence de la crainte ou de la colère, peut changer de couleur — Le **Varon du désert** *(Varanus arenarius)*, grande espèce de couleur de sable, vit dans les déserts de l'Afrique ; il a parfois plus de 1 mètre de longueur. — L'**Iguane tuberculeux** *(Iguana tuberculata)* habite une grande partie de l'Amérique méridionale ; il porte une crête qui s'étend tout le long de son corps ; sous son cou s'étend une vaste poche ; on chasse cette espèce pour en manger la chair qui est, dit-on, très-estimée. — Au-dessus, les *Tropidolepis*, qui sont très-abondants au Mexique. — Le **Grammatophore barbu** *(Grammatophorus barbatus)* ne se trouve que dans la Nouvelle-Hollande. — Le **Phrynosome couronné** *(Phrynosoma coronatum)* du Mexique a la tête ornée d'une couronne formée de longs piquants. — La **Fouette-queue ornée** *(Uromostryx ornatus)* de la Barbarie chasse et tue les insectes avec sa queue. — La **Sauvegarde de Merian** *(Salvator merianus)*, espèce voisine des Lézards, se trouve dans l'Amérique méridionale. — Le **Dragon volant** *(Draco volans)* de Java porte entre ses membres des ailes formées par de larges replis de la peau : il s'en sert comme d'un parachute pour poursuivre les mouches dont il est très-friand. — Les **Lézards** de nos pays, ces inoffensifs petits reptiles, sont représentés par plusieurs variétés. Le **Lézard gris** *(Lacerta muralis)* est l'espèce la plus commune dans nos contrées ; il passe l'hiver dans un trou qu'il se creuse dans la terre et n'en sort qu'au printemps : il se nourrit d'insectes et principalement de fourmis qu'il darde avec sa langue fourchue et hérissée : sa queue très-fragile se détache facilement du reste du corps et peut ensuite repousser. — Le **Lézard ocellé** *(Lacerta ocellata)*, que nous trouvons dans la forêt de Fontainebleau et dans le midi de la France, vit de préférence sur le sable ; il se nourrit de vers et d'insectes et attaque les Souris, les Grenouilles et même les Serpents — Le **Lézard vert** *(Lacerta viridis)* est plus spécialement répandu dans le Midi. — Dans le haut de la vitrine, l'**Amphisbène** *(Amphisbœna)* ressemble plus à un Serpent qu'à un Lézard : le corps et la queue font suite à la tête et sont du même diamètre ; il n'a pas de pattes ; on le trouve en Amérique, près des nids de Termites, se nourrissant de leurs larves. — Etc.

Vitrine 56

Dans le bas, nous voyons encore quelques animaux lacertiens, servant de passage entre les Lézards et les Serpents ; l'**Orvet** *(Anguis fragilis)* ressemble en effet beaucoup aux Serpents, mais il n'en a pas la souplesse ; son corps est court et sa queue de même diamètre est très-longue ; les muscles qui la meuvent peuvent se détacher facilement de leur point d'insertion : aussi appelle-t-on l'Orvet, le Serpent de verre. — Le **Trachysaurus** *(Trachysaurus rugosus)* d'Australie. — Le **Cyclode** *(Cyclodus Boddaerti)* de la Nouvelle-Hollande a ses dents maxillaires presque hemisphériques. — Les **Seps** *(Seps)* ont de très-petites pattes presque rudimentaires, avec un nombre de doigts incomplets : ils servent ainsi de passage aux sauriens parfaits : on les rencontre assez communément dans le midi de la France et sur les côtes de l'Afrique. — Etc.

Au-dessus, commence la famille des chéloniens ou tortues ; ces animaux sont armés d'une carapace formée par les côtes qui sont soudées entre elles et à la colonne vertébrale : comme l'animal n'a plus les parois de la poitrine mobiles, c'est par un mouvement de déglutition qu'il fait pénétrer dans ses poumons, l'air nécessaire pour sa respiration. — L'anatomie des chéloniens peut être suivie sur un squelette de **Tortue mauresque** *(Testudo Mauritanica)* disposé à cet effet. — La **Tortue marginée** *(Testudo marginata)* avec ses nombreuses variétés, se trouve assez abondamment répandue en Morée. — La **Tortue mauresque** *(Testudo Mauritanica)* d'Algérie et de Tunisie ; c'est surtout cette espèce que l'on trouve chez les marchands de comestibles ; elle se nourrit d'herbes, de racines et de limaces ; pendant l'hiver elle s'engourdit et passe cette saison dans des trous qu'elle se creuse dans le sol, parfois à plus de 60 centimètres de profondeur. — Parmi les Tortues exotiques nous citerons : la **Tortue grecque** *(Testudo Græca)* que l'on trouve en Algérie et en Italie ; elle est plus petite et très-recherchée à cause de sa chair qui donne un excellent bouillon ; — la **Tortue tubulée** *(Testudo tubulata)* de Cayenne et de l'Amérique méridionale ; — la **Tortue radiée** *(Testudo radiata)* de Madagascar et des îles Bourbons, curieuse espèce de forme toute ronde. — Plus haut, les **Emys** ou Tortues d'eau douce ; elles vivent dans les ruisseaux et les marécages, tantôt dans l'eau, tantôt sur terre. — L'**Émysaure serpentin** *(Emysaurus serpentina)* des lacs et des rivières de l'Amérique du Sud, se nourrit de poissons et d'oiseaux. — Etc.

Au-dessus de la vitrine, la **Tortue éléphantine** *(Testudo elephantina)*, grande et belle espèce de l'île Bourbon ; sa longueur est de plus de 1 mètre, et son poids dépasse souvent 500 kilogrammes.— La **Tortue Midas** *(Chelonia Midas)* du sud de l'Europe et de l'Orient.

Vitrine 57

Dans le bas, les Tortues de mer se distinguent des autres espèces par la forme aplatie des membres qui leur servent de rames ; l'orifice nasal est muni d'une sorte de soupape qui leur permet de rester longtemps sous l'eau, elles sont ovipares, leur poids varie de 350 à 450 kilogrammes. — Parmi ces espèces nous citerons : la **Couanne** *(Chelonia couanna)*, qui habite la Méditerranée et l'océan Atlantique ; — le **Caret** *(Chelonia imbricata)*, dont on retire l'écaille ; on la pêche dans l'océan Indien et les mers d'Amérique. — Les **Gymnopodes** *(Gymnopodus Ægyptiacus et G. Duvanceli)*, avec leur carapace aplatie et recourbée. — Le **Chelys** *(Chelys matamata)*, curieuse espèce de Cayenne, au museau allongé en forme de trompe, et dont le menton est garni de barbillons. — Etc.

BATRACIENS

Les batraciens sont des animaux nus qui servent de transition entre les reptiles et les poissons ; ce qui les caractérise plus spécialement, ce sont leurs métamorphoses, c'est-à-dire les changements d'organisation qu'ils subissent avec l'âge. Chacun sait, par exemple, que la Grenouille, au sortir de l'œuf, affecte la forme d'un poisson, privée qu'elle est de ses membres ;

le Têtard prend successivement deux, puis quatre membres, en même temps que les organes de la respiration passent, de l'état de branchies propres aux poissons, à l'état de poumons propres aux reptiles.

Le **Crapaud commun** *(Bufo vulgaris)* de nos pays.— Le **Crapaud panthérin** *(Bufo pantherinus)* de l'Égypte. — Le **Crapaud apre** *(Bufo asper)* de Java. — Le **Crapaud du Mexique** *(Bufo interme-dius)* ou Guanajuato. — Les **Dendrobates** *(Dendrobates tinctorius)* du Brésil, ont la peau ornée de dessins noirs et jaunes. — La **Rainette verte** *(Hyla viridis)*, très-commune dans l'Europe méridionale, porte sous ses doigts de petites ventouses qui lui permettent de s'appliquer fortement sur les corps les plus glissants et de grimper le long des arbres. — La **Rainette feuille morte** *(Hyla xenophylla)* du Mexique. — La **Grenouille verte** *(Rana viridis)*, si commune dans toute la France, est essentiellement aquatique; elle se nourrit d'insectes et de vers; on la trouve également en Asie et en Afrique. — Le **Crapaud accoucheur** *(Alytes obstetricans)*, de nos pays; le mâle reçoit de la femelle un long fil après lequel sont attachés les œufs, il l'enroule en forme de 8 autour de ses jambes de derrière et promène ensuite ces œufs au soleil; au bout de quelques heures les petits éclosent. — Le **Pipa d'Amérique** *(Pipa Americana)*, curieuse espèce de la Guyane et du Brésil; le mâle étend sur le dos de la femelle les œufs qu'elle a pondus; sous l'influence d'une inflammation tégumentaire, ces œufs s'enfouissent sous la peau; au bout de quelque temps les petits éclosent et restent dans ces alvéoles jusqu'à ce qu'ils aient acquis un développement suffisant. — Dans le haut, le **Ceratophrys à bouclier** *(Ceratophrys dorsata)* de Cayenne.— Le **Cystignathe ocelle** *(Cystignatus ocellatus)* du Brésil — La **Grenouille mugissante** *(Rana mugiles)* de la Louisiane; elle fait entendre le soir des cris puissants peu en rapport avec sa taille.— Les **Salamandres** *(Salamandra maculosa)* se rapprochent des Lézards par la forme de leur corps; mais, comme la Grenouille, elles subissent des métamorphoses: elles vivent dans les endroits humides et sombres, se nourrissent d'insectes et de vers; leur peau suinte une humeur visqueuse qui, devenant plus abondante sous l'effet de la chaleur, a fait croire à bien des gens qu'elles pouvaient vivre au milieu des flammes. — Etc.

Au-dessus de la vitrine, le **Requin grisâtre** *(Hexanchus griseus)* de la Méditerranée. — Carapace de **Tortue de mer** *(Chelonia virgata)* de l'île de France.

Vitrine 58

Dans le bas de la vitrine : les **Sirènes** *(Siren lacerta)* des lacs et des rivières d'Amérique. — Les **Lépidosirènes** *(Lepidosiren paradoxa)* des eaux douces et palustres de l'Amérique du Sud servent de passage entre les reptiles et les poissons dont ils se rapprochent par la présence de petites écailles; ils ont pourtant quatre membres mais tout à fait rudimentaires. — Les **Axolotl** *(Sirenodon Humboltii)*, singulière espèce récemment apportée du Mexique: comme le Têtard, ils sont privés de poumons; la respiration s'effectue à l'aide de deux branchies qui surmontent la tête de l'animal et qui persistent pendant toute sa vie, contrairement à ce qui se passe chez tous ses congénères. — Les **Protées** *(Proteus anguis)* viennent des grottes de la Carniole. Ce reptile paraît aveugle, car à peine aperçoit-on, à la place que pourraient occuper les yeux, deux petits points noirs à travers la peau, qui n'est pas percée. — Le **Ménobranche latéral** (*Menobranchis lateralis*) des lacs de l'Amérique du Nord. — Les **Méno-pomes** (*Menopoma Alleghanensis*) de la rivière Alleghanis et des affluents de l'Ohio en Amérique.

POISSONS

Les poissons sont des animaux vertébrés destinés à vivre dans l'eau, respirant toujours au moyen de branchies, dont les membres sont transformés en nageoires, et dont le corps est recouvert d'une peau nue ou écailleuse; ils donnent naissance à des œufs d'où éclosent ensuite les petits.

Les poissons sont placés à la suite des reptiles; on y compte 900 individus répartis en 630 espèces formant 320 genres. Ils ont été classés d'après la méthode de Günther.

Les **Squales** ou **Chiens de mer** (*Carcarius glaucus* ou *Picnodon glaucus*), nommés aussi Requins bleus de la Méditerranée; les Requins, dont on voit dans la vitrine plusieurs belles mâchoires, peuvent atteindre une longeur de plus de 10 mètres et pèsent parfois plus de 500 kilogrammes; leur mâchoire est armée de six rangées de dents aiguës qu'ils peuvent relever ou abaisser à volonté; leur peau est rugueuse; c'est avec la variété nommée Grande Roussette que l'on fait la peau de chagrin. Les œufs sont enfermés dans une poche membraneuse soutenue par des fils qui viennent s'entortiller sur les plantes marines. — Le **Marteau** (*Zygœna malleus*) a sa tête aplatie et fortement élargie sur les côtés: les yeux sont situés à l'extrémité des prolongements latéraux de la tête; on le rencontre parfois dans la Méditerranée. — Le **Squale nez** (*Lamna cornabica*) est presque aussi grand que le Requin et vit dans la Méditerranée. — Dans le haut, une collection de mâchoires de différentes espèces de Squales de grande taille, dans lesquelles on remarquera la forme et la disposition des dents. — Le **Perlon** (*Heptanchus cinerus*) avec ses dents en forme de scie. — L'**Oxyrhina de Spallanzani** (*Oxyrhina Spallanzani*). — Le grand *Galeocerdo Articus* des mers du Nord. — Le **Xénanche** (*Xenanchus griseus* ou *Nodotianus griseus*).

Vitrine 59

La **Piche** ou **Gatte** (*Xymnus lichio*) de la Méditerranée. — Le **Porc lamantin** (*Oxynotus centrina*) de l'Océan. — Le **Bouclé** (*Echinorhinus spinosus*) de la Méditerranée a le corps couvert de pointes ou boucles comme la Raie: on le rencontre ordinairement dans les mêmes eaux que le Squale ange. — Le **Squale ange** (*Squatina angelus*), à peau rude à de petites épines au bord de ses nageoires pectorales. — La **Scie** (*Pritis antiquorum*) porte au bout de sa tête une arme formidable formée par le prolongement du museau: elle atteint jusqu'à 4^m,50 de longueur; on la trouve dans toutes les mers et particulièrement sur les côtes d'Afrique. — La **Petite Scie** (*Pristis cuspidatus*) de l'océan Indien. — Le **Rhi-**

nobate granuleux *(Rhinobatus granulatus)* des Indes orientales. — La **Torpille** *(Torpedo Galvanii)* lance contre son ennemi des décharges électriques fournies par un appareil spécial placé de chaque côté de la bouche et des organes respiratoires; il est composé d'une multitude de petits prismes disposés parallèlement les uns à côté des autres: ce curieux poisson habite les côtes de la Méditerranée et de l'Océan. — La **Raie** *(Raia batis)* et son squelette; elle se pêche sur les côtes du nord de l'Europe: quelques-unes atteignent un poids de 100 kilogrammes. Les œufs de Raie ont une forme quadrangulaire et forment un sac membraneux suspendu par quatre fils, à chaque extrémité. — La **Raie bouclée** *(Raia clavata)* est armée de gros aiguillons en forme de boucles ou de crochets; elle a parfois 4 mètres de longueur, sa chair est plus délicate que celle des autres espèces. — Plusieurs mâchoires de grandes Raies, curieuses à examiner par suite de la disposition des dents. — Dans le haut, le **Rhinoptère** *(Rhinoptera Brasilensis)* dont la queue est formée d'un fil de plusieurs mètres de longueur; il est propre aux mers d'Afrique et d'Amérique. — Etc.

Au-dessus de la vitrine, le **Requin bleuâtre** *(Charcharias glaucus)* de la Méditerranée.

Vitrine 60

L'**Esturgeon commun** *(Acipencer sturio)*; quelques individus ont jusqu'à 5 et 6 mètres de longueur: il est répandu à la fois dans la mer du Nord, l'Océan et la Méditerranée, et remonte périodiquement les fleuves; c'est la vessie natatoire située au-dessus de son épine dorsale qui fournit, après avoir subi plusieurs transformations, la presque totalité du produit vendu sous le nom de colle de poisson et de colle à bouche. — Le **Sterlet** *(Acipencer Ruthenus)*, ou petit Esturgeon de la mer Noire et de la mer Caspienne, est très-estimé en Russie. Ces deux espèces déposent dans les fleuves une immense quantité d'œufs que l'on recueille pour en composer le caviar. — L'**Esturgeon du Mississipi** *(Acipencer Rupertianus)*. — Le **Xaphirhynque** *(Xaphirhynchus platyrhynchus)*, espèce voisine, de l'Amérique. — Le **Pégase dragon** *(Pegasus draco)* de l'Indo-Chine. ses nageoires pectorales sont assez développées pour pouvoir lui servir d'ailes et lui permettre de se soutenir pendant quelque temps hors de l'eau. — Les **Syngnathes** *(Syngnathus)* portent au-dessous du ventre une poche dans laquelle ils déposent leurs œufs et où éclosent leurs petits. — Les **Hippocampes** *(Hippocampus)* ou Chevaux marins, singuliers animaux dont la tête offre une certaine ressemblance avec celle du Cheval: on les trouve fréquemment dans la Méditerranée et dans l'Océan. — Plus haut, nous voyons des poissons exotiques aux formes bizares. — Le **Tetroxys vermicule** *(Tetroxys vermiculatus)* des Antilles. — Les **Coffres** *(Ostracion)* des mers des Indes; leur corps est couvert de compartiments osseux et réguliers soudés de façon à former une sorte de cuirasse inflexible dans laquelle la queue seule est mobile. — Les **Doryophris transparents** et **tuberculés** *(Doryophris diaphanus et D. tuberculatus)* du Japon et des Indes. — Le **Cibotion du Japon** *(Cibotianus Japonicus)*. — Les **Balistes** *(Balistes)* ont leurs mâchoires pourvues de huit dents disposées en une seule rangée: ces poissons ont le corps entouré d'une cuirasse d'écailles très-dures et très-brillantes; ils vivent sur les côtes équatoriales.

Dans le haut, le **Mole** (*Cephalus mola*) ou Poisson lune, dont la forme plate est presque circulaire : on le trouve dans l'Océan et dans la Méditerranée. — Le **Mole du Cap** (*Orthagoriscus oblongus*), à l'extrémité postérieure du corps terminée carrément. — Les **Tétrodons** (*Tetrodon*) sont ainsi nommés parce que leurs mâchoires dures et osseuses sont divisées sur le devant par une fente verticale qui simule deux dents; ils peuvent enfler la partie inférieure de leur corps et, prenant alors la forme d'une boule, ils surnagent à la surface de l'eau. — Les **Diodons** (*Diodon*) n'ont au contraire que deux dents; leurs piquants sont plus forts et plus puissants, on les nomment aussi Porc-épic ou Hérissons de mer ; ces différentes espèces viennent des mers chaudes. — Le **Lumps** (*Cyclopterus lumpus*) des mers du Nord et plus rarement de l'Océan se nourrit de Méduses et d'animaux gélatineux, aussi son corps lui-même est-il très-mou. — Etc.

Vitrine 61

La **Baudroye pêcheresse** (*Lophius piscatorius*) et son squelette: la tête de ce poisson prend des dimensions énormes; il vit sur le sable ou enfoncé dans la vase, laissant flotter au-dessus de sa gueule les fils longs et mobiles qui garnissent sa tête et forment ainsi des appas pour les autres poissons; on le pêche sur nos côtes dans l'Océan et la Méditerranée. — La **Malthée chauve-souris** (*Malthe vespertilo*) des mers d'Amérique, rappelle par sa forme les Chauve-Souris. — Les **Chironectes** (*Chironectes*) habitent les mers des pays chauds, dans l'Inde, l'Afrique et l'Amérique; ils sont de petite taille et peuvent vivre sur le sol pendant deux ou trois jours, se servant de leurs nageoires pectorales pour ramper. — Au-dessus, les **Batraques** (*Batrachus*) du Brésil. — L'**Uranoscope** (*Uranoscopus scaber* et *U. inermis*) de la Méditerranée; les yeux, dans ces espèces, sont au-dessus de la tête. — Les **Vives** (*Trachinus*), caractérisées par leur tête comprimée et la forte épine qui arme leur opercule; on les pêche dans les régions sablonneuses de la Méditerranée (*Trachinus araneus*) et de la Manche (*T. Draco*). — Les **Trigles** (*Trigles*), aux riches couleurs, ont leurs nageoires latérales très-développées et la tête entourée d'une forte cuirasse armée d'épines ; on en distingue une quinzaine d'espèces, la plupart de la Méditerranée; c'est le Trigle rouge que l'on vend sous le nom de Rouget.

Le **Malarmat** (*Peristethus cataphractum*), d'une belle couleur rouge, porte deux pointes au-dessus de la tête : on le pêche dans la Méditerranée. — Le **Poisson volant** (*Dactylopterus volitans*) a ses nageoires latérales développées en forme d'ailes; il peut s'élever à 1 ou 2 mètres au-dessus de l'eau et parcourir un espace de plusieurs centaines de mètres, mais sans changer de direction dans sa course ; on le pêche assez souvent dans la Méditerranée.

Au-dessus, le **Sébaste impérial** (*Sebastes dactylopterus*) de Nice. — Les **Scorpènes** (*Scorpœna*). Ce sont des poissons auxquels leur tête grosse et épineuse et leur peau molle et spongieuse donne un aspect étrange; la chair en est délicate; mais les piqûres en sont redoutables : on en connaît une vingtaine d'espèces dont deux, sous le nom de Rascasse, sont propres à la Méditerranée. — Dans le haut, l'**Agriope** (*Agriopus* *torrus)* des mers du Cap et d'Amérique. — La **Perche** *(Perca fluviati-lis)* ou Perche commune de nos pays ; on la retrouve dans le Nord, en Suède et en Laponie, où elle devient beaucoup plus grosse : elle se plaît dans les fonds herbeux couverts d'une légère couche d'eau ; en hiver, elle se retire dans des eaux plus profondes ; sa fécondité est telle qu'un seul individu peut produire 280,000 œufs. — Le **Bar** *(Labrax lupus)*, très-connu dans la Méditerranée sous le nom de Loup ; il ressemble à une Perche allongée et peut atteindre une longueur de 1 mètre, sa chair est très-estimée. — La **Sandre d'Amérique** *(Lucioperca Americana)* ou Perche d'Amérique. — Etc.

Vitrine 62

Le **Barbier** *(Anthias sacer)* de la Méditerranée. — Les **Serrans** *(Serranus scriba* et *S. cabrilla)* ou Perches de mer ont leurs deux mâchoires dépourvues d'écailles apparentes ; ce sont des espèces très-communes dans la Méditerranée. — Le **Méron nègre** *(Serranus morio)* du Brésil. — Le **Méron à taches hexagones** *(Serranus hexagonus)* espèce voisine, de la Méditerranée. — Les **Mésoprions** *(Mesoprion)*; on en compte plus de quarante espèces vivant dans les colonies françaises. — La **Grenille** ou **Goujon-Perche** *(Acerina cernua)* est très-connue dans les rivières sablonneuses de nos pays. — Le **Cernier** *(Polyprion cernium)* de la baie de Naples ; tous les os de sa tête portent des aspérités. — Le **Savonnier** *(Rypticus saponaceus)* des Antilles est remarquable par la singulière douceur de sa peau et la matière onctueuse et gluante dont elle est revêtue. — Le **Pomotis** *(Pomotis auritus)* des eaux douces de l'Amérique du Nord. — Les **Myripristis** *(Myripristis Jacobus)* d'Amérique ; la partie antérieure de leur vessie natatoire s'attache au crâne formé d'une simple membrane, par deux points qui répondent aux sacs de l'oreille. — L'**Holocentrum des îles Viti** *(Holocentrum Summara)*. La magnificence de son tégument n'est pas moins remarquable que la forme de son armure. — Le **Sphyrène spet** *(Sphyræna vulgaris)* de Nice. avec son squelette. — La **Mule rouget** *(Mullus barbatus)* a ses écailles d'un rouge magnifique ; elle vit dans les fonds limoneux des côtes de la Méditerranée. — L'**Ombrine** *(Ombrina vulgaris* et *O. cirrhosa)*. un des beaux poissons de la Méditerranée, sa taille peut dépasser 2 mètres. — Le **Corb** *(Corvina nigra)*. ou Corbeau de la Méditerranée, est d'un brun argenté avec les nageoires de couleur noire. — La belle **Gorette** *(Hæmulon formosum)* de Colombie ; son profil a quelques rapports avec celui du Cochon. — Les **Pristipomes** *(Pristipoma virginicum* et *P. coro)* sont très-répandus dans les régions chaudes des deux océans. — Etc.

Vitrine 63

Le **Pagre** *(Pagrus vulgaris)* de la Méditerranée, espèce bien connue des anciens. — La **Daurade** *(Chrysophrys aurata)* est un des beaux poissons de la Méditerranée ; elle ne quitte pas le rivage et fréquente les étangs salés, elle se nourrit surtout de moules. — Le **Sargue** *(Sargus Rondeletti)*, des mêmes eaux, se nourrit de petites coquilles et de crustacés dont il peut aisément briser la carapace avec ses molaires. — Le **Pagel** *(Pa-*

gellus erythrinus) vit par bandes dans la Méditerranée ; tous ces poissons, assez abondants sur nos côtes, sont journellement recherchés par les pêcheurs. — Les **Dentés** *(Dentex)*, dont la chair est estimée, se pêchent souvent sur les côtes de la Méditerranée ; leurs mâchoires sont armées de dents très-aiguës — Le **Canthère à grands yeux** *(Cantherus grandoculus)*, poisson vorace qui vit sur les côtes vaseuses de la France. — Le **Picarel Martin-Pêcheur** *(Smaris alcedo)* de nos côtes méridionales. — Les **Bogues** *(Box salpa* et *B. vulgaris)* des côtes méridionales de l'Europe. — Les **Labres** *(Labrus)*, toutes leurs nombreuses variétés sont parées des plus riches couleurs et appartiennent à la Méditerranée et à l'Océan ; leur chair blanche et ferme est recherchée et estimée sur nos marchés ; le **Labre Merle** *(Labrus merula)* ; la **Vielle** *(Labrus vetula)* ou Perroquet de mer : le **Labre à trois taches** *(Labrus maculatus)* ; le **Labre touro** *(Labrus turdus)*. — Les **Crenilabres** *(Crenilabrus)*, espèce voisine des précédentes, sont surtout communs dans la Méditerranée. — La **Girelle** *(Colis Julius* et *Julius pavo)*, petit poisson de l'Océan et de la Méditerranée, remarquable par sa belle teinte violette relevée par des bandes orangées. — Le **Gomphose vert** *(Gomphosus viridis)* de la mer des Indes. — Dans le haut, les **Scares**, célèbres dans la Grèce antique ; une curieuse disposition de la bouche leur permet d'avoir une sorte de rumination devenue nécessaire par suite de leur alimentation essentiellement végétale : on les trouve dans les mers intertropicales ; une de ces nombreuses espèces est très-commune dans l'archipel grec. — Le **Chetodon barré** *(Chætodon striatus)* des Indes orientales. — Etc.

Vitrine 64

Le bas de la vitrine renferme des poissons exotiques : le **Chétodon à collier** *(Chætodon collaris)* des côtes rocheuses du Japon. — Le **Pomachanthe à cinq branches** et le **P. noir** *(Pomacantus para)* du Brésil. — La **Psette rhomboïdale** *(Psettus argenteus)* des mers des Indes. — L'**Anabas sennal** *(Anabas scandeus)*, espèce voisine, de l'archipel Indien. Les os de la voûte du palais de ce poisson sont divisés en petits feuillets irréguliers qui interceptent les cellules situées sous l'opercule, et servent à y retenir une certaine quantité d'eau ; grâce à cette disposition, l'Anabas peut aller à terre et ramper à de grandes distances. — L'**Archer sagittaire** *(Toxotes jaculator)* des Indes a l'instinct de lancer à plus de 1 mètre de distance des gouttes d'eau sur les insectes qui se posent sur les plantes aquatiques, pour en faire sa proie. — Le **Castagnole** *(Brama Raii)* de la Méditerranée a parfois jusqu'à 75 centimètres de longueur. — Au-dessus, l'**Anthérine Seaulet** *(Antherina hepseutus)* de la Méditerranée. — Les **Mouges** *(Mugil)* ou Mulets sont très-recherchés par les pêcheurs ; on en connaît plus de cinquante espèces qui habitent les mers des deux continents ; ils remontent en troupes aux embouchures des fleuves en faisant de grands sauts en dehors de l'eau : ils se nourrissent surtout d'animaux mous. — Le **Mouge à large tête** *(Mugil cephalus)* de la Méditerranée a ses yeux à demi couverts par deux voiles adipeux. — L'**Aphia** *(Aphia meridionalis)*, tout petit poisson très-commun dans les eaux de Nice. — Les **Gobies** *(Gobius)* de la Méditerranée vivent au bord de la mer sur les fonds argileux et y passent l'hiver dans les canaux qu'ils s'y creusent :

une des espèces se fait un nid dans les algues et les zostica à la façon des Épinoches; on les nomme aussi Goujons de mer. — Les **Blennies** *(Blennia)* portent sur nos côtes le nom de Baveuses qui provient de la mucosité abondante sécrétée par leur peau : elles vivent par petites troupes sur les plages rocailleuses. — Dans le haut, le **Lépidote** *(Lepidotus caudatus)*, espèce comestible de la Méditerranée et de l'Océan. — Le **Solaire** *(Solarius rubropunctatus)* de l'île Chincha. — Etc.

Vitrine 65

Le **Thyrsite atum** *(Thyrsites atum)* de l'océan Atlantique et des mers du Nord.— Le **Thon** *(Thynnus vulgaris)* dont on fait chaque année d'abondantes pêches dans la Méditerranée ; son poids varie de 200 à 500 kilogrammes, il peut atteindre jusqu'à 3 mètres de longueur ; sa chair se mange soit fraîche, soit marinée. — L'**Espadon** ou **Poisson-épée** *(Xiphias gladiatus)*. sa longueur ordinaire est de 2 à 3 mètres ; il porte dans le prolongement de la mâchoire supérieure une sorte de glaive dont il fait une arme redoutable ; on le rencontre dans la Méditerranée. — Le **Maquereau** *(Scomber scombrus)*. bien connu sur tous nos marchés, se tient en hiver dans les mers du Nord pour descendre au printemps dans nos parages ; il voyage par bandes innombrables : chez les anciens sa chair fermentée et préparée portait le nom de garum.— Plus haut. le **Nason fronticorne** *(Naseus unicornis)* de l'île de France. porte au-dessus du front une corne ou loupe plus ou moins saillante. — Les **Amphucanthes** *(Amphucanthus)* se distinguent de tous les autres poissons par la présence de rayons épineux sous le ventre ; ce sont des espèces exotiques, presque toutes de la mer des Indes. — Les **Acanthures** *(Acanthurus)* portent de chaque côté de la queue une forte épine mobile. tranchante comme une lancette, que l'animal peut redresser à sa volonté ; ils vivent dans les eaux chaudes des deux océans. — Le **Pilote** *(Naucrates ductor)* suit les vaisseaux dans la Méditerranée. attendant sa proie. — Le **Chorinème sauteur** *(Chorinemus saliens)* des côtes de l'Amérique tropicale. — L'**Épinoche** *(Gasteroterus)* doit son nom aux épines dont son corps est armé : on le trouve dans la plupart des eaux douces de France : le mâle construit un véritable nid fait d'herbes et de brindilles dans lequel la femelle vient pondre ses œufs ; c'est encore le mâle qui surveille ses œufs et qui défend sa progéniture contre l'attaque des femelles.— Le **Katou-Ko**: ce poisson. desséche chez les Japonais. se conserve et sert ensuite à leur alimentation. — Dans le haut, l'**Argyreiosus** *(Argyreiosus vomer)* des mers du Brésil. — Le **Caranx** *(Tracharus tracharus)* de la Méditerranée. — La **Dorée** *(Zeus pungio et Z. faber)* ou Poisson de saint Pierre, de la Méditerranée, porte sur les flancs deux taches noires. C'est. dit la légende. l'empreinte des doigts de l'apôtre. lorsque. par l'ordre du Christ. il tira ce poisson de la mer et trouva dans sa bouche un denier pour payer le tribut. — L'**Aulostome tachetée** *(Aulostoma maculatum)* de Saint-Domingue. — Etc.

Vitrine 66

Le **Callichte** *(Callichtys asper)* des rivières du Brésil. — L'**Hétérobranche anguillard** *(Heterobranchus anguillaris)* de l'Égypte et de la Syrie, où l'on en consomme une grande quantité. — La **Galeichthe de Parra** (*Silurus pagre*) du Brésil. — L'**Hypostome** (*Loricaria plecostomus*) des rivières de l'Amérique du Sud. — L'**Exocet** (*Exocetus volitans*), poisson volant de la Méditerranée et de l'Océan, aux riches et brillantes couleurs. — L'**Orphie de Nice** (*Bellone Mediterranea*) a les os d'un beau vert. — L'**Orphie anguille** (*Bellone acus*) habite l'Océan septentrional et la Méditerranée. — Le **Brochet** (*Esox Lucius*), dont la mâchoire est armée de petites dents très-aiguës, est un des poissons les plus voraces ; il consomme en une semaine deux fois son poids d'aliments, aussi atteint-il parfois des dimensions énormes ; un bocal renferme une très-belle tête de Brochet prise dans le haut Rhône ; on le pêche dans toute l'Europe centrale, en Russie et en Allemagne ; on fait du caviar avec ses œufs, quoiqu'ils soient regardés comme malsains ; on a compté dans une femelle jusqu'à 148.000 œufs. — Le **Barbeau** (*Cyprinus barbus*) porte à sa lèvre supérieure de petits fils ou barbillons ; on le trouve dans toute l'Europe centrale : il est particulièrement abondant dans les eaux du Danube. — La **Carpe** (*Cyprinus carpio*) atteint parfois des dimensions énormes ; on a pêché en Suisse, dans le lac de Zug, des Carpes qui pesaient 90 livres ; quant à la longévité de ce poisson, il paraît aujourd'hui bien démontré que les Carpes séculaires n'existent qu'à l'état légendaire. Sa fécondité est très-grande ; une seule Carpe produit facilement 10,000 œufs, qui peuvent éclore au bout de sept à huit jours. — On donne le nom de **Reine des Carpes** (*Cyprinus regina*) à une variété dont les écailles présentent une disposition et un développement particuliers. — Les **Poissons rouges** (*Cyprinus auratus*) de la Chine, ou *Kin-ga*, furent apportés pour la première fois en Angleterre en 1611 ; depuis ils se sont multipliés et répandus presque partout ; avant de revêtir sa belle livrée rouge, ce poisson est ordinairement noir dans les premiers jours de sa vie ; en vieillissant, ses belles couleurs s'effacent. — Le **Goujon** (*Gabio fluvialis*) est très-commun dans les eaux claires et courantes avec un fond de sable ; on le trouve dans toute l'Europe, sauf en Italie. — La **Tanche** (*Tinea vulgaris*) préfère au contraire les eaux stagnantes et vaseuses ; elle fraye au mois de juin de petits œufs très-nombreux ; un seul individu de taille ordinaire peut fournir 250.000 œufs, qui éclosent après six ou sept jours, et croissent rapidement. — Le **Brême** (*Cyprinus brama*) se pêche fréquemment dans nos rivières, il est surtout très-abondant en Irlande et en Bavière.

Dans le haut de la vitrine, le **Chavasson** (*Leuciscus dobula*), poisson vorace, peu estimé, que l'on trouve en grande abondance dans la Saône. — La **Bordelière** (*Leuciscus blicca*), le **Bordelle** (*L. rutiloides*) sont également communs dans nos environs. — Le **Véron** (*Leuciscus phoxinus*), petit poisson dédaigné comme aliment et qui sert de pâture aux Truites et aux autres poissons. — Le **Soiffe** ou **Loche** (*Condrostoma*) est également très-commun dans les ruisseaux, les étangs et les petites rivières ; l'air qu'il respire par ses branchies ne lui suffit pas ; il vient à la surface de l'eau avaler quelques gorgées d'air qui sort ensuite par l'extrémité du tube digestif à l'état d'acide carbonique. — Le **Lavaret** et la **Féra** (*Cocegorus oxyrhynchus* et *C. fera*) sont des poissons dont la chair délicate est très-estimée ; ils se trouvent dans les lacs du Bourget et de la Suisse ; la Féra se pêche dans le lac de Genève. — L'**Ombre** (*Thymalus communis*) se rencontre dans la plupart des grands fleuves et des rivières à fonds sa-

blonneux ; sa chaire blanche et fine exhale une faible odeur de thym. —
Etc.

Vitrines 67 & 68

Le **Hareng** (*Clupea harengus*) habite en grande quantité l'Océan
boréal tout entier ; il voyage par bandes innombrables qui ont, dit-on, plus
de 30 kilomètres de longueur sur 5 à 6 de large ; sa pêche est une source de
prospérité pour plus d'une nation. Pour le conserver on le *caque* ou
arrange dans des tonneaux avec du sel : on appelle *harengs-saur* ceux qui
ont été soumis à une chaleur douce et à la fumée. — La **Sardine** (*Clupa-
nodon sardius*), espèce voisine du Hareng, se pêche chaque année en très-
grande quantité sur les côtes de la Sardaigne et de la Corse. — L'**Alose**
(*Clupea alosa*) vit dans toutes les mers des côtes de l'Europe ; au printemps
elle remonte le cours des grands fleuves ou elle va frayer ; c'est surtout à
cette époque qu'on la pêche, et que nous la voyons sur nos marchés. —
L'**Anchois** (*Engraulis encrasicholus*) sert à l'alimentation après sa
salaison : on la pêche sur toutes les côtes de la Méditerranée.— Les **Amies**
(*Amia clava* et *A. ocellata*) habitent les lagunes d'une grande partie de
l'Amérique. — Le **Mégalope filamenteux** (*Megalops filamentosus*)
fréquente les mers des Indes. — Plus haut, les **Lepisostés** (*Lepisosteus
fasciatus*) avec leurs écailles dures et rigides ; on les pêche dans les rivières et les lacs des parties chaudes de l'Amérique. — La **Morue** (*Gadus morrhua*) est répandue sur une grande étendue de l'Océan ; mais
c'est surtout sur le banc de Terre-Neuve que s'exécutent les grandes
pêches ; plus de 6,000 navires s'y rendent chaque année pour pêcher et
préparer sur place ce poisson ; le produit de la pêche française est de 30 millions de kilogrammes par an ; on doit juger d'après cela quelle doit être
la puissance de reproduction de ces poissons.— Le **Merlan** (*Gadus mer-
langus*) habite l'Océan dans les parties qui baignent les côtes européennes,
et se pêche toute l'année. — La **Lotte** (*Gadus lota*), dont la chair est
très-estimée, est répandue dans la plus grande partie des eaux douces de
France ; elle porte sous sa mâchoire un appendice charnu ou barbillon avec
lequel elle attire les animaux dont elle fait sa proie.

Avec la **Plie franche** ou **Carrelet** (*Pleuronectes platessa*) commence
la famille des pleuronectes ou poissons plats ; leur tête n'est point symé-
trique et les deux yeux sont placés du même côté : les deux parties de la
bouche sont inégales : ils nagent toujours renversés sur le côté, et celui qui
est tourné vers le fond de la mer est celui qui est privé d'yeux et dont
la couleur est plus pâle. — La Plie habite presque toutes les mers ; ses
deux yeux sont placés à droite, et sa mâchoire est armée de dents tran-
chantes. — La **Limande** (*Platessa limanda*), espèce voisine de la Plie,
doit son nom aux écailles dures et dentelées de son corps. — Le **Turbo**
(*Rhombus maximus*) se pêche sur les côtes de l'Océan aux embouchures
des fleuves ; son corps a la forme d'un losange ou rhombe ; sa mâchoire
inférieure plus avancée que l'autre est garnie ainsi que cette dernière de plusieurs rangées de petites dents. — La **Sole** (*Pleuronectes solea*) habite
principalement la Méditerranée ; on la pêche également dans l'Océan et la
Baltique ; le côté de la tête opposé aux yeux est garni d'une sorte de villo-
sité : le museau est rond et plus avancé que la bouche : celle-ci, contournée

du côté opposé aux yeux est garnie de dents seulement de ce côté. — L'**Echneis naucrate** *(Echneis naucrates)* habite l'Océan.

Dans le haut, nous remarquons des poissons de forme toute différente : leur corps est cylindrique et allongé comme celui des serpents; c'est la famille des malacoptérigiens apodes, c'est-à-dire sans nageoires ventrales. — Les **Anguilles** *(Murœna anguilla)* présentent des nageoires pectorales sous lesquelle les ouïes s'ouvrent de chaque côté; les nageoires dorsales et anales s'étendent jusqu'à l'extrémité de la queue; on les trouve dans la plupart des eaux douces courantes ou stagnantes de l'Europe, sauf le Danube et les cours d'eau qui se déversent dans la mer Noire et la mer d'Azof; les Anguilles aiment à sortir de l'eau pour aller dans les prés humides chercher leur nourriture; elles rampent à terre comme les serpents. — Le **Congre** *(Murœna conger)* ou Anguille de mer peut atteindre plus de 2 mètres de longueur; on le pêche dans les mers des pays chauds et de l'Europe septentrionale. — La **Murène** *(Murœna helena)* de la Méditerranée ondule dans l'eau comme un serpent sur terre; ce poisson était très-estimée par les Romains qui le nourrissaient avec de la chair humaine. — La **Lamproie** *(Petromyzon fluviatilis)* est une petite espèce que l'on rencontre dans la plupart des eaux douces de France. — L'**Amphisure** ou Serpent de mer *(Amphisurus serpens)* a parfois 2 mètres de longueur : tout en restant relativement mince, il habite les eaux de la Méditerranée.— Etc.

ANNELÉS

Les annelés ou animaux articulés n'ont pas de squelette intérieur; ils présentent des articulations successives des diverses parties de leurs corps et de leurs membres, ce qui fait qu'ils semblent divisés en un certain nombre de segments ou articles en forme d'anneaux. Les uns vivent dans l'eau et respirent alors par des branchies; chez ceux qui vivent dans l'air, la respiration se fait soit par des trachées, soit par de petites cavités celluleuses analogues aux poumons; le sang est rouge, rose ou vert; la peau est le plus souvent dure, cornée ou encroûtée de matières calcaires, et forme alors un squelette extérieur.

On divise les annelés en six classes que nous passerons successivement en revue.

INSECTES

Les insectes forment la classe la plus nombreuse du règne animal; ils ont le corps divisé en trois segments : la tête, qui porte les yeux, les antennes ou organes du toucher, et la bouche; le thorax et l'abdomen; ils sont armés de trois paires de pattes et ont deux ou quatre ailes; l'organe de la circulation est composé d'un vaisseau dorsal, cloisonné et ouvert à ses deux extrémités : la respiration se fait au moyen de trachées ; des stigmates disposés sur les parties latérales de l'abdomen servent à l'introduction de l'air.

On les divise en huit classes. On a pu jusqu'à ce jour exposer seulement les coléoptères et les lépidoptères : les autres insectes n'ont pu être mis à la disposition du public faute d'emplacement suffisant. Les collections entomologiques, coléoptères et papillons, ont été données au Muséum par MM. Auguste Broleman, J.-M. Brun, P. Merck et Armand ; elles sont disposées dans des vitrines verticales entre chacun des différents compartiments que nous venons de visiter. Dans les vitrines de droite se trouvent les coléoptères ou insectes proprement dits ; dans celles de gauche les lépidoptères ou papillons.

COLÉOPTÈRES

On donne le nom de coléoptères aux insectes qui ont quatre ailes, dont les deux supérieures ou élytres sont sous la forme d'un étui corné, tandis que les deux autres sont minces et transparentes. Leur tête porte deux antennes composées ordinairement de onze articles. Ils subissent une métamorphose complète ; une larve ou un petit ver sort de l'œuf pondu par la femelle ; il se transforme en nymphe, puis passe enfin à l'état d'insecte parfait. On évalue à plus de 100,000 le nombre des espèces de coléoptères. La collection du Muséum est surtout destinée aux coléoptères français.

Vitrine 69

On a disposé dans cette vitrine un généra des principales espèces exotiques ; on y a réuni les types les plus curieux et les plus remarquables des insectes étrangers. La plupart se font remarquer par leur taille, la puissance de leurs moyens de défense, ou encore par la beauté des couleurs de leurs élytres. Nous remarquerons en passant : les **Goliaths** (*Goliathus*), insectes gigantesques, qui habitent l'Afrique et les Indes orientales ; leur tête découpée et échancrée est ornée de cornes ; leurs pattes fortes et robustes sont armées d'éperons et présentent sur leurs arêtes internes des dentelures aiguës. — Le **Scarabée hercule** (*Scarabæus hercules*), grand insecte d'un beau noir d'ébène, avec ses élytres d'un gris olivacé ; son corselet se prolonge en avant sous forme de pointe aussi longue que son corps : il nous vient des Antilles. — Le **Scarabée de Porter** (*Scarabæus Porteri*), belle espèce de la Guyane, dont le corselet est surmonté d'une longue pointe verticale, tandis que sur son front s'élève une autre lance dentelée. — Le **Scarabée claviger** (*Scarabæus claviger*), autre espèce de la Guyane, a ses défenses recourbées en forme de pince tranchante. — Les **Buprestes** (*Buprestis*) ou Richards, avec leurs élytres parés des couleurs métalliques les plus riches et les plus brillantes ; dans les régions chaudes ils sont très-abondants et atteignent parfois de grandes dimensions ; leurs larves sont sans pattes, allongées et blanchâtres ; elles vivent dans les troncs d'arbres, se creusant des galeries ou elles séjournent parfois dix ans avant de se métamorphoser. — Etc.

Vitrine 70

Les **Coccinelles** *(Coccinella)* sont plus connues sous le nom de Bêtes à bon Dieu ; ces petits insectes globuleux si communs en France sont très-utiles, car ils débarrassent les arbres des Pucerons, Cochenilles et autres bêtes malfaisantes ; leurs larves se servent de leurs pattes antérieures pour porter à la bouche les Pucerons auxquels elles font la chasse ; quand un danger menace la Coccinelle, elle cache ses pieds sous son corps et reste collée à la tige de l'arbuste, ou se laisse tomber à terre ; elle peut aussi laisser suinter de la jointure de ses articulations un liquide jaunâtre à odeur pénétrante et désagréable. — Les **Chrysomèles** *(Chrysomeles)* sont des insectes phytophages parés des plus vives couleurs, ayant une forme courte et ramassée ; les larves molles, ovoïdes, dévorent les feuilles des arbres ; l'une de ces espèces, la plus connue, est celle du peuplier, aux couleurs bronzées avec des élytres rouges : sa larve d'un gris verdâtre, déchiquette les feuilles du peuplier et commet de grands ravages chaque année. — Etc.

Vitrine 71

On remarquera les capricornes, dont la tête est ornée de longues antennes qui dépassent souvent la longueur du corps ; leurs larves sont de gros vers blanchâtres qui vivent dans le bois des arbres ; les insectes adultes fréquentent les fleurs et les bois pourris ; au mois de juin on rencontre sur les chênes le **Grand Capricorne** *(Cerambyx heros* et *C. vetulinus)* dont la larve occasionne souvent de grands dégâts. — Les **Lamies** *(Lamia textor)* se trouvent dans nos environs, sur les saules, pendant la saison chaude ; cette espèce est excessivement lente dans ses mouvements. — Les **Callidies** *(Calidium sanguineum)* : les femelles sont pourvues d'une tarière, qu'elles font sortir de leur abdomen et dont elles se servent pour percer le bois dans l'endroit où elles déposent les œufs. — Les **Clytes** *(Clytes arvicola)* voltigent sur les fleurs, principalement les Ombellifères, sur les troncs d'arbres et sur les feuilles en produisant un son aigu par le frottement de leur corselet. — La tribu des **Charançons** se reconnaît à la forme de la tête dont la partie antérieure est prolongée en forme de trompe ; il en existe environ vingt mille espèces ; tous se nourrissent de végétaux : c'est un des fléaux de l'agriculture ; on peut dire que chaque légume a son ennemi. — La **Bruche des pois** *(Bruchus pisi)* sort du pois à la fin de l'été ; chaque femelle dépose ses œufs sur les pois mûrs ; la larve s'y creuse une habitation, et sort ensuite par un trou après avoir rongé tout l'intérieur. — La **Bruche de la lentille** reste tout l'hiver dans son nid et n'éclot que vers le printemps suivant. — La **Bruche des fèves** marque chaque fève de plusieurs petits points noirs. — La **Calandre des blés** *(Calandra granaria)* dépose ses œufs sur le grain, et sa larve en ronge ensuite les parties intérieures. — Le **Pissode tacheté du pin** *(Pisodes pini)* coupe à dessein les jeunes tiges et les pétioles des feuilles du Pin, afin que la sève n'afflue que difficilement dans l'organe fletri et ne puisse étouffer ses jeunes larves. — Le **Charançon du colza** *(Gripidius brassicæ)* détruit souvent des récoltes entières. — Le **Charançon des navets** *(Ceutorhynchus)* est aussi redoutable que les précédents. Etc.

Vitrine 72

Nous y retrouvons encore quelques Charançons dont nous venons de voir les principaux types dans la vitrine précédente. — Les **Méloés** (*Méloe*) ont leurs élytres très-courts : elles marchent lentement et difficilement sur les plantes basses, les femelles traînant un énorme abdomen rempli d'œufs : elles sécrètent au moment du danger, de toutes leurs articulations, une humeur onctueuse dont l'odeur et les propriétés caustiques éloignent leurs agresseurs ; les femelles déposent leurs œufs sous terre, et il en sort des larves d'une forme bizarre : avalés par les bestiaux, les Méloés les font gonfler et quelquefois mourir. — Les **Cantharides** (*Cantharis vesicatoris*) servent à la préparation de certains médicaments : elles vivent sur les feuilles du Frêne et du Troêne, en France, en Italie et en Espagne. — Les **Ténébrions** (*Tenebrio*) vivent à l'état de larves dans la farine ; les amateurs d'oiseaux les recherchent pour en nourrir les habitants de leurs volières ; on trouve souvent dans le pain des débris du **Ténébrion meunier** (*Tenebrio molitor*) ou ceux de sa larve, que l'on appelle aussi Ver de farine. — Les **Blaps** (*Blaps fœtidica*), à odeur repoussante, habitent les endroits sombres et humides, et ne sortent de leur retraite que la nuit ; leurs élytres sont soudés : ils sont dépourvus d'ailes. — Les **Taupins** (*Elater*), curieux insectes, ont la faculté, lorsqu'ils sont couchés sur le dos, de sauter et de retomber sur leurs pattes en produisant un choc sec et nerveux : pour exécuter ces mouvements, les Taupins s'arc-boutent en s'appuyant sur le sol, par la tête et par le dos, puis ils se débandent comme un ressort. — Etc.

Vitrine 73

Les **Buprestes** (*Buprestis*) ont la démarche lourde, mais ils volent avec la plus grande facilité pendant l'ardeur du soleil et se jettent sur les troncs d'arbres exposés aux rayons du midi ; leurs larves vivent dans les troncs d'arbres entre l'écorce et le bois : on en connaît environ treize cents espèces ; celles d'Europe sont généralement petites et n'ont pas les belles couleurs de leurs congénères exotiques. — Les **Cétoines** (*Cetonia*) comprennent également un grand nombre d'espèces. — La **Cétoine dorée** (*Cetonia aurata*), ou **Émeraudine** fréquente surtout les roses dont elle mange les pétales et les étamines : elle vole en se servant seulement de ses ailes inférieures sans ouvrir ses élytres. — La larve de la **Cétoine splendide** (*Cetonia æruginea*), qui est une des plus belles espèces de France, se rencontre parfois dans les nids d'Abeilles sauvages. — La **Trichie à bandes** (*Trichius fasciatus*) se montre en masse sur les rosiers de nos jardins, au mois de mai et de juillet : sa larve vit dans l'intérieur des vieilles poutres tout en respectant la surface. — La **Trichie ermite** (*Osmoderma eremita*) répand une odeur qui rappelle celle de la prune, aussi la nomme-t-en souvent Cétoine-prunier. — La **Trichie noble** (*Gnorimus nobilis*) ressemble beaucoup à la Cétoine dorée, et se trouve sur les fleurs du Sureau. — Le **Valgue hémiptère** (*Valgus hemipterus*) se rencontre fréquemment au printemps dans la poussière des chemins : la femelle porte une longue tarière dont elle se sert pour déposer ses œufs dans les vieux bois. — Le **Rhinoceros** (*Oryctes nasicornus*) porte sur sa tête une corne comme le Mammifère dont il a le nom. — Le **Hanneton** (*Me-*

Tolontha vulgaris); c'est pendant la nuit qu'il dévore les feuilles des arbres. mais c'est surtout sa larve, connue sous le nom de Ver blanc, que l'on a à redouter ; la femelle pond de vingt à trente œufs qu'elle enfouit dans le sol à 10 ou 20 centimètres de profondeur avant de mourir : la larve éclot au bout d'un mois et se transforme en nymphe au bout de trois ans seulement. — Les **Foulons** *(Polyphylla fullo)* ont la forme des Hannetons et ont les élytres couverts de tachetures. — Les **Bouziers** *(Copris)* vivent dans les excréments ; les larves se font une coque composée de terre et de boue avant de se transformer en nymphes. — Les **Cerfs-volants** ou **Lucanes** *(Lucanus cervus)* ont la tête armée de robustes et énormes mandibules chez les mâles seulement ; ils vivent de détritus de végétaux ; lorsqu'ils volent ils se tiennent presque droits pour ne point être entraînés par le poids de leurs cornes. — Etc.

Vitrine 74

Les **Staphyliens** *(Staphilinus)* vivent de cadavres d'animaux, de fumier et de détritus ; ils sont de petite taille et se distinguent par leurs élytres trop courts. — Le **Staphylien odorant** *(Staphilinus odorans)* se rencontre souvent dans les chemins ; lorsqu'il est poursuivi, il relève l'abdomen et fait sortir deux vésicules blanchâtres qui répandent un liquide éthéré. — Les **Hydrophiles** *(Hydrophilus)* sont herbivores ; le grand **Hydrophile brun** *(Hydrophilus piceus)* est commun dans nos eaux douces ; sa poitrine est ornée d'une forte pointe ; il puise l'air en faisant sortir de l'eau ses antennes, et les collant ensuite le long du corps ; les bulles d'air qui s'engagent dans cette espèce de rigole glissent sous le corps en se fixant aux poils et arrivent ainsi aux orifices respiratoires ; la femelle tisse un cocon terminé par un long pédicule dans lequel elle pond ses œufs. — Les **Dystiques** *(Dysticus),* autres Insectes aquatiques, mais carnassiers et d'une voracité inouïe, fendent l'eau avec rapidité ; leurs pattes postérieures leur servent de rames : on les trouve dans les eaux stagnantes : pendant l'hiver ils s'enfoncent dans la vase ou sous la mousse. — Les **Gyriens** *(Gyrinus)* sont de petits Insectes qui vivent en troupes nombreuses dans les eaux claires et peu agitées ; ils nagent avec rapidité, décrivant sans cesse des cercles capricieux qui leur ont valu le nom de Tourniquets ; ils sont surtout remarquables par la disposition de leurs yeux qui sont doubles ; les yeux inférieurs regardent dans l'eau et guettent leur proie, tandis que les yeux supérieurs surveillent les ennemis qui peuvent les attaquer.— Etc.

Vitrine 75

Les **Carabiques**, auxquels est consacrée cette vitrine, sont des Carnassiers terrestres par excellence : leur tribu est une des plus nombreuses de la famille des Coléoptères ; leurs yeux sont très-saillants et leurs mâchoires armées de mandibules puissantes : ils vivent sous les pierres, sous l'écorce du bois. et sortent avec le beau temps pour courir après une proie souvent plus grosse qu'eux. — Le type du genre est le **Carabe doré** *(Carabus auratus),* appelé Sergent, Jardinière, etc., et qui abonde dans nos champs et nos jardins : quand on le touche, il lance par derrière un liquide corrosif d'une odeur désagréable ; sa larve vit dans les troncs d'arbres, sous les mousses ou les feuilles sèches, faisant une chasse assidue aux autres petits Insectes. — Le **Calosome sycophante** *(Calosoma sycophanthis)* se trouve au mois de juin sur les Chênes ; sa larve élit souvent domicile dans les poches où sont enfermées les Chenilles processionnaires, et en débarrasse promptement l'arbre qui en est infesté. — Le **Calosome à point d'or** *(Calosoma auro-punctatus)* est propre au midi de la France ; sa larve dévore les Colimaçons, et s'établit dans leurs coquilles. — Le **Calosome inquisiteur** *(Calosoma inquisitor)* se voit fréquemment dans nos bois où il se cache pour chasser sa proie. — Les **Omophrons** *(Omophron)*, petits Carabiques presque globuleux, d'un jaune pâle avec des signes verts, vivent dans le sable, au bord des rivières. — Le **Scarite géant** *(Scarites gigas)*, que l'on trouve sur les côtes du midi de la France, se blottit dans un trou comme les Grillons et dévore tout ce qui passe à sa portée. — Les **Cicindelles** *(Cicindella)* vivent dans les lieux arides et les plaines sablonneuses ; leurs larves, dont le corps est mou, se creusent dans le sol un trou de près de 50 centimètres de profondeur, où elles se mettent à l'affût. — Etc.

LÉPIDOPTÈRES

Les Lépidoptères, généralement connus sous le nom de Papillons, sont des Insectes dont les mâchoires sont transformées en une trompe roulée en spirale, et dont les ailes, au nombre de quatre, sont recouvertes de fines écailles semblables à de la poussière et très-diversement colorées. Leurs métamorphoses sont complètes ; en sortant de l'œuf, ils sont d'abord sous la forme de Chenilles, et leur bouche est armée de mandibules et de mâchoires très fortes ; puis ils passent à l'état de Nymphes ou Chrysalides pour devenir ensuite Insectes parfaits. On les divise en Papillons nocturnes et Papillons diurnes.

La collection des Lépidoptères est plus spécialement consacrée aux types français ou européens ; dans la partie supérieure des vitrines numéros 80, 81 et 82, on a fait cependant figurer quelques beaux spécimens des Papillons exotiques.

Vitrine 76

Le temps n'a pas encore permis de disposer les échantillons que doit renfermer cette vitrine ; nous croyons cependant, malgré cela, devoir dès à présent parler des principaux types qu'elle doit renfermer.

Les **Œcophores** *(Œcophora)* ont des Chenilles qui attaquent les végétaux, feuilles, fleurs et fruits : les unes se creusent des galeries dans l'épaisseur et entre les deux épidermes des feuilles dont elles mangent la partie verte ; les autres s'enferment dans des feuilles roulées, ou même dans l'intérieur des fruits. — Les **Teignes** *(Tinea)* sont de petits Papillons fort laids, et qui causent parfois les plus grands ravages. — La **Teigne des tapisseries** *(Tinea tapezella)*. La Chenille est d'un blanc gras et luisant ; elle est enfermée dans un tuyau ou étui, ouvert par les deux bouts, et dont l'intérieur est tapissé d'une sorte de tissu laineux : elle vit et bâtit sa demeure au détriment des étoffes de drap. — La **Teigne des pelleteries** (*Tinea pellionella*) travaille comme la Teigne des tapisseries; elle se fait des fourreaux pour demeure en coupant les poils à fleur de la peau. — La **Teigne du crin** (*Tinea crinella*) se tient habituellement aux dossiers des meubles : le Papillon se montre depuis la fin d'avril jusqu'au commencement de juin, pour reparaître de nouveau en septembre; la Chenille vit principalement du crin dont on rembourre les meubles et les matelas, et se construit un fourreau de soie ouvert seulement du côté de la tête. — La **Teigne des grains** (*Tinea granella*) ne se nourrit que de blé, d'orge et de seigle, mais elle produit moins de dégâts que l'Alucite des grains; lorsque la récolte est placée dans les greniers, le Papillon vient y déposer ses œufs : la Chenille réunit ensuite plusieurs grains par des fils, s'y fait une demeure, et ronge ensuite les graines environnantes. — Les **Tordeuses** (*Tortrix*) ont des Chenilles qui dépouillent les arbres et notamment les arbres fruitiers de leurs feuilles : elles sont d'une voracité extraordinaire, et se font un refuge à l'aide d'une feuille enroulée sur elle-même dont elles rongent ensuite la paroi. — La **Pyrale de la vigne** (*Œnophthira Pilleriana*), qui fit jadis de si terribles ravages dans les vignobles de France, est un petit Papillon qui se montre du 10 au 20 juin, et ne vit qu'une dizaine de jours : à peine sorties de l'œuf, les petites Chenilles se cachent dans les fissures du tronc des ceps et des échalas et se filent un cocon où elles demeurent blotties jusqu'au mois de mai : dès que les feuilles commencent à pousser, elles les dévorent, et leurs dégâts vont sans cesse croissant jusqu'à ce qu'elles passent à l'état de chrysalides. — Etc.

Vitrine 77

La **Galerie des Ruches** ou de la cire (*Galleria cerella*) se rencontre dans toutes les contrées où l'on élève des Abeilles; le Papillon se cache pendant le jour autour des ruches et essaye d'y pénétrer après le coucher du soleil; la Chenille se nourrit de cire : elle enlace les gâteaux de ses fils et fait bientôt périr les larves qui y sont contenues : à la sortie de l'œuf que le Papillon est venu déposer dans les gâteaux de la ruche, la Chenille se fabrique avec la cire un tuyau arrondi dans lequel elle est à l'abri du dard des Abeilles. — La **Butale** ou **Alucite des grains** (*Butalis cerealbella*) est pour certaines contrées de la France un véritable fléau; la Chenille se métamorphose à l'intérieur même des grains d'orge et de froment qu'elle ronge sans qu'on s'en aperçoive au dehors. — Les **Crambes** (*Crambus*) vivent et se transforment dans la mousse qui croît sur les pierres ou sur le sol, et dont il semble qu'elles mangent les racines : elles s'y creusent des galeries dans lesquelles elles vivent seules ou en société. — Le **Phycide du pin** (*Phycis abietella*) vit sur le Pin sylvestre, et il se loge entre l'écorce et l'aubier; la blessure qu'il cause au végétal fait découler la résine qui, se coagulant à l'air, forme une tumeur dans laquelle la Chenille se tapisse une demeure, et s'y transforme en chrysalide. — Les **Hypènes** (*Hypena*) vivent sur les orties dans les lieux bas pendant les mois de juin et d'août. — Plus loin nous trouvons les représentants de la grande famille des Phaléniens : ce sont des Papillons essentiellement nocturnes qui fréquentent les allées des bois humides : leurs Chenilles connues sous le nom d'Arpenteurs ou Géomètres, filent continuellement

ment une soie qui les tient attachées à la plante sur laquelle elles vivent.
— Les **Acidalies** *(Acidalia):* leurs Chenilles vivent sur les plantes de la
famille des Légumineuses, tantôt enfermées entre les feuilles pour se métamorphoser, tantôt enfouies dans la terre. — Les **Psodos** *(Psodos)* ne
se trouvent que dans les régions les plus élevées des Alpes et des Pyrénées. — Les **Cabères** *(Cabera)* ont des Chenilles qui vivent sur les arbres
des forêts et se métamorphosent à la surface du sol dans de légers cocons
revêtus de grains de terre. — Les **Chésias** *(Chesias)* vivent surtout sur
le Genêt et s'enterrent pour se métamorphoser, mais sans former de
coques. — Etc.

Vitrine 78

Nous y observerons la suite des Phaléniens dont nous avons déjà examiné quelques spécimens dans la vitrine précédente. — Les **Rumia**
(Rumia) vivent sur l'Alisier, l'Aubépine et le Prunelier; leurs Chenilles
ont quatorze pattes dont les six premières et les quatre dernières servent
seules pour la marche. — Les **Hémithées** *(Hemitea)* s'attaquent aux
plantes légumineuses et aux arbrisseaux. — Les **Urapteryx** *(Urapte-
rix)* ont des Chenilles qui ressemblent par la couleur et la forme à une
petite branche de bois mort; leurs chrysalides très-allongées sont enve-
loppées d'un réseau à claire-voie entremêlé de feuilles, et suspendu par de
longs fils à une branche d'arbre, de façon à être balancées par le vent. —
Les **Hibernies** *(Hibernia)* éclosent en automne ou en hiver : les femelles
sont entièrement dépourvues d'ailes, ou ne présentent que des moignons rudimentaires; ils vivent sur les arbres et se renferment dans des coques
pour se métamorphoser soit dans la terre, soit à sa superficie. — Les
Boarmies *(Boarmia)* vivent sur les arbres et notamment sur le Chêne :
à l'état de repos, la Chenille prend l'apparence d'un pédoncule de fruits, ou
de petites branches dépourvues de feuilles. — Les **Eubolia** *(Eubolia)* ont
des Chenilles lisses qui vivent sur différentes plantes basses, et se renferment dans un tissu léger recouvert de grains de terre, pour se chrysalider.
— Nous trouvons dans cette même vitrine des Papillons de la famille des
Noctuliens: ce sont des Insectes de taille moyenne que l'on observe ordinairement dans les bois, les prairies et les jardins où leurs Chenilles ont
vécu; ils ne volent généralement que vers le coucher du soleil ou pendant
la nuit. — Les **Lichenées** ou **Catocala** *(Catocala)* sont ordinairement
appliquées sur les troncs d'arbres au milieu des Lichens; lorsqu'elles s'en-
volent elles laissent apercevoir leurs ailes inférieures dont les couleurs sont
riches et voyantes: la variété bleue est propre au Chêne; la variété rouge
est spéciale au Saule. — Les **Cucullies** *(Cucullia):* leurs Chenilles dévorent les feuilles du Bouillon-blanc, des Scrofulaires, etc; elles s'enterrent
profondément dans le sol pour se métamorphoser. — Les **Cérastes** *(Cérastes)* ont des Chenilles qui se cachent sous les végétaux pendant le jour
pour les dévorer à la tombée de la nuit; une de ces espèces se trouve spécialement sur l'Airelle. — Etc.

Vitrine 79

Toute cette vitrine est consacrée aux Papillons de la famille des Noctuliens. — Les **Hadènes** *(Hadena)* s'attaquent principalement aux plantes

potagères; l'**Hadène du choux** (*Hadena brassicæ*) ou Brassicaire vit
sur les Choux à l'état de Chenille, et y occasionne les plus grands dégâts:
l'**Hadène de la luzerne** (*Hadena chenopodii*) voltige par centaines
au crépuscule dans les champs de Luzerne. — Les **Dianthécies** (*Dian-
thœcia*) vivent ordinairement des graines de Caryophyllées, et se tiennent
dans leur jeune âge dans les boutons floraux de ces végétaux ; leurs chrysalides sont enfermées dans des coques de terre peu solides et assez profondément enterrées. — Les **Polia** (*Polia*) vivent à découvert à l'état de Chenilles sur les plantes basses ; leurs chrysalides, souvent saupoudrées d'une
efflorescence légère, sont placées dans des coques de terre profondément
enfouies. — Les **Polyphènes** (*Polyphœnis*) vivent sur le Chèvrefeuille,
se cachent pendant le jour, et se transforment dans la terre.— Les **Misé-
lies** (*Miselia*) fréquentent l'Aubépine et le Prunellier des buissons; leurs
chenilles sont étroitement collées aux branches de ces arbustes, et leurs chrysalides molles et sans poussière sont renfermées dans des coques soyeuses
entre des feuilles. — Les **Lupérines** (*Luperina*) à l'état de Chenilles
rongent les racines des plantes, s'y creusent des galeries, et en sortent pour
se métamorphoser dans des coques de terre agglutinée. — Les **Triphènes**
(*Triphœna*), à l'état de Chenilles, vivent exclusivement de plantes basses
ou de Graminées, se tenant cachées pendant le jour sous les pierres et les
feuilles et s'enterrant profondément dans la terre au moment de leur métamorphose. — Les **Diphtères** (*Diphtera*) ont des Chenilles à moitié
velues qui vivent sur les arbres, et se transforment entre les feuilles dans
des coques d'un tissu mou. — Etc.

Vitrine 80

La famille des Bombyciens, contenue dans cette vitrine, renferme les
plus grands Lépidoptères connus; ils ne prennent aucune nourriture quand
ils sont à l'état d'Insectes parfaits, c'est-à-dire de Papillons; c'est le soir
surtout qu'on les aperçoit; c'est à cette famille qu'appartient le Ver à
soie. — Les **Processionnaires** (*Bombyx processionnea*) vivent à l'état
de Chenilles, en troupes nombreuses sur les Chênes dont elles dévorent les
feuilles; elles marchent toujours par bandes considérables, et se filent un
grand cocon commun, une sorte de nid, dans l'intérieur duquel chaque
Chenille se tisse un petit cocon particulier. — La **Livrée** (*Bombyx cas-
tirensis*) tire son nom des couleurs de sa Chenille sur laquelle on remarque
des lignes longitudinales bleues et rouges; elles vit en société sur un
grand nombre d'arbres de nos forêts et de nos jardins, auxquels elle occasionne de grands dégâts. — Le **grand Paon de nuit** (*Saturnia pyri*)
est un des plus grands Papillons de l'Europe, mais il ne dépasse pas la lati-
tude de Paris ; il provient d'une grosse Chenille d'un beau vert ornée de tubercules d'un bleu de turquoise, surmontés chacun de sept poils raides et divergents
cette Chenille vit principalement sur l'Orme, mais se nourrit aussi des feuilles
du Poirier, du Prunellier, etc.; elle file un cocon brun très-résistant. — Le
petit Paon de nuit (*Saturnia carpini*) ressemble au précédent, quoique de taille plus petite. — Les **Orgyes** (*Orgya pudibunda*) sont les
plus communes de toutes les Chenilles; elles s'attaquent à tous les arbres et
causent certaines années d'épouvantables ravages. — Les **Liparis** (*Liparis
chrysorrhœa*) dévorent au printemps nos arbres fruitiers: les femelles

s'arrachent, dit-on, les poils de l'abdomen pour en faire un lit moelleux pour leurs œufs, et préserver ainsi du froid les jeunes Chenilles qu'elles ne doivent pourtant jamais voir. — La **Coquette** *(Zeuzera æsculi)* : sa chenille vit dans l'intérieur du tronc d'un assez grand nombre d'arbres, tels que le Marronnier, l'Orme, le Tilleul, etc. — Le **Cossus gâte-bois** *(Cossus ligniperda)* habite toute l'Europe ; sa Chenille exhale une odeur désagréable en dégorgeant une liqueur propre à ramollir les fibres ligneuses auxquelles elle s'attaque. — La **Dicranure vineuse** *(Dicranura vinula)* porte à la place des dernières pattes un prolongement fourchu qu'elle agite, comme pour effrayer ses ennemis. — Etc.

Dans le haut de la vitrine on a disposé quelques grands Papillons exotiques de la Chine, du Japon et de l'archipel malais, appartenant aux genres *Atlas, Luna, Auratus, Polyphemus,* etc.; ils filent des cocons dont la soie un peu grossière est pourtant utilisée par les Chinois, les pêcheurs malais et une partie des Océaniens.

Vitrine 81

Cette vitrine renferme les Papillons appartenant à la famille des Sphingiens ou Sphinx ; leur vol est nocturne ou crépusculaire ; leurs antennes sont plus ou moins renflées, et leur corps a plus de développement que dans les Papillons diurnes ; ils doivent leur nom à l'attitude que présentent souvent leurs Chenilles qui redressent la moitié antérieure de leur corps et conservent leur immobilité : celles-ci ont presque toujours une corne sur le onzième anneau.— Le **Macroglose** *(Macroglossa stellarum)* est très-commun en France, où on le trouve toute l'année à l'état parfait dans les jardins, et même dans les habitations, où il vient se heurter contre les vitres ; sa chenille vit sur plusieurs espèces de Caille-Lait.— Le **Sphynx du Tithymale** *(Deilephila Tithymali)* se montre de juin à septembre ; sa Chenille est une des plus remarquables de la famille des Sphynx, par l'éclat et la vivacité de ses couleurs. — Le **Sphynx du Laurier-Rose** *(Deilephila Nerei)* est une charmante espèce propre aux pays chauds : dans sa Chenille, les deux premiers anneaux sont rétractiles et rentrent sous le troisième : elle se fabrique une coque avec des débris de feuilles qu'elle réunit par des fils au pied de l'arbuste sur lequel elle a vécu. — Le **Sphinx de la vigne** *(Deilephila Elpenor)* fréquente les endroits humides, les bords des ruisseaux et des étangs dans les mois de juillet à septembre : la chenille se construit, à la surface du sol, une coque informe avec de la mousse et des feuilles sèches. — Le **Sphinx du pin** *(Sphinx pinastri)* ; sa chenille change plusieurs fois de couleur avant d'acquérir toute sa taille ; elle vit sur différentes essences de pins : son papillon n'éclot que dans les premiers jours du mois de juin de l'année suivante. — Le **Sphinx du Troëne** *(Sphinx Ligustri)* est une des belles espèces de nos jardins : on le trouve sur le Troëne, le Lilas et le Frêne.— Le **Sphinx du liseron** *(Sphinx convolvuli)* vit de préférence sur les Liserons ; la Chenille, après la moisson, se tient cachée au pied de la plante, sous les feuilles : l'Insecte parfait éclot en septembre de la même année. — Le **Sphinx tête de mort** *(Acherontia atropos)* est la plus grosse espèce de la famille des Sphinx : sa chenille vit principalement sur les Pommes de terre et les arbrisseaux épineux de la famille des Solanés : sur le corselet du Papillon figure, grossièrement indiquée, une tête de mort. — Le **Sphinx du tilleul** (*Smerinthus tiliæ*) vole lourdement après le coucher du soleil, pendant les mois de mai et de juin ; sa chenille vit sur l'Orme et le Tilleul. — Etc.

Dans la partie supérieure de la vitrine on remarquera les grands Papillons exotiques aux ailes bleues du genre *Morpho* ; ils habitent la Colombie et le nord du Brésil, et étaient très-recherchés il y a quelque temps pour servir de parure dans les coiffures.

Vitrine 82

Cette dernière vitrine est consacrée aux Papillons diurnes, c'est-à-dire qui volent le jour ; leurs ailes sont relativement très-grandes par rapport à leur corps ; leurs Chenilles ne forment pas de coques soyeuses pour se métamorphoser ; elles se passent un fil autour du corps pour s'attacher contre une muraille, une tige ou une feuille. — Les **Lycænas** (*Lycæna*) habitent nos parcs et nos jardins ; la **Lycæna bœtica** pond ses œufs dans les fleurs du Baguenaudier, et ne confie qu'un œuf à chacune d'elles ; les Chenilles des Lycenas vivent sur les plantes légumineuses, herbacées ou ligneuses, aux dépens des fleurs et des fruits. — Les **Thecla** (*Thecla*) vivent sur plusieurs arbres de nos pays ; les espèces varient suivant les essences des arbres ; les principales sont : le **Thecla du Bouleau blanc** (*Thecla betulæ*), le **Thecla du Prunier** (*Thecla pruni*), le **Thecla du Chêne** (*Thecla quercus*), etc. — La **Vanesse grande tortue** (*Vanessa polychloros*) se trouve en juillet et en septembre sur le Chêne, l'Orme et le Saule. — Le **Paon de jour** (*Vanessa Io*) se rencontre dans les bois, les champs de Luzerne et les plates-bandes des jardins ; sa Chenille vit en société sur plusieurs espèces d'Orties et sur le Houblon. — La **Vanesse morio** (*Vanessa antiopa*), une des raretés entomologiques de l'Angleterre, se trouve fréquemment dans l'Isère, à la Grande-Chartreuse. — La **Vanesse gamma** ou **Robert le Diable** (*Vanessa C. album*) est assez commune aux mois de mai et de septembre ; ses ailes sont toutes découpées ; sa Chenille vit sur l'Ortie, le Chèvrefeuille, les Groseillers, etc. Lorsque les Vanesses quittent leurs chrysalides, elles répandent un liquide rouge qui a fait croire longtemps aux pluies de sang. — Le **Citron** (*Rhodocera rhamni*) vit à l'état de Papillon depuis le printemps jusqu'à l'automne ; on le retrouve jusqu'aux îles Canaries. — Le **Gazé** (*Pieris cratægi*) voltige au printemps et en été dans les prairies et les jardins ; il se fixe au coucher du soleil sur les fleurs où il se laisse prendre ; sa Chenille vit en société sous une toile soyeuse qu'elle file, et dans laquelle elle pratique de petites cases. — Le **grand Papillon du chou** (*Pieris brassicæ*) est le plus commun de tous nos Papillons ; depuis le commencement du printemps jusqu'à la fin de l'automne on le voit voltiger partout ; sa chenille vit sur les feuilles de Chou et sur les Crucifères. — La **Pierride de la rave** (*Pieris rapa*) ne diffère de l'espèce précédente que par sa taille, qui est plus petite ; sa Chenille verte se trouve sur le Chou, le Navet, le Réséda, la Capucine, etc. — L'**Apollon** (*Parnassius Apollo*) apparaît en juin et juillet dans les régions montagneuses ; sa Chenille se rencontre surtout sur les Saxifrages. — Le **Flambé** (*Papilio podalirius*) habite l'Europe et l'Asie mineure ; sa Chenille recherche les Amandiers, les Pruniers, etc. — Le **Machaon** (*Papilio machaon*) est un des plus grands et des plus beaux Papillons de nos pays, sa Chenille vit sur le Fenouil, la Carotte et les Ombellifères: si on l'importune, elle fait sortir du premier anneau après le ventre un tentacule charnu fait en forme de V. — Etc.

Au-dessus, parmi les espèces exotiques, se trouvent de grands Papillons aux couleurs vives appartenant au genre *Papilio*, et les petites espèces aux ailes transparentes du genre *Helicorsia*; toutes ces espèces habitent les contrées chaudes et plus spécialement l'Amérique du Sud.

MYRIAPODES

Vitrines 110 & 124

Les Myriapodes ou animaux à mille pattes forment le passage entre les Insectes et les Arachnides; ils respirent au moyen de trachée, et portent des antennes; leur corps très-allongé est divisé en un grand nombre d'anneaux à peu près égaux entre eux, munis chacun d'une ou de deux paires de pattes: la tête seule est distincte du reste du corps; la bouche est armée de mandibules et de mâchoires conformées pour la mastication. Le système nerveux consiste en une série de ganglions unis entre eux par des cordons de communication, et en nombre égal à celui des anneaux ou segments dont se compose le corps de l'animal; ils vivent dans les lieux sombres et humides, le plus souvent cachés sous les pierres, les feuilles, les écorces et autres corps reposant sur le sol.

Les **Scolopendres** (*Scolopendra*) ont vingt et une paires de pieds, la dernière plus longue que les autres leur sert d'organe de préhension; la bouche renferme des crochets par lesquels s'écoule une humeur venimeuse: on en trouve dans toutes les parties du monde, mais elles sont beaucoup plus abondantes et plus grandes dans les régions tropicales que dans les régions tempérées: elles sont essentiellement carnassières et se nourrissent surtout d'Insectes: leur piqûre est très-dangereuse et agit avec autant d'intensité que celle des Scorpions.— La **Scolopendre géante** (*Scolopendra sphærotherium*) d'Australie et de Cochinchine est la plus grande et la plus redoutable espèce connue. — La **Scolopendre de Gabriel** (*Scolopendra Gabrielis*) se trouve dans les lieux humides aux environs de Lyon et de Valence. — Les **Lithobius** (*Lithobius punctulatus* et *L. communis*) sont des variétés relativement petites que l'on rencontre dans nos environs. — La **Scolopendre** (*Scolopendra himantharium*) de Dahomey (Gabon) est curieuse par la grande quantité de pattes qu'elle possède.— Les **Géophiles** (*Geophilis*) ressemblent beaucoup à des Vers: on les trouve dans les troncs d'arbres, sous la mousse et dans la terre: elles sont phosphorescentes, et sécrètent une humeur purpurescente parfois très-abondante; elles ne sont point venimeuses comme les Scolopendres.— Les **Iules** (*Iulus*) se trouvent dans toutes les parties du monde; certaines espèces ont jusqu'à 20 centimètres de longueur; ce sont des êtres inoffensifs qui vivent à terre sous la mousse et les écorces dans les lieux humides et ombragés, se nourrissant surtout de **substances** végétales. — Etc.

ARACHNIDES

Vitrines 70 & 110

Les Arachnides, dont l'Araignée commune nous offre un exemple, sont des animaux articulés dépourvus d'ailes et d'antennes, et dont les pattes sont au nombre de quatre paires : la respiration se fait soit au moyen de trachées, soit à l'aide de petites poches pulmonaires placées dans l'abdomen et s'ouvrant à l'extérieur par de petites fentes ou stigmates situées à la surface inférieure : de là deux divisions dans la classe des Arachnides : les *Trachéennes* et les *Pulmonées*. Le cœur est situé dans la région dorsale. Ce sont des animaux carnassiers qui se nourrissent surtout d'Insectes auxquels ils font la chasse.

Nous devons à M. Simon une collection des principales espèces d'Arachnides d'Europe. — Les **Araignées** *(Aracnæa)* sécrètent une soie très-fine, qui leur sert soit pour se confectionner une demeure, soit pour tendre des piéges à leurs ennemis, ou bien encore pour former des cocons pour leurs œufs ; elle est sécrétée par un appareil spécial placé à la partie postérieure du ventre ; la substance soyeuse prend consistance en arrivant à l'air, et forme des fils d'une longueur considérable que l'Araignée réunit et dispose suivant ses besoins ; on estime qu'il faut dix mille fils sortant des pores d'une filière de quelques-unes de nos Araignées européennes pour égaler la grosseur d'un cheveu ; on a, à plusieurs reprises, essayé d'utiliser cette soie, mais sans résultat bien sérieux. — Les **Mygales** *(Mygale)* sont les plus grosses Araignées connues ; dans l'Amérique septentrionale, il existe des espèces qui occupent avec leurs pattes étendues un espace de 25 centimètres de diamètre : on les nomme Araignées-Carabes ; elles sont assez puissantes pour faire la chasse aux Oiseaux-Mouches et aux Colibris dont elles sucent le sang. — La **Mygale pionnière** *(Mygale fodiens)* de Corse se construit dans la terre un nid de plus de 20 centimètres de longueur tapissé à l'intérieur par une épaisse couche de soie ; ce nid est fermé par une porte à charnière très-résistante faisant suite au tissu même de la paroi du nid, et composée de sept couches alternatives de soie et de terre ; la surface interne de la porte est percée d'une rangée de petits trous dans lesquels l'Araignée vient fixer les crochets de ses pattes pour en maintenir la fermeture : cette porte se ferme très-hermétiquement, de telle sorte qu'il est fort difficile de la distinguer au milieu de la terre environnante. — Les **Dysdères** *(Disdera)* se logent dans un sac allongé fait d'un tissu blanc et serré, sous les pierres et dans les cavités des murs. — Les **Segestries** *(Segestrix)*, très-communes en France et dans toute l'Europe, filent dans les trous des murs un tube de soie blanche qui leur sert de retraite. — Les **Scytodes** *(Scitodes)* errent lentement tendant des fils lâches qui se croisent en tous sens et sur plusieurs plans. — La **Tarentule** *(Lycosa tarentula)* se tient dans des trous en terre ou dans les fentes des pierres et des arbres en Italie et en Corse ; sa piqûre est venimeuse. — Les **Porte-queues** *(Lycosa albimoda)* courent à terre, se cachant sous les pierres. — Les **Corsaires** *(Lycosa pyratica)* parcourent la surface des eaux, dans toutes les mers d'Europe. — L'**Araignée domestique**

(Araneus domesticus) est l'espèce qui fréquente les habitations; elle tend ses fils dans les endroits sombres et peu fréquentés. — Les **Argyronètes** *(Argyroneta aquatica)* vivent dans les eaux dormantes, nagent et se construisent pour demeure une coque ovale remplie d'air, attachée aux plantes aquatiques par de longs fils. — Les **Scorpions** *(Scorpio)* sécrètent par leur abdomen un venin très-dangereux qui sort à l'extérieur et pénètre dans la piqûre par un aiguillon situé à l'extrémité postérieure du corps; ils vivent surtout dans les pays chauds, dans les lieux arides, se glissant parfois jusque dans les habitations; certaines espèces exotiques sont de très-grande taille. — Les **Faucheurs** *(Phalangium)* sont des Araignées trachéennes; ils sont armés de pattes extrêmement longues et vivent dans les fentes des vieilles murailles; ils sont très-communs dans toute l'Europe. — Les autres espèces d'Araignées trachéennes sont pour la plupart de très-petite taille et vivent à l'état parasite sur les animaux : tels sont les *Ixodes*, la *Sarcope de la gale*, etc. — Etc.

CRUSTACÉS

Vitrines 83, 84, 109, 122 & 124

Les Crustacés sont des animaux dont la peau est plus ou moins dure ou même calcaire, et dont le corps est partagé en trois segments : la tête, le thorax et l'abdomen; leur respiration se fait à l'aide de branchies; le cœur artériel ou aortique est situé sur la ligne médiane du dos et n'a qu'une seule cavité; presque tous sont carnivores; leur mâchoire dirigée latéralement se compose de deux mandibules armées d'organes puissants; tous donnent naissance à des œufs; chaque année leur peau calcaire tombe et est remplacée par une peau d'abord mince et très-molle qui acquiert bientôt sa consistance normale.

La **Limule des Moluques** *(Limula Molucanus)*, grande espèce qui peut atteindre 75 centimètres de longueur; les Limules sont des animaux très-lents dans leurs mouvements, qui vivent dans la mer et viennent à terre le soir; quand ils marchent on ne voit sortir aucune patte de dessous la carapace; les femelles, plus grosses que les mâles, portent parfois ceux-ci sur leur dos; la blessure qu'ils peuvent faire avec leurs pointes est regardée comme très-dangereuse. — Le **Dactylocère de Nice** *(Dactylocerus Nicensis)* est une espèce propre à la Méditerranée, et plus spécialement aux environs de Nice. — La **Squille mante** *(Squilla mantis)* de la Méditerranée se tient à une grande profondeur sur les fonds sablonneux ou fangeux; elle replie ses grandes pattes comme l'Insecte qui porte son nom et que nous trouvons dans nos environs. — La **Squille de Desmaret** *(Squilla Desmareti)* habite la Méditerranée et la Manche. — Le **Homard** *(Homarus vulgaris)* se pêche assez abondamment sur les côtes de l'Océan, de la Manche et de la Méditerranée; il se tient sur les plages couvertes de rochers, à une faible profondeur; ce sont surtout ses deux grosses pinces qui le distinguent de la Langouste. — La **Langouste** *(Palinurus vulgaris)* est plus spéciale à la Méditerranée; sa mâchoire est plus fine que celle du Homard, ses pinces bien moins fortes, mais tout aussi puissantes. — L'**Écrevisse** *(Astacus fluviatilis)* est très-commune dans tous les ruisseaux d'Europe qui contiennent des eaux claires et courantes : ce sont de voraces carnivores qui vivent sous les pierres et dans les fissures des rochers.— Le **Scyllare sculpté** *(Scyllarus sculptus)* ou **Cigale de mer** se rencontre dans la Méditerranée, recherchant les rivages où la mer est peu profonde et le terrain argileux, pour s'y creuser un trou d'où il ne sort que pour aller en quête de sa nourriture. — Les **Pagures** ou **Bernard l'ermite** *(Pagurus Bernardi)* se retirent comme dans une retraite dans les coquilles univalves qu'ils rencontrent, et mettent ainsi à l'abri les parties délicates de leur corps ; lorsqu'ils sont devenus trop gros pour leur demeure, ils quittent leur coquille pour en habiter une autre plus spacieuse et appartenant souvent à une espèce différente ; ils sont très-répandus sur toutes nos côtes.

Parmi les Crabes nous remarquerons le **Caloppe granulé** *(Caloppa granulata)* ou **Coq de mer**, propre aux côtes de la Méditerranée ; on voit les Crabes se promener en marchant latéralement sur les rochers peu profonds, à la recherche de leur proie qu'ils portent à la bouche successivement avec chacune de leurs pinces. — La **Plagusie écaillère** *(Plagusia squamosa)* se rencontre dans les eaux de la mer Rouge. — Les **Lupées** *(Lupea pelagica* et *L. tranquebarica)* peuvent se maintenir à la surface de l'eau tout en restant stationnaires ; ce sont de bons nageurs que l'on rencontre parfois au milieu de l'Océan, n'ayant pour se soutenir que quelques plantes marines flottantes. — Les **Portunus** *(Portunus corrugatus* et *P. longipes)* sont des espèces comestibles que l'on recueille sur les côtes de France et d'Angleterre ; le **Portunus ridé** *(P. corrugatus)* est spécial à la Méditerranée. Leur chair fine et délicate est au moins aussi bonne que celle de l'Écrevisse. — L'**Œthre rude** *(Œthra rugosa)*, espèce particulière à l'archipel Indien et aux eaux de l'Ile-de-France, a le bord externe des régions branchiales prolongé de manière à former de chaque côté du corps une sorte de bouclier qui protége les pattes. — Le **Parthénope horrible** *(Parthenope horrida)*, curieuse espèce de l'océan Indien, dont la peau est toute rugueuse et dont les membres antérieurs sont très-développés. — Les **Maia** *(Maia squamida* et *M. verucosa)* ou **Araignées de mer**, sont très-communes dans la Méditerranée et l'Océan, où elles vivent dans les rochers peu profonds ; leur corps est hérissé de tubercules velus et piquants ; leur chair est bonne et délicate. — L'**Épialte denté** *(Epialtus dentatus)* fréquente les côtes du Chili. — La **Lissa gouteuse** *(Lissa chiragra)* de la Méditerranée, a le corps couvert de nodosités et de tubercules. — La **Ranine dentée** *(Ranina dentata)*, espèce des plus curieuses par sa forme singulière qui rappelle un peu celle des Grenouilles, se trouve dans les mers de l'Inde et de l'Ile-de-France. — L'**Homole de Cuvier** *(Homola Cuvieri)* de la Méditerranée a sa carapace en forme de quadrilatère. — Le **Platycurcinus pagure** *(Platycurcinus pagurus)* ou **Tourteau** est représenté par un bel exemplaire pêché dans la Manche. — L'**Ibaque antarctique** *(Ibacus antarcticus)* fréquente les mers d'Asie, principalement dans les régions chaudes. — Le **Carpile maculé** *(Carpilus maculatus)* se trouve dans les mêmes régions. — Etc.

CIRRHYPÈDES

Vitrine 111

On donne le nom de Cirrhypèdes à des animaux mous, sans tête et sans yeux, dont le corps segmenté est couvert d'un manteau ; les pieds ou *cyrrhes* sont plus ou moins nombreux et presque cornés ; le corps est couvert en tout ou en partie d'un test composé d'un nombre plus ou moins grand de valves ou fragments de coquilles. Tous sont des animaux marins.

Les **Anatifes** *(Anatifa)* s'attachent aux parois des navires, aux vieux bois submergés ; jusqu'à la fin du dix-septième siècle on a cru que ces animaux se transformaient en Canards sauvages, tandis qu'au contraire ce sont ces oiseaux qui les recherchent et les dévorent ; on les trouve dans toutes les mers du globe. — Le **Pouce-Pied** *(Pollicipes cornucopiæ)* est assez commun en mai et juin dans la Manche et dans la Méditerranée. — La **Coronule des Tortues** *(Coronula testudinaria)* se fixe sur la carapace des Tortues et y adhère par sa base ; le test est divisé intérieurement par un grand nombre de petites lames formant des cellules très-remarquables. — La **Coronule des Baleines** *(Coronula balænarum)* s'attache à la peau des Baleines, s'y enfonce même et y adhère fortement. — Les **Tubicinelles des Baleines** *(Tubicinella balænarum)* se logent par groupes nombreux sur le dos des Baleines de l'Amérique méridionale ; elles s'enfoncent dans la peau, ne laissant voir à l'extérieur que leur orifice supérieur ; elles gênent ainsi leur hôte sans lui emprunter leur nourriture. — Les **Balanes** *(Balanus)* sont aussi connues sous le nom de **Glands de mer** ou **Tulipes de mer** ; on en connaît une quarantaine d'espèces : la plus connue, le *Balanus tintinnabulum*, est très-commune dans plusieurs mers, notamment les mers de Chine. Elle se fixent sur les parois des navires en quantité telles qu'elles finissent par ralentir leur marche dans le sein des eaux. — Etc.

VERS

Vitrine 113

Les Vers, ou Annélides à sang coloré, ont le corps généralement mou, cylindrique et partagé en un grand nombre d'anneaux séparés par des plis circulaires ; ils respirent par des branchies diversement placées ; leur sang est rouge, jaune ou vert.

Les **Sangsues** *(Hirudo)* n'ont pas de branchies, elles respirent par des poches vésiculaires ; aux deux extrémités du corps elles portent des ventouses qui leur servent d'organes de locomotion et de succion ; leur bouche est armée de trois petites dents triangulaires avec lesquelles elles entament la peau des animaux dont elles sucent le sang pour se nourrir ; leurs œufs sont enfermés au nombre de six à dix huit dans des cocons soyeux ; elles vivent dans les eaux douces et stagnantes. — Le **Lombric ter** restre *(Lombricus terrestris)* ou Ver de terre recherche les sols humides et préfère les terrains gras; il se nourrit de la terre elle-même dont il retire l'humus qu'il rend ensuite sous une forme vermiculaire; pendant les grands froids ou les trop fortes chaleurs, il s'enfouit à de grandes profondeurs; lorsqu'il est coupé en morceaux, chaque tronçon peut redevenir un animal complet. — Les **Arénicoles** *(Arenicola)* ont la bouche placée sur les parties latérales du corps; elles ont la forme de petits arbustes ramifiés; elles vivent dans les sables des bords de l'Océan, où les pêcheurs vont les chercher pour en faire un appât très-précieux. — Les **Néreis** *(Nereis)* nagent librement dans la mer; leur organisation se rapproche de celle des Arénicoles. — Les **Serpules** *(Serpula)* habitent une coquille tuberculeuse de matière calcaire; ces tubes ouverts par les deux **extrémités** n'adhèrent pas à l'animal, de telle sorte qu'il peut en sortir à volonté; leur tête est ornée de branchies en forme de panache; toutes sont maritimes et se fixent soit sur les rochers soit sur les coquilles. — Le **Clymène amphistome** *(Clymene amphistoma)* se trouve dans le golfe de Suez. — Etc.

MOLLUSQUES

Les Mollusques, vulgairement connus sous le nom de Coquillages, sont des animaux mous dépourvus de squelette intérieur; leur corps est recouvert par une peau molle et contractile dont la face interne donne attache aux muscles destinés aux mouvements; la peau se prolonge en un repli membraneux ou manteau recouvert ordinairement par une coquille calcaire; ils ont un cœur artériel qui reçoit le sang de l'appareil respiratoire, et respirent par des branchies ou par un sac pulmonaire; le système nerveux se compose de plusieurs masses ganglionnaires répandues sans symétrie dans diverses parties du corps et réunies entre elles par des filets de communication; l'appareil digestif est très-développé; la bouche, dépourvue d'organes de mastication, s'ouvre directement dans l'estomac. Ils donnent naissance à des œufs; pourtant les petits naissent parfois vivants. On compte actuellement plus de vingt mille espèces de Mollusques.

La collection disposée dans des vitrines horizontales au-dessous des Insectes présente un ensemble des Mollusques de tous les pays; elle a été successivement enrichie par les collections de Villier et par celle de **M. Michaud**. On a suivi dans la classification l'ouvrage de M. Woodward.

CÉPHALOPODES

Les Céphalopodes sont caractérisés par de longs tentacules qui environnent leur tête au nombre de huit à dix; ils servent à la fois d'organes de tact, de préhension et de mouvement; leur face interne est garnie de plusieurs rangées de ventouses qui servent à les fixer. Tous vivent dans la mer et se nourrissent de Poissons et de Crustacés; leur bouche est pourvue de mandibules en façon de bec de Perroquet; les uns sont nus, d'autres ont une coquille univalve. Ils ont joué un grand rôle dans l'histoire géologique du globe ; nous en retrouvons de très-nombreuses séries dans la galerie de Géologie sous le nom d'Ammonites et de Bélemnites, genres aujourd'hui éteints.

Vitrines 85 & 124

L'**Argonaute** *(Argonauta)* est pourvu d'une coquille mince et élégante à laquelle n'adhère pas le corps de l'animal ; il refoule l'eau qui a servi à sa respiration par un tube, et nage par l'effet de la réaction produite contre le liquide ; ses longs bras lui servent de pieds pour se fixer, ou de voiles pour se laisser pousser par le vent ; il porte ses œufs dans sa coquille, et les petits éclosent dans ce berceau flottant. Il habite la Méditerranée ainsi que les mers des Indes et des Antilles. — Le **Poulpe** *(Octopus vulgaris)* est un animal très-actif et très-vorace fréquentant les côtes rocheuses ; au moyen de ses longs bras et de ses ventouses il peut se traîner dans les crevasses très-étroites, et y guetter sa proie ; lorsqu'il est poursuivi, il trouble l'eau avec une encre brune que sécrète un organe spécial ; parfois il atteint de très-grandes dimensions ; c'est le Poulpe qui a servi de type à la fable de la Pieuvre. — Le **Calmar** *(Loligo)* ou **Encornet** a une forme plus allongée que le Poulpe ; il nage à reculons avec une extrême vélocité, en refoulant l'eau par un tube locomoteur ; il possède un os interne mince, corné, en forme de plume, et vit en bandes nombreuses dans presque toutes les mers, mais rarement dans les régions froides ; sa chair est comestible. — La **Seiche** *(Sepia officinalis)* est de forme plus trapue, avec des tentacules plus courts ; à l'intérieur se trouve un osselet connu sous le nom d'*os de Seiche*, et dont on fait la prétendue poudre de corail ; elle possède en outre une poche à encre dont elle fait le même usage que le Poulpe, et dont on retire la *Sepia ;* leurs œufs sont attachés par grappes à des plantes marines, sous forme de raisin. — Les **Nautiles** *(Nautiles)* autrefois très-abondants, sont aujourd'hui plus rares ; ils ont une véritable coquille divisée à l'intérieur en loges nombreuses, formées par des cloisons perforées au centre et formant un entonnoir qui donne passage au siphon respiratoire ; l'animal est logé dans la dernière cavité. Ils habitent l'océan Indien et les mers des îles Moluques. — Etc.

GASTÉROPODES

Ce sont des animaux nus ou pourvus d'une coquille à une seule valve contournée en spirale ; leur appareil locomoteur consiste en un disque musculaire aplati, placé sous le ventre de l'animal, et lui servant à ramper, comme chez l'Escargot ; d'autres fois, l'appareil locomoteur se présente sous forme d'ailes ou de nageoires membraneuses placées de chaque côté du cou, comme chez les Hyales ; ils ont une tête et sont conformés soit pour la respiration aérienne, soit pour la respiration aquatique. Il vivent soit sur terre, soit dans l'eau douce ou la mer.

Vitrines 85 & 86

Les **Strombes** *(Strombus)* sont des animaux propres aux mers des pays chauds. Il est probable qu'ils vivent fort longtemps, car leurs coquilles acquièrent une épaisseur et une pesanteur considérable : on les trouve même encroûtés, à l'intérieur, de couches de sédiments terreux épais et lisses, tandis qu'à l'extérieur ils sont couverts de polypiers et de plantes marines ; quelques-uns atteignent de grandes dimensions. — Les **Ptérocères** (*Pteroceras*) se distinguent des Strombes par les bords de la coquille sur laquelle se développent des digitations longues et grêles ; on les rencontre dans les mers des deux hémisphères, sous le nom vulgaire d'*Araignées de mer*. — Les **Rostellaires** (*Rostellaria*), espèces voisines de la mer Rouge, de l'Inde, de Bornéo et de la Chine. — Le **Seraphs** (*Seraphs* ou *Terebellum*), autrefois commun dans les mers géologiques des environs de Londres et de Paris, ne se retrouve plus aujourd'hui que dans les mers de la Chine et aux Philippines. — Les **Rochers** (*Murex*) sont très-abondants sur la côte occidentale de l'Amérique tropicale ; ils vivent également dans les mers de Chine, aux Antilles, sur la côte occidentale d'Afrique et dans la Méditerranée ; on en compte plus de deux cent vingt espèces, dont quelques-unes sont très-curieuses par suite de la forme allongée de la coquille ou des épines qui la recouvrent. — Les **Tritons** (*Triton*) sont voisins des Murex ; leur coquille est couverte de bourrelets irrégulièrement épars et ne formant pas de prolongements épineux ; ils habitent toutes les mers, et surtout celles des pays chauds. — Etc.

Vitrines 87 & 88

Les **Ranelles** (*Ranella*) habitent la Méditerranée, l'Inde, la Chine et l'océan Pacifique. — Les **Fuseaux** (*Fusus*) se distinguent par l'élégance de leur forme plutôt que par l'éclat de leur couleur : on les trouve dans toutes les mers, mais plus particulièrement dans les mers chaudes. — Les **Fasciolaires** (*Fasciolaria*), aux formes allongées, habitent la Méditerranée, l'Afrique occidentale, et les parties méridionales de l'océan Pacifique. — Les **Pyrules** (*Pyrula*) sont des coquilles en forme de poires qui nous viennent des mers chaudes, de la Chine et des Antilles. — Les **Tarrières** (*Terebra*) doivent leur nom à la forme longue et spiralaire de leur coquille ; l'animal, dans certaines espèces, n'a point d'yeux ; à part une espèce que l'on trouve assez rarement dans la Méditerranée, toutes les autres vivent dans les mers tropicales. — Les **Nasses** (*Nassa*) sont de petites coquilles très-communes dans toutes les mers arctiques ou tropicales ; l'animal a un large pied avec deux cornes divergeant en avant et deux petites queues en arrière. — Les **Pourpres** (*Purpura*) produisent un liquide jaune qui devient violet à la lumière : c'est la pourpre des anciens : elle est sécrétée par un organe situé à la face inférieure du manteau entre l'intestin et l'appareil respiratoire : on les trouve dans la plupart des mers ; l'espèce la plus riche en matière tinctoriale est la **Pourpre à teinture** (*Purpura lapilla*). — Etc.

Vitrines 89 & 90

Les **Cones** (*Conus*) sont des Mollusques dont la coquille présente les couleurs les plus riches et les plus variées ; l'animal rampe sur un pied allongé, étroit, peu épais, muni en arrière d'un opercule corné ; la tête, assez grosse, s'allonge et porte de chaque côté deux tentacules coniques, à l'extrémité desquels se trouvent les yeux : ils habitent les mers des pays chauds, surtout celles qui s'étendent entre les tropiques, et se tiennent près des côtes sablonneuses à une profondeur de 20 à 50 mètres ; il en existe plus de trois cent soixante-dix espèces ; ces animaux sont éminemment carnassiers.— Les **Olives** *(Oliva)* ont des coquilles cylindriques et polies ; l'animal a un très-grand pied, dans lequel la coquille est à moitié enfouie ; ce sont des êtres très-actifs vivant dans les mers tropicales : on peut les voir près du niveau de la marée basse, s'avancer en glissant, ou s'enfonçant dans le sable à mesure que la mer se retire. — Les **Harpes** *(Harpa)* se rencontrent dans les eaux profondes et sur les fonds vaseux ; l'animal a un très-grand pied, dont la partie antérieure, en forme de croissant, est séparée par de profondes entailles de la partie postérieure qui se détache spontanément lorsqu'on irrite l'animal. — La **Tonne** *(Dolium)* a une grosse coquille, de forme arrondie, qui atteint parfois de grandes dimensions : on la trouve notamment dans la Méditerranée, sur les côtes de Corse et de Sardaigne. — Les **Casques** *(Cassis)* doivent leur nom à la forme de leur coquille qui ressemble plus ou moins à un casque ; l'animal se ferme dans sa coquille au moyen d'un opercule : ils vivent dans les eaux peu profondes, de la Méditerranée et des mers tropicales. — Etc.

Vitrines 91 & 92

Les **Cérithes** *(Cerithium)*, avec leurs coquilles allongées et composées d'un grand nombre de spires, sont des espèces marines que l'on rencontre le plus souvent sur les fonds vaseux, à l'embouchure des fleuves, et rarement au delà du point où remonte le flot : on en voit dans tout le globe : mais ils étaient beaucoup plus répandus à l'époque Tertiaire. — Les **Pyramidelles** *(Pyramidella)* ont la coquille encore plus allongée que celle des Cérithes : elles viennent des Antilles et de l'Australie. — Les **Natices** *(Natica)* ont un grand pied accompagné d'un manteau qui recouvre la tête : elles n'ont point d'yeux : la coquille est ornée d'élégants dessins ; toutes vivent dans les mers arctiques : quelques espèces sont méditerranéennes. — Les **Porcelaines** *(Cypræa)* ont des coquilles lisses et brillantes comme la porcelaine, dans lesquelles vivent des animaux munis d'un manteau très-développé, garni en dedans d'une bande de tentacules qui peut se recourber sur la coquille de façon à l'envelopper : la tête porte deux tentacules armés chacun d'un œil de grande taille : on trouve ces élégantes coquilles dans toutes les mers : mais c'est surtout dans les mers des Indes que vivent les plus grandes et les plus belles espèces. — Les **Mitres** *(Mitra)* ont également d'élégantes coquilles ; l'animal a une très-longue trompe : il émet, lorsqu'il est irrité, un liquide pourpre qui a une odeur nauséabonde : on n'en compte pas moins de quatre cent vingt espèces, dont les plus belles appartiennent aux mers tropicales. — Les **Volutes** *(Voluta)* fréquentent les eaux des mers australes et des Antilles : l'animal a un siphon recourbé et un grand pied développé dans la partie antérieure. — Les **Marginelles** *(Marginella)* sont propres aux régions tropicales : une seule espèce de petite taille se trouve dans la Méditerranée. — Les **Pleurotomes** *(Pleurotoma)* sont des Mollusques que l'on trouve dans toutes les mers : on en compte plus de quatre cent trente espèces vivant parfois à d'assez grandes profondeurs. — Etc.

Vitrines 93 & 94

Les **Mélanies** *(Melania)* ont leur coquille d'une couleur noire ou foncée ; elles se rencontrent dans les mers de l'Europe méridionale, aux Indes, et dans les îles de l'océan Pacifique. — Les **Turritelles** *(Turritella)* habitent au contraire toutes les mers ; l'animal est armé de longs tentacules ; le pied est tronqué en avant et arrondi en arrière. — Les **Littorines** *(Littorina)* se trouvent sur le bord de la mer dans toutes les parties du monde : dans la Baltique elles vivent sous l'influence de l'eau douce et deviennent souvent difformes ; une des espèces *(Littorina rudis)* donne naissance à des petits vivants qui ont en naissant une coquille déjà dure. — Les **Fripières** *(Phorus)* ont de curieuses coquilles dont la partie inférieure seule est en quelque sorte unie : sur le reste de la coquille sont fixés d'autres animaux ou même des pierres que la bête emporte avec elle ; on en distingue neuf espèces, qui vivent dans les mers chaudes. — Les **Paludines** *(Paludina)* sont des animaux qui préfèrent les eaux douces ; on les trouve dans les rivières et les lacs de tout l'hémisphère boréal : les petits naissent avec leur coquille. — Les **Ampullaires** *(Ampullaria)* habitent les lacs et les rivières des parties chaudes du globe ; elles se retirent profondément dans la vase pendant la saison sèche et sont capables de vivre hors de l'eau pendant plusieurs années ; elles sont surtout très-communes dans le lac Mareoto, et à l'embouchure de l'Indus, où elles sont mélangées à des coquilles marines. — Les **Nérites** *(Nerita)* de presque toutes les mers chaudes ont de petites coquilles élégantes, dont le bord est parfois denticulé à l'intérieur. — Les **Néritines** *(Neritina)* possèdent de petites coquilles globuleuses ornées de bandes et de taches noires ou rouges très-variées ; elles sont restreintes pour la plupart aux eaux douces des régions chaudes : une espèce pourtant se trouve dans les rivières d'Angleterre et dans l'eau saumâtre de la Baltique. — Les **Troques** *(Trochus)* habitent toutes les mers : ils se tiennent à peu de distance des rivages et dans les lieux où croissent beaucoup de plantes marines ; l'animal est contourné en spirale : sa tête est munie de deux tentacules, ayant à leur base des yeux fixés sur un pédoncule : le pied porte un opercule corné : on en connaît plus de deux cents espèces. — Les **Turbo** *(Turbo)* habitent les rochers battus par la vague dans la Méditerranée et les mers chaudes ; ils sont moins répandus et moins nombreux que les Troques. — Chez les **Janthines** *(Janthina)* le pied de l'animal sécrète un flotteur composé de nombreuses vésicules aériennes, qui lui permet de flotter sur l'eau en tenant sa coquille renversée : ils vivent par bandes nombreuses de plusieurs lieues de longueur dans les eaux de l'Atlantique. — Etc.

Vitrines 95 & 96

Les **Haliotides** *(Haliotis)* ou **Oreilles de mer** ont l'intérieur de leur coquille ornée d'une matière nacrée aux plus riches couleurs, dont les effets lumineux sont vraiment surprenants ; on les rencontre dans la Manche et la Méditerranée ; les plus belles nous arrivent de la Chine et de l'Inde et sont alors employées pour des incrustations et d'autres travaux d'ornementation. — Les **Fissurelles** *(Fissurella)* ont le sommet de leur coquille perforé : ces animaux se déplacent volontiers sur les rochers auxquels ils s'attachent par leur large pied ; on les trouve presque partout. — Les **Patelles** *(Patella)* sont des espèces communes dans toutes les mers : l'animal adhère très-fortement aux rochers par son pied épais et charnu qui forme ventouse ; il peut creuser dans le bois ou dans la craie une sorte de loge peu profonde qui lui sert de retraite ; sa chair est dure et coriace. — Les **Dentales** *(Dentalium)* ont des coquilles de forme bien différente ; dans ce long tube l'animal se fixe près de l'orifice postérieur ou anal ; la tête, sans yeux ni tentacules, est à l'état rudimentaire ; ce sont des animaux carnassiers qui vivent surtout de Foraminifères et de petites coquilles. — Les **Oscabrions** *(Chiton)* sont des êtres singuliers, sans yeux, sans tentacules, sans mâchoires, et qui au lieu de coquilles portent sur le dos une cuirasse d'écailles imbriquées et mobiles : ils s'allongent et se contractent comme les Limaces, ou se roulent en boule comme les Cloportes ; ils adhèrent avec force aux rochers, et se plaisent dans les lieux battus par la vague ; on en trouve dans toutes les mers. — Les **Hélices** *(Helix)* sont plus vulgairement connues sous les noms d'**Escargots** ou de **Colimaçons** : on en compte plus de seize cents espèces répandues sur toute la surface du globe ; on en a trouvé en Amérique à plus de 3.350 mètres d'altitude ; mais on remarquera que les espèces propres aux pays chauds ont généralement la coquille plus épaisse ; l'Hélice aime en effet la fraîcheur et l'humidité, et est essentiellement herbivore ; elle n'a point d'yeux ; ses tentacules lui servent d'organes de tact ; elle donne naissance à des œufs d'où sortent des petits pourvus déjà d'une mince coquille. La collection du Muséum renferme plus de quatre cents espèces de différents pays ; nous remarquerons : l'**Hélice vigneronne** *(Helix pomatia)*, grande et belle espèce comestible, et qui entre dans la composition de certains produits thérapeutiques ; parfois, par suite d'une bizarrerie de la nature, certains individus sont enroulés en sens inverse (var. *senestre)*, ou bien sont au contraire déroulés (var. *scalaire)*, ce sont là des monstruosités fort recherchées par les amateurs ; l'**Hélice chagrinée** *(Helix aspersa)*, est très-commune dans nos pays ; — l'**Hélice des jardins** *(Helix hortensis)*, etc.

A côté de la vitrine on remarquera un tableau fort intéressant, dû à notre savant conchyliologue lyonnais M. Terver, dans lequel il a indiqué toutes les coquilles qui peuvent se rencontrer dans nos environs et dans quelles conditions on les trouve ; en consultant ce tableau on connaîtra ainsi la faune malacologique de Lyon et de ses alentours.

Vitrines 97 & 98

Nous trouvons dans cette vitrine la suite des **Hélices** que nous avons examinées dans la vitrine 96. — Les **Bulimes** *(Bulimus)* ont une coquille de forme plus allongée que celle des Hélices : pourtant l'animal est à peu près le même ; quelques espèces exotiques atteignent une grande taille : le *Bulimus ovatus* que l'on vend sur le marché de Rio a parfois plus de 15 centimètres de longueur. — Les **Achatines** *(Achatina)* ne diffèrent des Helix et des Bulimes que par la forme de la coquille ; on en compte plus de trois cent soixante-dix espèces répandues dans toutes les parties du monde.

Les **Maillots** *(Pupa)* se rencontrent en Europe et dans les régions chaudes ; les espèces françaises sont toutes de petite taille. — Les **Clausilies** *(Clausilia)* se montrent également dans nos environs ; leur coquille se ferme exactement par une plaque calcaire mobile *(clausilium)* qui se trouve dans le cou. — Les **Limaces** *(Limax)* ont une petite coquille interne qui permet de les classer à la suite des Hélices : l'animal, du reste, ressemble beaucoup à ceux de cette classe : elles se nourrissent principalement de matières végétales ou animales en décomposition : elles pondent des œufs et s'enfoncent dans la terre pendant la sécheresse et les grands froids. — Les **Limnées** *(Limnæa)* vivent en grand nombre dans le eaux dormantes des pays tempérés : elles viennent à la surface respirer l'air atmosphérique : la tête est large et aplatie : de chaque côté s'élève un tentacule triangulaire et contractile, portant à sa base un œil très-petit ; elles sont herbivores. — Les **Physes** *(Physa)* sont intermédiaires entre les Limnées et les Planorbes : l'animal est de forme ovale et enroulée comme les Limnées : mais ses tentacules sont allongés et étroits comme ceux des Planorbes. Ces petits habitants des eaux douces nagent avec facilité, le pied en haut, la coquille en bas, à la façon des Limnées, et se nourrissent de végétaux. — Etc.

Vitrine 99

Les **Planorbes** *(Planorbis)* sont des Mollusques d'eau douce analogues aux Limnées ; l'animal est conformé comme sa coquille : la tête est distincte et pourvue de deux tentacules filiformes très-longs ; la bouche est armée dans le haut d'une dent, et dans le bas d'une langue hérissée d'un grand nombre de petits crochets. Ils rampent à la surface des corps solides aussi bien qu'à la surface de l'eau, le pied en haut et la coquille en bas : elles sont herbivores, les œufs, comme ceux des Limnées, sont réunis en une masse gélatineuse que l'on voit flotter sur les étangs. — Les **Auricules** *(Auricula* ou *Scarabæus)* sont des Mollusques propres aux mers chaudes de l'Australie et des Antilles. — Les **Cyclostomes** *(Cyclostoma)* sont des animaux terrestres qui se plaisent sur les sols calcaires ; le pied est divisé par un sillon longitudinal, de telle sorte que les deux parties se meuvent l'une après l'autre : une seule espèce, le **Cyclostome élégant** *(Cyclostoma elegans)* est française, les autres sont propres aux pays chauds. — Les **Cyclophores** *(Cyclophorus)* ont le pied uni : on ne les trouve que dans les pays chauds. — Les **Aplysies** *(Aplysia)* ou **Cochons de mer** ont une toute petite coquille, tandis que l'animal a de 20 à 30 centimètres de longueur ; on les observe sur toutes les côtes ; l'animal porte sur le côté ou sur le dos des branchies recouvertes par un manteau ; leur tête est ornée de quatre tentacules dont les deux premiers ressemblent aux oreilles d'un petit Cochon de lait. — Les **Dolabelles** *(Dolabella)* sont des espèces voisines des Aplysies. — Les **Hyales** *(Hyalæa)* habitent la haute mer et sillonnent rapidement les flots à l'aide de leurs nageoires ; certains vents les portent quelquefois en grand nombre sur les côtes de la Méditerranée. — Etc.

BRACHIOPODES

Les Brachiopodes sont des Mollusques bivalves qui sont toujours équilatéraux et jamais équivalves ; l'une des valves est percée à son extrémité d'un trou par lequel passe un pédicelle au moyen duquel l'animal se fixe aux corps sous-marins ; ce sont de tous les Mollusques ceux qui offrent la plus grande extension, tant au point de vue du climat que de la profondeur à laquelle ils peuvent vivre, et de l'ancienneté de leur apparition ; on les trouve dans les mers tropicales et dans les mers polaires, dans les flaques d'eau laissées par la marée descendante et dans les plus grandes profondeurs explorées par la drague ; on en compte aujourd'hui quatre-vingt-quatre espèces vivantes, tandis que l'on a décrit plus de dix-huit cents espèces fossiles appartenant à tous les terrains.

Vitrine 99

Les **Térébratules** (*Terebratula*) se pêchent dans la Méditerranée à des profondeurs d'au moins 200 mètres ; l'animal est fixé par un pédoncule à des polypiers ou à des rochers. — La **Térébratuline** (*Terebratulina caput serpentis*) est une espèce voisine des Térébratules ; sa coquille est finement striée, on la trouve dans la Méditerranée et dans les mers du Japon. — Les **Argiopées** (*Argiope*) ont l'intérieur de leur coquille divisée en plusieurs loges de forme assez complexe ; on les rencontre dans l'Océan et la Méditerranée. — Les **Cranies** (*Crania*) vivent par groupes sur les rochers et les pierres, dans les eaux profondes de la mer du Nord et de la Méditerranée. — Les **Lingules** (*Lingula*) ont des coquilles de texture cornée ; on ne les trouve que dans les mers chaudes. — Etc.

LAMELLIBRANCHES

On donne le nom de Lamellibranches à des Mollusques dont la coquille est formée de deux valves reliées entre elles par une charnière ; l'animal n'a point de tête, le corps est enveloppé dans les replis de la peau appelée manteau et qui font l'office de branchies. On en compte un grand nombre d'espèces répandues sur toute la surface du globe. Plusieurs espèces sont comestibles ; d'autres donnent naissance à des produits précieux utilisés de diverses manières.

Vitrines 99 & 100

Les **Huitres** (*Ostrea*) sont connues de tout le monde ; elles vivent dans la mer, attachées aux rochers, mais les petits, au sortir des œufs, peuvent nager librement dans l'eau jusqu'à ce qu'ils aient choisi leur place pour n'en plus bouger ; ce n'est qu'au bout de trois ans que l'Huître est de taille à être vendue sur les marchés ; on en compte un grand nombre d'espèces : l'Huître comestible, la plus répandue, se nomme *Ostrea edulis*. — Les **Peignes** (*Pecten*) ont des coquilles aux couleurs aussi riches que variées ; les bords du manteau de l'animal sont garnis d'une frange formée de tentacules simples, entre lesquels se trouvent espacés des tentacules un peu plus gros, terminés par une petite boule vivement colorée ; le Peigne est libre et peut se mouvoir dans l'eau ; pour cela il chasse brusquement le liquide devant lui, en fermant sa valve et se déplace alors par l'effet de la réaction ; on en trouve dans toutes les mers. — Les **Spondyles** (*Spondylus*) ont une coquille épaisse recouverte d'épines plus ou moins saillantes ; l'animal, analogue à l'Huître, habite parfois en bancs assez nombreux, attaché au fond de l'eau à des corps sous-marins ; la Méditerranée renferme une espèce très-commune, le **Spondyle pied-d'âne** *(Spondylus gœderopus) :* les autres espèces vivent dans les mers chaudes. — Etc.

Vitrines 101 & 102

Les **Pintadines** *(Peleagrina)* ou Huîtres perlières sont attachées aux rochers par un pinceau de soie ou byssus : c'est à l'intérieur de la coquille que l'on trouve les perles fines dont la valeur égale presque celle du diamant : c'est également de la coquille que l'on retire la nacre, substance fort employée dans les arts. La perle n'est autre chose qu'une concrétion nacrée résultant d'une maladie de l'animal ; les pêcheries du golfe Persique et de Ceylan sont les plus fréquentées. — Les **Marteaux** *(Malleus)* ont des coquilles qui ressemblent grossièrement à l'outil qui porte ce nom, ces singulières coquilles ne se trouvent que dans l'océan des grandes Indes. en Chine et en Australie. — Les **Jambonneaux** *(Pinna)* vivent dans presque toutes les mers, fixés par leur byssus dans une position verticale, le gros bout en haut : avec leur soie on a fabriqué des étoffes grossières chez les Maltais et les Napolitains. — On remarquera au-dessus de la grande porte du fond de la salle un faisceau de *Pinna nobilis* de très-grande taille, que nous avons rapporté du sud de la Corse. — Les **Moules** *(Mytilus)* nous offrent plusieurs espèces comestibles ; on les trouve dans les fonds vaseux attachées par leur byssus, mais s'en servant comme d'un point d'appui pour se déplacer : par suite de causes encore mal définies les Moules sont parfois vénéneuses. — Les **Pétoncles** *(Pectunculus)* abondent sur les rivages de l'Océan et de la Méditerranée : l'animal porte un grand pied en forme de croissant, qui lui sert pour se mouvoir : la coquille, forte et épaisse, est presque ronde. — Les **Mulettes** *(Unio)* vivent dans les fonds vaseux des eaux douces de tous les pays ; la coquille présente des dents à sa charnière, ce qui la distingue de l'espèce suivante, que l'on trouve dans les mêmes conditions ; elles produisent des perles mais de peu de valeur. — Les **Anodontes** *(Anodonta)* abondent dans les lacs, les rivières et les mares de presque toutes les parties du monde : l'animal est pourvu d'un très-grand pied : on a calculé qu'au moment de la ponte les branchies d'une femelle contenaient trois cent mille jeunes coquilles : celle-ci est dépourvue de crochets. — Etc.

Vitrines 103 & 104

Les **Tapes** *(Tapes)* ont des coquilles oblongues dans lesquelles vivent des animaux filant un byssus, et armés d'un gros pied lancéolé : on les trouve dans les mers d'Europe et d'Asie. — Les **Vénus** *(Venus)* vivent dans presque toutes les mers, enterrées dans le sable : dans le midi de la France, on mange, sous le nom de *Clorisse*, la **Vénus croisée** *(Venus decussata).* — Les **Cythérées** *(Cytherea)* sont voisines des Vénus ; quelques-unes sont comestibles : l'animal a le bord de son manteau lisse, et ses siphons sont réunis jusqu'à la moitié de leur longueur. — Les **Cyclas** *(Cyclas)* ont de petites coquilles : les jeunes éclosent dans les branchies de l'animal, grimpent ensuite sur les plantes submergées et se suspendent souvent par les fils d'un byssus ; on les trouve en Europe et sur les autres continents. — Les **Lucines** *(Lucina)* sont principalement répandues dans les mers tropicales et tempérées, sur les fonds sablonneux et vaseux, depuis le rivage jusque dans les plus grandes profondeurs ; le pied des Lucines est souvent deux fois aussi long que l'animal et creux dans toute sa longueur. — Les **Cardites** (*Cardium*) ou **Bucardes** sont communément réparties dans toutes les mers, dans les baies sablonneuses ; plusieurs espèces sont comestibles ; elles s'enfoncent dans le sable à 10 ou 15 centimètres : leur manteau se prolonge en deux tubes dont les orifices arrivent jusqu'à la surface du sol ; c'est avec leur pied que ces animaux se creusent ainsi leur retraite. — Les **Cames** (*Chama*) sont les derniers représentants d'une famille aujourd'hui éteinte, et dont nous trouvons de grands et nombreux exemplaires dans les terrains secondaires. On les trouve principalement dans les mers tropicales parmi les récifs de coraux ; quelques espèces sont méditerranéennes. — Etc.

Vitrines 105 & 106

Les **Mactres** (*Mactra*) habitent les côtes sablonneuses où elles s'enterrent immédiatement au-dessous de la surface du sol : leur pied est très-allongé, et se meut comme un doigt, elles s'en servent pour sauter et pour s'élancer à une distance de plus de 30 centimètres ; elles habitent toutes les mers, surtout celles des tropiques. — Les **Tellines** (*Tellina*) dont on compte plus de trois cents espèces, vivent dans toutes les mers, principalement dans l'océan Indien ; dans les mers tropicales les espèces sont plus abondantes et les coquilles plus vivement colorées : on en mange plusieurs espèces dans les ports. — Les **Donaces** (*Donax*), comme les Mactres, peuvent effectuer de petits sauts ; elles vivent sur les rivages à peu de profondeur enfoncées perpendiculairement dans le sable : elles sont si communes dans la Méditerranée et la Manche qu'on les recueille pour les manger. — Les **Solens** (*Solen*) ou **Couteaux** vivent enfouis verticalement dans le sable à peu de distance du rivage : le trou qu'ils ont creusé et qu'ils ne quittent jamais atteint quelquefois jusqu'à 2 mètres de profondeur : au moyen de leur pied gros et conique, ils s'élancent avec une grande agilité au bord du trou : on les trouve dans toutes les mers, sauf les mers arctiques. — Les **Myes** (*Mya*) fréquentent les mers du Nord et les mers chaudes, partout où l'on rencontre des fonds vaseux aux embouchures des rivières ; on en a trouvé jusque dans les mers septentrionales. — Les **Panopées** (*Panopæa*) habitaient jadis la Méditerranée, sur les bords de laquelle on la rencontre aujourd'hui à l'état fossile ; la coquille atteint parfois une très-grande taille. — Les **Arrosoirs** (*Aspergillum*) sont des espèces exotiques ; l'animal est fixé par des muscles à l'intérieur d'un long tube terminé à une de ses extrémités par un disque percé de trous comme une pomme d'arrosoir ; ce tube est enfoncé dans le sable. — Les **Pholades** (*Pholas*) ne s'enfoncent pas seulement dans le sable, elles se creusent une demeure dans la pierre et dans le bois, occasionnant parfois de grands ravages : un grand nombre de naturalistes admettent que la coquille agit comme une sorte de tarière, que vient lubréfier un liquide dissolvant sécrété par l'animal. — Les **Tarets** (*Teredo*) font encore de plus grands ravages dans les ports, où ils creusent en peu de temps les bois et même la pierre : quelques-uns ont jusqu'à 35 centimètres de longueur : on les trouve dans toutes les mers jusqu'en Norvége. Etc.

ZOOPHITES

L'embranchement des Zoophites comprend des animaux d'une organisation beaucoup moins complète que celle des autres animaux ; en outre les diverses parties de l'économie, au lieu d'être disposées par paire de chaque côté d'un plan longitudinal, se groupent autour d'un axe ou d'un point central de façon à donner à l'ensemble du corps une apparence rayonnée ou sphérique sous les formes les plus variées et les plus multiples.

La collection des Zoophites est renfermée dans deux meubles disposés à l'entrée de la salle et vient d'être complétée par les dernières découvertes faites dans cette intéressante branche de la Zoologie.

ÉCHINODERMES

Ce sont des animaux, dont la peau, généralement dure et calcaire, est armée de pointes ou d'épines articulées ; leur corps a une forme globuleuse ou étoilée ; la surface est couverte de tentacules ou suçoirs mous et rétractiles qui peuvent passer à travers l'enveloppe calcaire et servent d'organes de locomotion : la bouche est garnie de pièces calcaires qui remplacent les dents et la mâchoire. Ils sont conformés pour ramper au fond de l'eau : la plupart vivent dans la mer.

Vitrines 114, 115, 116, 117 & 118

Les **Astéries** (*Asteria*) ou **Étoiles de mer** sont des animaux essentiellement marins ; elles habitent les forêts et les herbages sous-marins, recherchant les plages sablonneuses, se tenant à de petites profondeurs : on en a pourtant rencontré à plus de 300 mètres au-dessous du niveau des flots : on les trouve partout, mais plus spécialement dans les régions tropicales ; on en compte environ cent quarante espèces. Leur corps est soutenu par une enveloppe calcaire composée de pièces juxtaposées aussi variées que nombreuses : on en évalue le nombre à cinq mille dans l'*Asteracanthion* ; le corps est en outre muni de piquants, de granulations, de tubercules dont les dispositions servent à caractériser les espèces : les pieds ou ambulacres sont placés sur plusieurs rangées au-dessous de chaque bras : ce sont de petits cylindres charnus, terminés par des ventouses : le déplacement des Astéries est très-lent et très-régulier. Le tube digestif s'étend dans chaque bras. Ces animaux sont très-voraces, ils s'attaquent aux Mollusques sans crainte d'avaler les coquilles qu'ils rejettent ensuite : ils donnent naissance à des œufs d'où sortent des petits vermiformes, couverts de cils vibratiles, qui nagent avec rapidité et subissent ensuite de nombreuses métamorphoses : ils jouissent en outre de la singulière propriété de pouvoir reconstruire les organes qui ont été détruits : on en voit des exemples dans les grandes Astéries de la vitrine numéro 118. — Parmi les nombreuses espèces que nous avons sous les yeux, nous citerons : l'*Asteracanthion glacialis*, espèce assez commune dans les eaux de la Méditerranée : — l'*Heliaster helianthens*, orné d'un grand nombre de bras : — la *Linckia levigata*, belle espèce de la mer Rouge : — l'*Ophidiaster ophidianus* de la Sicile : — l'*Oreaster mammillatus*, de la mer Rouge : — l'*Oreaster reticulatus*, grande espèce forte et puissante des mers chaudes : — l'*Astropecten aurantiacus*, véritable Étoile de mer de la Méditerranée : — l'*Oreaster muricatus*, de l'île Samos, qui tient à la fois de l'Étoile de mer et de l'Oursin. — Etc.

Vitrine 112

Les **Crinoïdes** sont attachés au sol par une sorte de racine armée de griffes : mais leur tige, longue et flexueuse, leur permet d'exécuter des mouvements dans le cercle limité par la longueur de cette tige : ces animaux, tous marins, étaient autrefois extrêmement abondants : il existe des terrains désignés sous le nom de *calcaire à entroques*, qui sont entièrement composés des débris de ces êtres : tels sont les bancs épais du fond des carrières de Couzon, près de Lyon : les Crinoïdes ont peu à peu disparu des mers anciennes : les espèces ont graduellement diminué à mesure que notre globe vieillissait et se modifiait : il ne reste plus aujourd'hui que quelques rares types vivants dans les mers profondes. — Le **Pentacrine tête de Méduse** (*Pentacrinus caput Medusæ*) se rencontre très-rarement et à de grandes profondeurs dans les mers des Antilles : ce curieux Zoophite ressemble à une fleur portée sur sa tige : il se termine par un organe appelé calice, qui est à proprement parler la tête de l'animal : de ce calice partent des bras formés par un grand nombre d'articles. — Les **Comatules** (*Comatula*) sont fixes dans leur jeune âge : mais à l'âge adulte elles se séparent de leur tige pour vivre sur le fond de la mer à de grandes profondeurs : on les trouve dans les mers des deux hémisphères : une espèce vit dans les eaux de la Méditerranée (*Comatula Mediterranea*). — Etc.

Vitrines 114, 116 & 119

Les **Ophiuries** sont des Zoophites que l'on rencontre dans presque toutes les mers, mais plus spécialement dans les mers tempérées : elles rampent au fond de l'eau ou s'accrochent aux plantes marines : elles sont formées d'un disque coriace nu ou revêtu d'écailles, qui contient tous les viscères, et de cinq bras très-flexibles, simples ou ramifiés : pour se mouvoir et se déplacer elles contractent brusquement leurs bras, et produisent des ondulations à la façon des Serpents : la bouche, située au milieu du petit disque central, est garnie de pièces calcaires qui font fonction de mâchoires : elles se nourrissent de petits Mollusques ou de Crustacés : parmi les nombreuses espèces que nous avons sous les yeux, nous remarquerons : l'*Astrophyton verrucosum* ou *Euryale* : ses bras sont très-développés, et leurs ramifications très-multiples se divisent vers les extrémités en plusieurs milliers d'appendices très-grêles servant à la locomotion : on trouve cette belle espèce dans l'océan Indien : — l'*Ophioderma longicauda* est très-commune dans la Méditerranée : — l'*Ophiothrix nigra* se rencontre également sur les côtes de France : — l'*Ophiothrix violacea* des mers des Antilles a ses bras velus : la plupart des espèces sont exotiques. — Etc.

Vitrines 116, 120, 121, 123, 125 & 126

Les **Échinides** (*Echinidæ*) ou **Oursins** sont essentiellement formés d'un test ou carapace solide, revêtu d'une membrane mince garnie de cils vibratiles, à l'intérieur de laquelle sont logés les organes essentiels de l'animal ; cette carapace résulte de l'assemblage de plaques polygonales contiguës, adhérant entre elles par les bords, de façon à représenter des zones verticales ; ces plaques portent des piquants et laissent passer des tentacules charnus servant à la marche de l'animal : il entre ainsi plus de dix mille pièces distinctes dans un Oursin. La bouche dans la plupart des espèces, est placée en dessous, et s'ouvre en laissant voir cinq dents aiguës protégées par une charpente osseuse nommée *Lanterne d'Aristote* (vitrine 123), ces dents croissent à la base à mesure qu'elles s'usent, comme chez les Rongeurs. Les Oursins sont pour la plupart carnassiers : la respiration paraît s'exercer à l'aide de vésicules aplaties en forme de feuillets très-délicats qui adhèrent à la surface interne des parois du corps : ils donnent naissance à des œufs de couleur rouge qui n'ont qu'un neuvième de millimètre de diamètre : à sa sortie de l'œuf, la larve d'un Oursin a la forme d'un petit poisson : elle produit par une sorte de gemmation interne, un Oursin, lequel, n'étant d'abord en quelque sorte qu'un organe de la larve, ne vivra d'une vie indépendante que lorsque la larve nourrice viendra à se détruire. On trouve des Échinides dans toutes les mers : ils vivent sur les fonds sablonneux ou rocailleux, parfois à de très-grandes profondeurs et s'y fixent à l'aide de leurs tentacules. Certaines espèces, comme l'**Oursin livide** (*Strongylocentrotus lividus*) de la Méditerranée et de l'Océan, se creusent des demeures dans les roches les plus dures : c'est avec leurs dents qu'ils accomplissent un pareil travail. On distingue un grand nombre d'espèces ; la plupart figurent dans cette collection, qui est sans contredit une des plus complètes du Muséum : nous signalerons : le *Dorocidaris papillata*, de la Méditerranée ; — l'*Heterocentrotus mammillatus*, de la Nouvelle-Calédonie, avec ses baguettes plates et longues ; — le *Strongylocentrotus lividus*, une des espèces les plus communes de la Méditerranée et de l'Océan : elle est comestible ; — l'*Echinus melo*, une des plus grandes espèces connues, propre aux grandes profondeurs de la Méditerranée : ses épines sont courtes et très-petites. — Le *Clypeaster humilis*, de la Guadeloupe, a au contraire, une forme plate. — L'*Echinodiscus auritus*, de Zanzibar, présente une forme curieuse : il est presque plat avec des dentelures : ses épines se changent en un véritable duvet. — Le *Mellites sexforis*, des mers chaudes de l'Inde et de la Chine, est percé de part en part de six excavations. — Le *Rotula Ramphii* a tout un côté orné de dentelures. — Les *Echinocardia* et les *Spatangus* se rencontrent plus souvent à l'état fossile dans les terrains secondaires : leur test est recouvert de très-petites épines. — Etc.

Vitrines 120 & 122

Les **Holoturies** n'ont point leur corps enfermé dans un tube calcaire : ce sont des animaux de forme cylindrique, allongée et vermiforme : il en est qui ont quelques centimètres de longueur seulement, tandis que d'autres ont jusqu'à 1 mètre : leur peau est épaisse et coriace, elle renferme des muscles puissants, et est quelquefois armée de petits crochets qui font saillie, et servent à l'animal pour adhérer momentanément aux corps étrangers : à travers cette enveloppe sortent des pieds tentaculaires analogues à ceux des Oursins. La bouche se trouve à l'extrémité antérieure du corps : chez certaines espèces, la peau est lubréfiée par un liquide âcre, corrosif et brûlant. Ils habitent la mer et sont répandus sur toute la surface du globe : leurs mouvements dans l'eau sont très-bornés, ils consistent en une sorte de reptation produite par les ondulations du corps et les contractions des pieds. En Chine on pêche, sous le nom de **Trépang**, des Holoturies que l'on mange après les avoir fait sécher ; chaque année plus de deux cents bateaux partent de Madagascar pour se livrer à cette pêche. — On en distingue un grand nombre d'espèces : — les **Psoles** (*Psolus*) ont le corps court, coriace, de forme convexe en dessus et plane en dessous : — les **Holoturies** proprement dites (*Holoturia*) ont le corps mou, beaucoup plus allongé et couvert de suçoirs tentaculiformes : — les **Stichopes** (*Stichopus*) ont le corps étroit et couvert de suçoirs disposés en séries longitudinales : — les **Synaptes** (*Synapta*) sont des animaux dépourvus d'organes respiratoires et de pieds ambulacraires : on les trouve dans la Manche : lorsque l'animal est privé de nourriture, il retranche successivement diverses parties de son corps, et finit par se manger lui-même, jusqu'à ce qu'il ne reste plus qu'un petit ballon sphérique orné de tentacules. — — Etc.

CŒLENTÉRÉS

Les Cœlentérés renferment plusieurs familles d'animaux de formes variées : à mesure que nous descendons l'échelle animale, ces formes se multiplient en même temps que l'organisme se simplifie : ces êtres vivent dans des milieux très-différents, la plupart sont des animaux marins, tantôt libres et flottants dans l'eau, tantôt au contraire fixés sur une matière calcaire qu'ils sécrètent ; souvent on donne le nom de Polype à l'animal qui jouit d'une vie propre et indépendante, ou bien qui associé à d'autres individus de même espèce, constitue alors une véritable colonie.

Vitrine 127

Les **Tuniciers** sont des animaux mous, en forme de sac, qui n'ont ni pieds, ni bras, ni tête ; leur peau gélatineuse, cornée ou rocailleuse, s'attache aux rochers sous-marins ; la bouche, située à l'extrémité du tube digestif, est précédée d'une grande cavité dont les parois sont tapissées de vaisseaux et de cils vibratils qui la rendent propre à la respiration ; le cœur n'a qu'une seule cavité. On en distingue plusieurs genres, qui tous vivent dans la plupart des mers, et notamment dans les mers d'Europe : — les **Ascidies** (*Ascidia*), comme leur nom l'indique, ont la forme d'une outre ou d'une petite bourse : les unes sont simples, et dans ce cas, chaque individu se fixe isolément sur les rochers ou les corps sous-marins à de certaines profondeurs : d'autres se réunissent par des prolongements cornés en forme de racine, ou vivent agglomérés en une seule masse : les larves de ces animaux multiples sont isolées et libres : à une certaine époque de leur vie elles se fixent : quand l'animal a perdu la faculté de se mouvoir et qu'il a suffisamment grandi, on voit naître à la surface de son corps un certain nombre de petits tubercules qui s'allongent, se creusent et forment autant de nouveaux individus: ceux-ci restent adhérents au corps de leur mère, laquelle devient la fondatrice d'une nouvelle colonie: — l'**Ascidie petit monde** *(Cynthia micros-coma)* de la Méditerrané est habitée en effet par tout un monde animé d'Ascidies, d'Algues et de Polypiers: — la **Phallusie** *(Phallusia mammillata)* est une espèce voisine qui se trouve également dans la Méditerranée: — les **Salpes** ou **Biphores** *(Salpa)* sont réunies en longues files transparentes d'une grande délicatesse de tissu: tantôt ce sont des cordons composés d'individus placés côte à côte et greffés transversalement: tantôt ce sont des rubans dans lesquels chaque individu est greffé bout à bout avec son voisin, de façon à former une double chaîne: c'est ce que les marins appellent Serpent de mer: chaque individu présente un corps diaphane oblong, à travers lequel on peut suivre son organisation. Tout Biphore est vivipare, et chaque espèce se propage par une succession alternante de générations dissemblables; l'une de ces générations est représentée par des individus solitaires, l'autre par des individus agrégés: chaque individu solitaire engendre un groupe, une chaîne: chaque membre constitutif de la chaîne engendre un individu isolé, une Salpe ordinaire. On trouve les Salpes dans les mers chaudes et tempérées, formant des files de plus de quarante milles d'étendue. — Etc.

Vitrine 128

Les **Bryozoaires** ou animaux-plantes servent de passage entre les Tuniciers et les Polypiers: ce sont des agrégations d'animalcules vivant chacun dans une loge distincte mais contiguë à celles d'autres êtres de même espèces: ces petits animaux vivent en quelque sorte en communauté: chaque loge est formée par leur peau qui est incrustée de sels calcaires ou bien qui se durcit à la manière de la corne: lorsque l'animal est en vue d'un danger il se renferme dans sa loge qui lui sert d'abri. Chaque individu a sa portion antérieure terminée par un cercle de longs tentacules au milieu desquels on aperçoit la bouche: ces tentacules sont bordés latéralement par une série de longs cils vibratiles qui peuvent s'épanouir ou rentrer dans la loge: c'est par un de ces organes que s'effectue la respiration. L'ensemble d'une même famille offre des aspects très-variés, suivant les espèces: tantôt c'est un groupe de tubes ramifiés et rampants, tantôt une masse arrondie d'apparence spongieuse, tantôt des expansions aplaties, lamelliformes et réticulées; quelques espèces marines recouvrent les coquilles d'une fine dentelle. Les Bryozoaires sont ovipares; de l'œuf sort un jeune animal dont le le corps est recouvert de cils à sa surface, et qui nage librement jusqu'à ce qu'il ait choisi un lieu convenable pour l'établissement de la colonie dont il sera l'origine: les uns sont marins, d'autres, plus rares, vivent dans les eaux douces: — les **Plumatelles** *(Plumatella)* se trouvent assez communément dans les eaux pures et stagnantes, sous les feuilles des *Nymphæa* ou sur des fragments de bois submergés: — les **Flustres** *(Flustra dentata et F. foliacea)* sont des espèces marines dont la peau a une apparence cornée et cellulaire: les animalcules sont rangés symétriquement comme les alvéoles des Abeilles: — les **Rétépores** *(Retepora reticulata et R. cellulosa)* de la Méditerranée, présentent des e-chares percées de mailles fines et irrégulières : — les **Eschares** (*Eschara reniformis* et *E. crébriformis*) forment des expansions d'apparence foliacée : l'entrée de leurs cellules possède une épine protectrice : — les **Myriapores** (*Myriapora truncata),* sont d'élégantes espèces de la Méditerranée. — Etc.

Vitrine 130

Les **Helminthes** sont des vers parasites doués d'une vie propre, mais qui ne peuvent se développer que dans l'intérieur du corps d'autres animaux : il n'est aucun être de la création qui ne porte avec lui ses parasites vivant dans diverses parties de son organisme : leur corps est généralement allongé ou globuleux, la peau nue, musculaire ou rétractile : parmi ces nombreuses espèces nous signalerons : — Le **Bothricéphale** (*Bothricephalus latus*): libre au début et à la fin de sa vie, il passe de l'homme à l'eau sous forme d'œuf par les déjections, et de l'eau à l'homme par la boisson sous forme d'embryon cilié pour s'y développer ensuite et s'y reproduire : — le **Ver solitaire** (*Tænia solium)* est formé d'un grand nombre de segments soudés entre eux : chaque segment est un ver complet : il nous vient de la chair du Porc ladre, qui a absorbé avec sa nourriture des œufs de Ténia, et qui lui a donné asile jusqu'à ce que l'homme le reçoive à son tour pour lui permettre de se développer complètement : — le **Ténia du chien** (*Tænia serrata):* l'œuf prend naissance dans le corps du Chien, qui le dépose sur les herbes : le Lapin ou le Lièvre introduit ces œufs dans son estomac où ils se développent sous le nom de *Cysticercus cellulosus,* et attendent l'occasion de retourner dans l'estomac du Chien pour s'y reproduire : — le **Cysticerque des Ruminants** (*Cysticercus tenuicollis)* est un ver vésiculaire qui hante le péritoine du Bœuf, de la Chèvre, du Mouton, etc., et qui devient Ténia dans le tube digestif du Chien ; c'est lui qui donne au Mouton la maladie du *tournis :* — les **Distomes du foie** (*Distoma hepaticum)* ont la forme d'une petite Sangsue : ils ont pour véhicule une Limace que le Mouton avale avec l'herbe qu'il broute : son séjour principal est dans le foie des Ruminants et accidentellement dans celui de l'homme. — Etc.

Les **Cténophores** ont le corps garni de franges marginales pourvues de cils vibratiles qui lui servent d'organes de natation : ces cils frangés s'insèrent directement au-dessus des principaux canaux dans lesquels circule le fluide nourricier, et concourent en même temps à l'acte de la respiration : — les **Béroés** (*Beroe ovata)* ou **Concombres de mer**, habitent la Méditerranée ; leur corps gélatineux varie de forme suivant que l'animal est en repos ou en mouvement : à la base s'ouvre une large bouche correspondant à l'estomac qui occupe tout l'intérieur du corps : — les **Cestes** (*Cestum Veneris)* forment de longs rubans étroits, dont l'un des bords est garni d'un double rang de cils plus allongés que sur l'autre bord : c'est au milieu du bord inférieur qu'est située la bouche, large ouverture qui donne dans un vaste estomac : on les trouve dans la Méditerranée, sur les côtes de Naples et de Nice : ils ont souvent plus de 2 mètres de longueur et 5 à 6 centimètres de largeur. — Etc.

Les **Siphonophores** sont des animaux qui vivent en grandes troupes réunis sur un même axe, dans les eaux salées et particulièrement dans la Méditerranée : leur organisation est très-curieuse ; plusieurs individus se réunissent pour jouer un rôle spécial concourant à la bonne harmonie de l'ensemble : ainsi, dans un même Siphonophore, on trouve des flotteurs ou individus ayant pour mission de soutenir la famille au niveau de l'eau : puis des natateurs, qui donnent le mouvement à l'ensemble : les nourriciers se chargent de sustanter la petite république : d'autres ont pour mission de perpétuer la race, ou bien encore, revêtus de principes urticants, de la protéger. Ces animaux forment de longues chaînes aux apparences les plus variées et les plus délicates.

Les **Médusiformes** sont de tous les animaux ceux qui offrent le moins de substance solide ; leur corps n'est presque que de l'eau à peine retenue par un imperceptible réseau organique : ce n'est qu'une gelée transparente et sans consistance : lorsqu'elles flottent dans l'eau, les Méduses ont l'apparence de Champignons dont les pieds sont divisés en plusieurs appendices : hors de l'eau, il suffit d'un rayon de soleil pour les faire fondre : leurs œufs donnent le jour à de petites larves vermiformes qui après avoir vécu libres dans l'eau, se fixent sur les rochers, et s'y développent sous forme d'une tige articulée : bientôt chacune de ces articulations se détache et donne naissance à une Méduse libre : c'est ce que l'on appelle génération alternante ; telles sont : — les **Pélagies noctiluques** (*Pelagia noctiluca*) de la Méditerranée : — l'**Eucorée violacée** (*Eucorea violacea*) de Nice. — Etc.

Les **Hydriformes** sont des Polypes formés d'un tube fermé à son extrémité inférieure, ouvert à l'autre extrémité, et présentant une bouche garnie de tentacules tubuleux : au centre du corps se trouve la cavité abdominale : le plupart sont marins, d'autres sont propres aux eaux douces : — l'**Hydre** (*Hydra*) ou **Polype d'eau douce**, est commune dans toute l'Europe : on la trouve dans les ruisseaux remplis d'herbes et particulièrement sous les feuilles des lentilles d'eau : elle se reproduit par bourgeonnement : — les **Sertulaires** (*Sertularia abietina*) habitent les mers, recouvrant comme de microscopiques arbustes les coquilles ou les Crabes : ils forment des colonies composées d'un axe droit sur lequel s'implantent des branches le long desquelles se logent les Polypes : l'estomac est commun à tous ces individus ; — les **Tubulaires** (*Tubularia indivisa*) sont enfermés dans une tige creuse de 6 à 8 centimètres de hauteur, ressemblant à un brin de paille. — les **Plumulaires** (*Plumularia pluma, P. falcata, P. cristata*) de la Méditerranée, n'ont des Polypes que d'un seul côté des rameaux. — Etc.

Vitrines 129, 132 & 141

Les **Alcyonnaires** sont des Polypes, dont les tentacules, au nombre de huit, sont disposés comme les barbes d'une plume : leur corps présente huit lamelles périgastriques : — les **Tubipores** (*Tubipora musica*) forment un groupe composé de diverses espèces qui vivent au sein des mers tropicales, à où se trouvent les îles à coraux (voyez vitrine 144) : ils ont un Polypier calcaire formé par la réunion de tubes distincts réunis entre eux par des expensions latérales et de couleur rouge : — les **Gorgones** (*Gorgonia*) sont composées de deux substances, l'une externe, gélatineuse et charnue, l'autre interne et d'apparence cornée, servant à porter la première ; leur forme rappelle celle de certains petits arbustes : on les trouve dans toutes les mers, à de grandes profondeurs, parées des plus vives couleurs, qui disparaissent avec la mort ; — l'**Isis** (*Isis*) sert de passage entre les Gorgones et le Corail : son polypier est arborescent, mais son axe est formé d'articulations alternativement calcaires et cornées : on trouve l'Isis dans les mers des Indes, d'Amérique et d'Océanie ; — le **Corail** (*Coralium rubrum*) est une agrégation d'animaux unis entre eux par un tissu commun, qui dérivent d'un premier être par bourgeonnement, et qui jouissent d'une vie propre quoique participants à la vie commune : la branche de Corail a pour point de départ un œuf qui produit à l'intérieur du Polype un jeune animal migrateur, lequel se fixe bientôt, et donne naissance à des êtres nombreux dont l'ensemble constitue la branche : on distingue donc dans une branche deux parties, l'une centrale, dure et pierreuse, c'est celle utilisée dans la bijouterie ; l'autre rugueuse et mamelonnée est molle et charnue, c'est la couche essentiellement vivante de la colonie : chaque mamelon correspond à un Polype doué d'une vie propre et sécrétant sa part de matière calcaire. On pêche le Corail dans la Méditerranée, sur les côtes d'Italie, d'Afrique et de Corse ; — les **Pennatules** (*Pennatula*) ou **Polypes nageurs**, ne sont point attachées aux rochers ; elles vivent au fond de la mer, la base enfoncée dans le sable ou la vase, formant une colonie fixée autour d'une tige : les Polypes ont huit tentacules en forme de plume, et sont distribués d'une manière plus ou moins régulière sur l'axe commun : les Pennatules sont phosphorescents : plusieurs espèces habitent la Méditerranée ; — Les **Alcyonides** (*Alcyonium*) ont des Polypes charnus, toujours adhérents, se présentant en masses également charnues et arrondies, sans axe ni tige solides : ils sont disséminés à la surface et peuvent se renfermer dans leur loge au moindre danger : ce genre nombreux en espèces est très-répandu dans la plupart des mers, même dans les mers du Nord. — Etc.

Vitrines 131, 133 à 139
(Partie inférieure des vitrines 107 à 110)

Les **Anthozoaires** ou **Polypiers**, sont des animaux marins presque tous fixés au fond de l'eau, vivant soit isolément, soit en colonie : les Polypes ou animaux proprement dits sont tantôt libres, tantôt emprisonnés dans un polypier calcaire qu'ils sécrètent. On en distingue un très-grand nombre d'espèces répandues dans toutes les mers : on les divise en Actiniaires, Antipathaires et Madréporaires.

Les **Actinies** (*Actinia*) ou **Anémones de mer** sont des Polypes libres, c'est-à-dire ne vivant pas en famille et ne produisant pas de Polypiers : ce sont des êtres mous terminés par un long pied qui adhère aux corps solides dans la mer, tout en pouvant se déplacer : elles sont surmontées par un disque portant plusieurs rangées de tentacules souvent parés des plus belles couleurs : la bouche s'ouvre entre ces tentacules et correspond à l'estomac qui sert à la fois d'organes de digestion et de siège de la respiration : dans certaines espèces les larves et les œufs sont placés dans les tentacules, et descendent ensuite dans l'estomac, d'où ils sont rejetés en même temps que les résidus de l'alimentation : d'autres fois, il se forme à la base de l'animal des espèces de bourgeons qui se transforment en embryons, et vont former plus loin d'autres individus semblables : enfin, en se divisant, l'Actinie peut donner naissance à d'autres individus.

L'**Antipathe** (*Antipathes subpinnata*) ou **Corail noir**, possède un axe rameux de consistance cornée, assez dure pour pouvoir être travaillé :

l'écorce est molle et dépourvue de grains calcaires ou siliceux et se détruit après la mort : elle reçoit des Polypes de forme allongée, et le plus souvent de couleur jaune : leur bouche est entourée de six tentacules simples : on les trouve dans la Méditerranée.

Les **Madrépores** *(Madrepora)* sont surtout remarquables par l'encroûtement calcaire qui enveloppe toujours leurs tissus, et détermine la formation des polypiers : la consolidation de l'enveloppe générale du corps de chaque Polype produit d'abord une espèce de gaîne ou muraille : les cloisons qui se dirigent de la face interne de celle-ci vers l'axe de la chambre viscérale occupent les loges sous-tentaculaires : la portion terminale et ouverte, nommée calice, est en continuité organique avec le Polype, qui s'y retire plus ou moins complétement : c'est sur cet ensemble que sont basées les classifications des Polypiers en trois groupes.— 1º Dans le groupe des **Madréporaires apores**, le Polypier est complet : on y trouve un appareil cloisonnaire très-développé : le calice est nettement étoilé : tels sont les **Caryophyllies** *(Caryophylla)* et les **Turbinolies** *(Turbinolia)*, qui habitent la Méditerranée : — les **Flabellines** *(Flabellina)* des îles Sandwich ; — les **Oculines** *(Oculina)* ou **Corail blanc** de la Méditerranée et des mers équatoriales ; — les **Stylaster** *(Stylaster sanguineus)*, magnifique espèce des mers chaudes, qui se présente sous la forme d'un polypier rameux ; — les **Astrées** *(Astrea)*, qui comprennent un grand nombre d'espèces de différents pays ; — les **Méandrines** *(Meandrina)* des mers d'Amérique : — les **Fongies** *(Fungia)* très-communes dans les mers anciennes des terrains crétacés, et qui vivent encore à notre époque : ce sont les plus grands des Polypiers actuels ; — la **Fongie hérissée** *(Fungia echinata)* des mers de l'Inde et de la Chine : la partie supérieure du corps de l'animal correspondant à la partie lamellaire du Polypier est garnie de tentacules épais, terminés par une petite ventouse : — La **Fungie agariciforme** *(Fungia agariciformis)* abondante dans la mer Rouge et l'océan Indien ; — Le **Celoria** *(Celoria labyrinthiformis)* des Antilles, grande et belle espèce, qui figure à l'entrée de la galerie sur un socle spécial.— 2º Chez les **Madréporaires perforés**, l'appareil mural constitue la partie essentielle du Polypier et ne présente pas de lames costales : la muraille est toujours perforée, la chambre viscérale est presque entièrement ouverte depuis la base jusqu'au sommet : — les **Dendrophyllies** *(Dendrophyllia)* sont d'élégants Madrépores que l'on rencontre assez souvent dans la Méditerranée : — les **Madrépores** proprement dits *(Madrepora)* abondent dans les mers tropicales et prennent une part considérable à la formation des récifs ou îles madréporiques qui se forment dans les mers actuelles (voyez vitrine 144) : — les **Porites** *(Porites)* ont un Polypier polymorphe formé par un tissu réticulé et poreux : les individus sont toujours intimement soudés entre eux. —3º Dans les **Madréporaires tubulés** le Polypier est essentiellement composé par un système mural très-développé : les chambres viscérales sont divisées en une série d'étages par des diaphragmes complets ou planchers transversaux indépendants des cloisons : tels sont les **Millepores** *(Millepora)*, que l'on recueille dans la Méditerranée et l'Océan. — Etc.

PROTOZOAIRES

Les Protozoaires nous représentent, sous une forme matérielle, l'animalité réduite à sa plus simple expression. Ce sont à la fois les êtres les plus rudimentaires et les plus petits; quelques naturalistes modernes ont cru voir dans les Protozoaires une sorte de cellule animale, c'est-à-dire l'organe élémentaire, le principe et le début de tout être organisé, tel qu'on le trouve dans la cellule végétale. Le tissu dont se compose le corps de ces animaux est habituellement dépourvu de toute véritable structure; ils se présentent alors sous la forme d'une sorte de gelée vivante, amorphe et diaphane nommée *sarcode*; très-variés dans leurs formes, ils sont munis de cils vibratiles; leur corps est tantôt nu, tantôt couvert d'une cuirasse siliceuse, calcaire ou membraneuse.

On les divise en trois ordres, les Éponges, les Infusoires et les Rhizopodes.

ÉPONGES

Vitrines 140, 141 & 142
(Partie inférieure des vitrines 109 & 110)

Les Éponges forment des masses d'un tissu léger, élastique, résistant, de disposition extérieure très-variée, recouvert d'une matière animale très-ténue qui se fixe dans ses pores; considérée autrefois comme étant une collection d'êtres réunis formant une colonie, on admet aujourd'hui que l'Éponge est un individu unique. Le tissu est comme feutré de corps durs calcaires ou siliceux, appelés spicules; la matière animale qui le recouvre est en quelque sorte muqueuse et gluante; les canaux dont l'Éponge est traversée semblent servir tout à la fois à la digestion et à la respiration de l'animal; des cils vibratils déterminent le renouvellement de l'eau aérée dans l'intérieur de ces canaux. Ces êtres donnent naissance à de véritables œufs d'où sortent des embryons dans l'intérieur desquels naissent des cellules contractiles, puis des spicules; ils se recouvrent ensuite de cils vibratils, à l'aide desquels ces larves nagent dans l'eau; elles se fixent alors sur des corps étrangers, deviennent immobiles et se développent peu à peu; la substance gélatineuse de leur corps se creuse de canaux, se crible de trous, et la charpente fibreuse se complète peu à peu. — On en distingue plus de trois cents espèces, les unes fluviales, les autres marines; ces dernières seules sont utilisables. La pêche des éponges se fait principalement dans la mer de l'Archipel, sur le littoral de la Syrie et sur les côtes du Mexique. — L'*Euplectella aspergillum* de l'Océanie, est une Éponge de forme allongée dont les spicules et la masse spongieuse est en silice pure. — Etc.

INFUSOIRES

Citons ici pour mémoire une classe innombrable d'animaux infiniment petits, visibles seulement au microscope, et qui par conséquent ne peuvent prendre rang dans nos vitrines : nous voulons parler des Infusoires. Ils paraissent formés d'une substance gélatineuse, transparente, nue ou recouverte d'une enveloppe plus ou moins résistante nommée sarcode ; cette substance est élastique et contractile ; ils sont munis de cils vibratiles ou de simples filaments très-ténus qui leur permettent d'être toujours en mouvement ; leur propagation, que plusieurs naturalistes ont attribué à la génération spontanée, a lieu le plus souvent par la simple division de leur corps en plusieurs fragments dont chacun continue à vivre, et devient bientôt un nouvel individu semblable au premier. Ils se développent abondamment dans les eaux corrompues et les infusions ; les eaux douces ou salées sont peuplées de légions innombrables de ces animalcules : une gouttelette de liquide peut en renfermer plusieurs millions sans qu'ils soient pour cela visibles à l'œil nu.

RHIZOPODES

Vitrine 142

Lorsque l'on examine au microscope le sable de la mer, on y distingue un grand nombre de corpuscules solides, réguliers, souvent géométriques, ce sont des **Foraminifères** : leur enveloppe remplie de petits trous varie beaucoup dans sa forme ; quant à l'animal proprement dit, il est aussi simple que possible, caractérisé par l'absence de cavités digestives distinctes et de cils vibratiles ; on en compte plus de deux mille espèces. Ils ont joué un grand rôle dans la constitution du globe ; des terrains entiers, de plusieurs centaines de mètres de puissance, sont en quelque sorte constitués par les débris de ces petits êtres ; il n'en entre pas moins de trois milliards dans un mètre cube de pierre de certaines couches des environs de Paris. Le corps des Foraminifères est formé d'une substance gélatineuse, tantôt entière, tantôt segmentée : l'enveloppe testacée modelée sur les segments en suit toutes les modifications de forme, et protége le corps dans toutes ses parties ; de l'extrémité du dernier segment, d'une ou plusieurs ouvertures de la coquille, ou bien encore des nombreux pores de son pourtour partent des filaments très-déliés servant d'organes de locomotion. — La collection du Muséum présente les moulages d'une série de Foraminifères fossiles grossis et rétablis par Alcide d'Orbigny ; — Les **Orbitolithes** *(Orbitolithes)* sont représentées par plusieurs types appartenant soit à des espèces vivant encore dans le golfe de Suez, soit à des espèces fossiles du bassin de Paris ; — Les **Nummulites** *(Nummulites)*, très-communes pendant la période tertiaire, n'existent plus aujourd'hui. — Etc.

VESTIBULE

Sur le palier qui conduit au cabinet de la Direction on remarquera une grande plaque de marbre sur laquelle sont inscrits les noms des principaux donateurs qui ont le plus contribué à l'enrichissement des collections — Au dessous, la photographie de l'**Éléphant** *(Elephas antiquus)*, trouvé en 1865 dans les travaux du fort d'Oboken près d'Anvers (Belgique), actuellement déposé au musée d'histoire naturelle de Bruxelles. — Une photographie du **Mammouth** *(Elephas primigenius)*, trouvé à Lierre (Belgique) en 1860, restauré et déposé au musée de Bruxelles. Ce Mammouth appartient à une espèce voisine de celui de Lyon : il est de taille un peu plus petite. — Une plaque de **Serpentine diallagifère** de Corse, taillée et polie : cette belle variété se nomme dans le pays *verde stella*, vert étoile. — Etc.

Tout autour du vestibule, et déposés sur des socles, nous remarquerons quelques gros échantillons appartenant à la géologie lyonnaise. — Plusieurs **troncs d'arbres silicifiés** recueillis, soit dans le parc de Neuville, près Lyon, soit dans la Saône aux abords de l'île Barbe ; la matière pierreuse, en se substituant à la substance organique dans ces végétaux, a conservé jusqu'aux plus minimes détails de leur structure intérieure. — Trois **colonnes de basalte** de forme prismatique provenant du retrait de la lave des anciens volcans de l'Ardèche. — Un **Tuf** de formation récente, déposé par les eaux incrustantes chargées de carbonate de chaux, trouvé à Tenay (Ain). — Quatre plaques renfermant divers **ossements** (colonne vertébrale, côtes, fémur, omoplate, etc.,) du *Rhinoceros Gannatensis*, appartenant aux calcaires d'eau douce du miocène inférieur de Gannat (Allier). — Deux plaques de **rocher poli et strié** par l'ancien glacier de l'Isère ; les glaciers s'étendaient autrefois depuis les Alpes jusqu'à Lyon ; dans leur marche ils rayent et polissent les rochers sur lesquels ils glissent ; les stries sont produites par des débris de roches dures enchâssées dans la glace ; elles indiquent par leur orientation la direction des glaciers. Ces deux plaques proviennent des plateaux calcaires du nord du Dauphiné, à Pressieu, commune de Parmilieu (Isère), et leurs stries ont été faites par un glacier se dirigeant du sud-est au nord-ouest, c'est-à-dire dans le sens de la vallée du Rhône à Villebois (Ain). — A droite de la fenêtre, la grande **carte géologique du Puy-de-Dôme** dressée par M. Lecoq. — Au dessus de l'escalier, les dessins de l'**Ichtyosaure** *(Ichtyosaurus trigonodon)*, grand Reptile du lias de Banz (Bavière), représenté de grandeur naturelle. — Etc.

GALERIE
DE GÉOLOGIE

— PÉRIODES TERTIAIRE ET QUATERNAIRE —

La Géologie a pour objet l'étude de la terre, soit au point de vue de son origine, de sa formation et de sa constitution, soit au point de vue de l'histoire et du développement des êtres qui ont vécu et vivent encore à sa surface.

A son origine la terre était sous une forme gazeuse qu'un refroidissement lent a successivement amenée après de nombreuses révolutions à l'état et à la forme sous laquelle nous l'observons aujourd'hui. A mesure que le globe terrestre se refroidissait, il s'est formé à sa surface une série de couches solides, caractérisées pour la plupart par l'apparition d'animaux et de végétaux plus ou moins spéciaux à telle ou telle époque; de là les grandes divisions admises par les géologues pour préciser les différents âges de la terre : périodes primaire, secondaire, tertiaire, quaternaire et moderne. Les terrains tertiaires et quaternaires, qui sont les plus récents, sont très-développés, non-seulement aux environs de Lyon, mais dans Lyon même; leur faune est des plus riches et des plus variées, aussi, a-t-on dû consacrer une salle entière et déjà beaucoup trop petite, à l'histoire primitive de nos pays. Ces mêmes terrains se retrouvent dans les bassins de Paris et de Bordeaux, en Touraine, dans le Roussillon, à Rome, en Sicile, etc.; le Muséum de Lyon possède de très-belles séries de fossiles de ces différents gisements, mais, faute de place, on a dû les renfermer dans des tiroirs, se réservant de les mettre à la disposition de toute personne qui voudrait les étudier les jours où le public n'est point admis dans les galeries.

PÉRIODE MODERNE

La période moderne comprend les phénomènes géologiques qui se passent de nos jours et dont nous sommes continuellement les témoins; nous avons étudié sa faune dans la galerie de Zoologie; pour bien comprendre les phénomènes qui se sont passés avant l'apparition de l'homme sur la terre il importe de bien étudier ceux qui se passent de nos jours, et de remonter aussi loin que possible dans sa propre histoire; c'est à cette étude que sont consacrées les premières vitrines de cette galerie.

TERRAINS CONTEMPORAINS

Vitrine 144

Dans le haut de la vitrine, nous examinerons les différentes formations qui se déposent actuellement. — **Formations volcaniques:** ponce: lave de cratères sous ses différents états: cendres des volcans; les rapilli, ou cendres du Vésuve sous lesquelles furent enfouies, en l'an 79, les villes de Pompéi et d'Herculanum: les laves coulant, à l'état pâteux, peuvent prendre l'empreinte des corps sur lesquels elles viennent se fixer: plusieurs de ces empreintes ont été prises pendant diverses éruptions du Vésuve. — **Dépôts formés par les eaux:** incrustations dans les conduites d'eau: stalactites et stalagmites des grottes: dépôts incrustants: calcaires des eaux des fontaines de Saint-Alyre et Saint-Nectaire (Puy-de-Dôme): dépôts siliceux des environs de Vichy (Allier). — **Dépôts tourbeux:** la tourbe se forme journellement dans certains fonds marécageux: elle se compose de plantes herbacées diverses, en particulier du genre *sphagnum*, qui ont subi une décomposition partielle, mais sans perdre leur forme; telle est, dans notre bassin, la tourbe des marais de Saint-Laurent du Pont (Isère). — **Formations madréporiques:** les Madrépores ou Polypiers, qui vivent en grande quantité dans la mer, finissent par former un sol fixe et solide qui, venant à émerger hors de l'eau, constitue un véritable continent: tel est le cas des récifs de l'archipel de la Société, qui ont plusieurs centaines de mètres de large; ceux de la Nouvelle-Calédonie et de la Nouvelle Hollande ont près de 400 lieues de longueur; citons encore les attolls ou récifs annulaires des îles Maldives qui n'ont pas moins de 25 lieues de longueur sur 8 ou 9 de large. Nous avons vu dans la galerie de Zoologie ces Polypiers aux formes variées et élégantes. ajoutons que l'accroissement moyen d'un récif ne doit pas dépasser annuellement 3 millimètres; d'après cela, quelques récifs qui ont aujourd'hui 600 mètres d'épaisseur ont dû exiger pour se former plus de 200,000 ans !

Le reste de la vitrine est consacré à l'**Histoire primitive de l'homme,** dont la présence sur la terre remonte au delà des temps historiques, et nous a laissé des vestiges indiscutables de son industrie primitive: elle a, comme nous allons le voir, la plus grande analogie avec celle des peuplades les plus sauvages de notre époque: ayant à redouter l'attaque, des grands animaux qui vivaient alors avec lui, tels que l'Éléphant, l'Ours le Tigre, l'Hippopotame, etc., son intelligence s'est appliquée plus spécialement à fabriquer des armes d'abord très-simples, ensuite plus redoutables, pour parer à sa propre défense ou pour subvenir par la chasse aux besoins de son alimentation. En partant de l'époque actuelle, nous suivrons les progrès de ses premiers travaux jusque dans les temps les plus reculés.

L'histoire de l'homme est divisée en trois âges caractérisés par la nature de ses armes : l'âge du fer ou l'âge historique qui se déroule encore de nos jours: l'âge du bronze, pendant lequel le fer n'étant pas encore connu, l'homme se servait d'instruments d'un métal plus facile à fabriquer, le bronze; enfin l'âge de la pierre, pendant lequel il n'avait à son service que les outils plus ou moins bien taillés dans les pierres qu'il rencontrait sur sa route. Cet âge de la pierre se subdivise en âge de la pierre polie, c'est-à-dire déjà travaillée avec soin et avec art, et âge de la pierre taillée, qui répond, jusqu'à présent du moins, à l'apparition première de l'homme sur la terre. Suivons dans la vitrine ces divers développements de l'histoire de l'homme.

L'Age du fer n'est point de notre domaine, nous renvoyons les visiteurs aux intéressantes galeries de notre Musée lyonnais, situées dans l'angle opposé du palais Saint-Pierre. On y trouvera également quelques curieux spécimens de l'âge de bronze.

L'Age du bronze est représenté par une remarquable série de Haches en bronze aux formes variées, trouvées pour la plupart dans nos pays; des Hameçons, des Épingles, des Bracelets ornés déjà de dessins élégants, ont été recueillis dans le lac du Bourget (Savoie), où l'homme vivait alors, se construisant des huttes ou abris sur des pilotis *(palaphites)* pour se mettre hors de l'attaque des bêtes fauves. — Des fusayoles en terre prouvent qu'il savait déjà tisser. — Plus loin des vases d'une terre grossière de la même station. — Une belle Lance en bronze de Sennecey-le-Grand (Saône-et-Loire), et un glaive de grande taille de Lyon. — La plupart de ces échantillons viennent de la collection de M. E. Chantre. — Les stations lacustres de la Suisse, autrefois très-considérables, sont représentées par les objets rapportés de Robenhausen (Zurich); on y remarquera des armes, des fils et des tissus, des graines de végétaux servant à l'alimentation de ces peuplades; des ossements d'animaux domestiques et sauvages : Bœuf *(Bos taurus)*, Bison *(Bison Europæus)*, Castor *(Castor fiber)*, Loutre *(Lutra vulgaris)*, Cerf *(Cervus elaphus)*, Chevreuil *(Cervus capreolus)*, Renard *(Canis vulpes)*, Blaireau *(Meles taxus)*, etc.

Dans le bas de la vitrine, **l'Age de la pierre polie** dans le Lyonnais; couteaux en silex, haches, pointes de flèches, recueillies et cédées au Muséum par M. E. Chantre. Les roches qui ont servi à la confection de ces instruments sont : le Silex, la Jadéite, la Fibrolite, la Chloromélanite, etc. — Des haches en silex poli, des poignards et des lances du Danemark. — Des lames de lance en silex du Missouri (Amérique). — Des nucleus, couteaux, racloirs en Obsidienne, rapportés de Grèce par MM. Lortet et E. Chantre. — Enfin, en bas de la vitrine; quelques spécimens de l'industrie chez les sauvages modernes: des haches en pierre dont plusieurs sont emmanchées, et qui peuvent servir de point de comparaison avec les autres outils dont nous avons parlé plus haut. La Direction se propose du reste de consacrer un meuble spécial à l'Ethnographie ou histoire actuelle de l'homme. — Etc.

Vitrine 159

Principaux types des échantillons recueillis dans les cavernes de la Dordogne, produits façonnés par l'homme, de l'**Age de la pierre taillée. — Cavernes de la Madelaine :** bois de Rennes taillés et gravés, dits bâtons de commandements, ornés de divers dessins. — Esquisse gravée d'un Mammouth sur une portion de défense du même animal. — Harpons et pointes de javelots en bois de Renne. — Différents os sculptés et gravés. — Couteaux et grattoirs en Silex. — Etc.

Cavernes de Laugerie-Haute. — Deux os sculptés représentant un Renne.

Cavernes de Eyzies. — Os gravés et sculptés. — Etc.

La plupart de ces échantillons sont en quelque sorte classiques, et figurent dans tous les ouvrages ; ce ne sont du reste que des moulages en plâtre très-exactement reproduits sur les originaux.

Vitrine 145

Les vitrines 145, 146, 161 et 162 sont consacrées à la **Station préhistorique de Solutré** (Saône-et-Loire) : cette station, la plus importante des environs de Lyon, a donné de nombreux échantillons qui pour la plupart ont été cédés au Muséum par M. l'abbé Ducrost. Les fouilles qui y ont été exécutées ont présenté des foyers contenant avec les cendres des débris considérables de la faune de cette époque, des armes, pointes de lances et pointes de flèches, enfin divers instruments d'utilité ou de luxe ; autour des foyers existaient des amas en forme de murailles composés d'ossements de Chevaux ; on estime à plus de quarante mille le nombre des squelettes de Chevaux trouvés dans les parties découvertes. Enfin on a également rencontré des squelettes humains dont quelques-uns reposaient directement sur les foyers, et qui étaient tous orientés de l'est à l'ouest, de manière à ce que les premiers rayons du soleil vinssent frapper les yeux du mort.

Dans la vitrine 145, on remarquera : dans le bas, de gros blocs représentant le type du dépôt, ce sont des amas d'ossements de Chevaux et d'autres animaux empâtés dans une terre ocreuse peu dure. — Plus haut différents types de couteaux en Silex. — Des hachettes de forme discoïdale ; des perçoirs en Silex de toute forme et de toute grosseur ; des grattoirs ; des lances et des pointes de flèche ; tous ces outils sont faits avec des Silex que l'on trouve dans les environs de Mâcon. — Des os gravés et des bois de Renne grossièrement sculptés. — Les types des ossements des principaux animaux que l'on y a rencontré : — Cerf *(Cervus tarandus)*, Bœuf *(Bos primigenius)*, Éléphant *(Elephas primigenius)*, etc. — Morceaux de foyers ; poinçons en os ; pendeloques divers servant d'ornements, tels que coquilles fossiles et dents d'animaux percées de façon à pouvoir être suspendues. — Etc.

Vitrine 160

Crânes humains provenant de différentes stations de l'âge de la pierre taillée. Le crâne de couleur noire a été recueilli dans les argiles bleues de la Saône à Tournus (Saône-et-Loire). — Moulage en plâtre d'un maxillaire inférieur trouvé à la Noulette (Belgique). — Crâne provenant de la caverne inférieure de Béthenas (Isère). — Crâne d'homme de la station de Solutré. — Moulage en plâtre de la mâchoire recueillie à Moulin-Quignon (Somme). — Fragments de crâne des brèches osseuses de la Corse, accompagnés d'un crâne de *Lagomys Corsicanus*. — Crâne et ossements humains des grottes de Clamecy (Nièvre). — Dans le haut de la vitrine, divers bois de Cerf *(Cervus elaphus)*, trouvés dans les alluvions de la Saône et dans le canal de Bourgoin. — Etc.

Vitrine 161

Collection de **Silex taillés** provenant de la station préhistorique de Solutré (Saône-et-Loire), donnée par M. l'abbé Ducrost. Cette collection présente les types les plus variés des objets recueillis dans cette station : nucleus, grattoirs, couteaux, lances, pointes de flèches, etc. ; quelques objets sont grossièrement taillés, comme ébauchés ; d'autres au contraire, sont plus finement travaillés, et montrent les progrès obtenus dans l'art de préparer la pierre. — Dans le petit compartiment de droite, des plaques de foyer de la même station avec les ossements qui les accompagnaient. — A gauche, des os taillés et sculptés trouvés dans ces mêmes foyers. — Etc.

Vitrine 162

Squelette complet de femme, de la station de Solutré : ce squelette a dû appartenir à une femme âgée d'environ cinquante ans ; les articulations ainsi que les faces antérieures et inférieures des tibias sont couvertes d'exostoses ou renflements des os attribués à un rachitisme ou à d'autres causes encore mal définies. — Au dessous quatre **crânes**, dont un crâne d'enfant provenant de la même station : on remarquera l'épaisseur des os de la boîte crânienne qui, chez la plupart de ces individus, atteint des dimensions anormales. Le Dr Pruner-Bey rapporte la plupart des crânes exhumés à Solutré à une race mongoloïde voisine des Lapons et des Finnois. — Etc.

Vitrine 146

Dans le bas, **brèche** du sol de la caverne des Eyzies (Périgord), renfermant des débris de foyers, des os de Renne, de Bœuf, de Cheval et des silex taillés. — Au dessus les ossements des types de la **Faune de Solutré** (Saône-et-Loire) ; Loup *(Canis lupus)*, Éléphant *(Elephas primigenius)*, Cerf *(Cervus tarandus* et *C. Canadensis)*, Bœuf *(Bos primigenius)*, Ours *(Ursus spelæus)*, Cheval *(Equus caballus)* ; c'est à ce même gisement qu'il faut rapporter le squelette de cheval restauré que nous avons vu dans la vitrine numéro 19 de la galerie de Zoologie. — Photographie représentant la roche de Solutré, au pied de laquelle ont été découverts ces curieux amas d'ossements et ces foyers. — Etc.

Vitrine 163

Stations préhistoriques de l'âge de la pierre taillée, habitées par l'homme. — Cavernes du Dauphiné : silex taillés, couteaux et grattoirs ; poinçons en os ; ossements humains ; débris de Cerf, de Bœuf, etc. ; tous ces échantillons proviennent des grottes de la Balme et de Béthenas (Isère). — Pointes de flèches en Silex de la grotte de Chez-Pourré (Corrèze). — Silex taillés des grottes de Bossi-Rossi près Menton (Alpes-Maritimes) dans lesquelles on a trouvé le squelette humain *(Troglodyte)* représenté dans les deux photographies placées à côté de la vitrine ; on le montre dans la position qu'il occupait au moment des fouilles. — Silex taillés des cavernes de Soyons (Ardèche). — Silex taillés trouvés dans les alluvions quaternaires des environs de Paris, à Cœuvre (Oise), dans la Somme et le Pas-de-Calais. — Etc.

PÉRIODE QUATERNAIRE

On comprend sous la dénomination de période quaternaire des dépôts régulièrement stratifiés ou non, marins, fluviatiles, lacustres ou terrestres, tantôt meubles, tantôt solides, qui se sont formés à une époque relativement récente, mais qui pourtant a précédé la période actuelle; elle est caractérisée par la présence de grands Mammifères qui, après avoir vécu dans nos régions se sont retirés sous d'autres climats, ou ont complètement disparus; c'est pendant cette même période qu'a eu lieu l'extension exceptionnelle des glaciers des montagnes sur une grande partie de la surface du globe.

Les échantillons se rapportant à la période quaternaire occupent les quatre premières vitrines du fond de la salle, et la façade du meuble transversal qui est vis-à-vis; la partie horizontale de ces meubles est réservée aux types et aux petits échantillons; dans la partie verticale se trouvent les grosses pièces. Des étiquettes placées au fond des meubles horizontaux donnent les noms des terrains avec leur principale synonymie; les noms des localités sont inscrits sur de petits guidons en tête de chaque série; la même disposition a été suivie pour les Terrains tertiaires.

BRÈCHES OSSEUSES ET CAVERNES

Vitrine 164

Brèches osseuses, cavernes et fentes de rochers du Mont-d'Or lyonnais. — Les eaux entraînant les divers débris qu'elles rencontraient à la surface du sol, ont déposé dans les fentes de rochers et dans les cavernes les os des animaux qui vivaient à cette époque, et qui, ainsi protégés, ont pu être retrouvés dans un état de conservation tout particulier. — Caverne de Poleymieux (Rhône, ossements d'Hyène, d'Ours, de Bœuf, etc. — Fente de rocher au sommet du Narcel (Rhône : os de Rhinocéros, Hippopotame, Cerf, Tortue, etc. — Etc.

Vitrine 147

Cette vitrine renferme une série considérable d'**Ossements de l'Ours des cavernes** (*Ursus spelœus*), recueillis en 1871 dans la grotte de Gondenans-les-Moulins (Doubs), par M. le docteur Lortet; le nombre des ossements enfouis était considérable; la taille de cet Ours était beaucoup plus grande que celle des Ours actuellement vivants; on peut du reste en juger par la grosseur du crâne et la puissance des défenses dont le muséum possède une telle collection; nous avons vu dans la galerie de zoologie, vitrine numéro 8, le squelette reconstitué d'un Ours de la même espèce.

L'homme habitait également cette caverne, car on y a trouvé des pointes de flèche dénonçant son existence à cette époque. — Etc.

LEHM ET ALLUVIONS

Vitrines 164 & 165

On donne le nom d'**Alluvions** à des dépôts apportés par des rivières, des torrents ou des inondations, et déposés sur un sol qui n'a pas été constamment recouvert par des eaux lacustres ou marines. Le **Lehm** ou **Loess** n'est autre chose qu'un limon plus ou moins fin déposé dans des conditions similaires. — **Lehm** de Saint-Didier au Mont-d'Or, avec ossements de Cerf (*Cervus megaceros*), Éléphant (*Elephas intermedius*), Rhinocéros (*Rhinoceros tichorinus*). C'est avec le Lehm ou terre à pisé que l'on construit dans les campagnes des environs de Lyon des murs et des habitations. — Dans la vitrine verticale, divers **Ossements recueillis dans le Lehm**: deux belles mâchoires d'Éléphant, trouvées l'une, en 1839, à la Demi-Lune, près de Lyon, l'autre, en 1824, au sommet de la montée de la Boucle, à la Croix-Rousse. — Plusieurs dents d'*Elephas intermedius*, des environs de Lyon. — Etc.

Vitrine 166 & 167

Faune du Lehm dans les environs de Lyon. — Ossements de Marmotte (*Arctomys primigenius*), du Lehm de Neuville-sur-Saône (Ain). — Portion de maxillaire de Rhinocéros (*Rhinoceros tichorinus*), trouvée dans le Lehm du Rosey, à Rochecardon, près Lyon. — Série de Coquilles terrestres du Lehm de Lyon et des environs (*Helix, cyclostoma, pupa, etc.*).

Dans la vitrine verticale, une grande défense d'Éléphant, trouvée à Anse (Rhône), dans le Lehm. — Deux fragments d'*Elephas primigenius*, provenant des déblais de la construction du canal collecteur de la rue Neyret, à Lyon, en 1872. — Un morceau de défense du même animal, pris à Sathonay, près Lyon ; sa tranche polie permet de suivre la constitution interne de la défense. — Etc.

Vitrine 148

Série d'**Ossement du Lehm de Saint-Germain au Mont-d'Or**, recueillis en 1873, dans les travaux de terrassement faits en vue de l'agrandissement de la gare du chemin de fer : Bœuf (*Bos primigenius*), Bison (*Bison Europæus*), Cerf (*Cervus alces* et *C. tarandus*), Cheval (*Equus caballus*), (*Rhinoceros Jourdani*), Éléphant (*Elephas primigenius*) ; etc. Il faut admettre que la Saône, qui à l'époque quaternaire s'écoulait en partie des glaciers du plateau bressan, formait sur ce point un remous assez puissant pour expliquer une pareille accumulation d'animaux morts sur un espace de deux cents mètres environ ; ces êtres sont donc probablement contemporains de la fin de la grande extension des glaciers alpins dans la vallée du Rhône. On remarquera plus spécialement le beau crâne de Rhinocéros, aussi complet que possible, et les superbes défenses d'Éléphant. — Etc.

Vitrine 149

Série d'**Ossements d'Éléphant du Lehm et des Alluvions des environs de Lyon :** les ossements d'Éléphant sont très-communs aux abords de la ville de Lyon et dans ses environs ; le docteur Jourdan appelait Lyon un ossuaire d'Éléphants : c'est ainsi qu'on en a recueilli à Vaise, à la Quarantaine, à la Pape, à Saint-Clair, à Sainte-Foy, à la Demi-Lune, à Saint-Germain, à Pont-de-Vaux, etc. Ces grands animaux, entraînés et charriés par les eaux provenant de la fonte des glaciers, venaient s'échouer au changement de direction de ces cours d'eau contre les collines lyonnaises. Nous avons déjà vu, dans la galerie de zoologie, le squelette complet et restauré du Mammouth *(Elephas intermedius)* trouvé à Lyon. — Etc.

Vitrine 150

Ossements divers d'Éléphant et de Bœuf *(Bos primigenius)* recueillis dans le Lehm et les Alluvions de Lyon et des environs ; cette vitrine, comme on le voit, fait suite à la précédente ; on y observera entre autre un axe osseux qui portait la corne d'un **Bœuf** *(Bos primigenius)* de très-grande taille, touvé à Chaponnay (Isère). — Etc.

Vitrine 168

Collection des **Galets rayés et striés** des anciennes Moraines des collines lyonnaises et dauphinoises. — Fragments de **Blocs erratiques** des Moraines des mêmes localités. — Nous avons déjà parlé de l'existence de glaciers s'étendant depuis les Alpes jusqu'à Lyon : ils entraînaient avec eux des dépôts caillouteux formant les Moraines, et des blocs énormes de rochers appelés Blocs erratiques ; le plateau de Sathonay, près de Lyon, peut être cité comme type de cette formation. — Etc.

Vitrine 169

Cette vitrine est encore consacrée à la **Faune des terrains quaternaires.** — Crâne de très-grande taille d'un Bœuf *(Bos priscus),* de Chaponnay (Isère), trouvé en 1846. — Tête de Sanglier *(Sus scrofa),* recueillie en 1844 dans une fente de la carrière Deschamps, à Arche, près Saint-Didier au Mont-d'Or. — Crâne de Chien *(Canis familiaris),* des tourbières de Line-Sainte-Suzanne près Montbéliard. — Bois de Cerf *(Cervus megaceros)* du Lehm de Villevert, près Neuville (Rhône). — Dans le haut, quelques grandes Coquilles typiques du terrain pliocène de Rome et de la Sicile *(Strombus, Panopæa, Triton, etc.).* — Etc.

PÉRIODE TERTIAIRE

La période tertiaire a précédé la période quaternaire ; avec elle apparaissent de grands Mammifères et des Oiseaux gigantesques ; pendant cette période, la moitié à peu près de la surface actuelle des continents était sous les eaux ; peu à peu, l'étendue des terres émergées s'est graduellement accrue, et le domaine des eaux a successivement diminué ; les couches terrestres d'origines marines alternent avec les couches d'eau douce. La puissance des terrains de la période tertiaire dépasse quelquefois 3,000 mètres, mais ils ne sont complets nulle part ; la faune comporte plus de 17,000 espèces ; la flore, comparable à celle des pays chauds et tempérés, est également très-riche. La période tertiaire inaugure l'ère des phénomènes volcaniques ; pour la première fois les roches ignées se montrent bulleuses et boursoufflées et apparaissent accompagnées de cendres et de scories ; les mouvements d'oscillation du sol sont démontrés par les innombrables alternances d'assises d'eaux douces et d'eaux marines pendant toute la durée de cette période ; alors s'élèvent ou prennent leur dernier relief les plus hautes montagnes du globe, comme les Alpes, l'Hymalaya et les Cordillières. On divise ces terrains en Terrain pliocène, Terrain miocène et Terrain éocène.

TERRAIN PLIOCÈNE

Le Terrain pliocène est caractérisé par la présence de Mammifères spéciaux, tels que le *Mastodonte*, l'*Ormenalurus*, le *Mesopithecus*, etc. ; il comprend les dépôts les plus récents de la formation, et ceux qui renferment le plus de débris organiques analogues aux espèces vivantes ; suivant les pays où on l'étudie on peut y rencontrer des sables plus ou moins ferrugineux, des argiles ou des marnes fossilifères ; il est très-développé dans le bassin du Rhône et notamment dans les environs de Lyon. Dans certains pays on donne le nom de *Crag* à ces dépôts.

Vitrine 168

Sables à Mastodonte *(Mastodon dissimilis)*, de la Bresse, de la Côte-d'Or, etc. — Dents de Mastodonte de Domsure, près Coligny (Ain), Montmerle (Ain), Trévoux (Ain), Autrey (Haute-Saône), etc. — Le **Mastodonte** est un animal tout à fait perdu de la famille des Pachydermes proboscidiens, dont l'Éléphant est le type ; il présentait en général les formes extérieures de l'Éléphant, mais il en différait essentiellement par ses molaires ; celles-ci étaient surmontées par des mamelons coniques, du moins dans le jeune âge de la dent, au lieu de présenter une couronne plane comme celle des Éléphants ; on trouve des débris de Mastodonte dans les terrains tertiaires de l'Europe, de l'Asie, des États-Unis et même de la Nouvelle-Hollande.

Vitrine 170

Ossements d'Hiparion *(Hipparion elegans)*, de la brèche osseuse de Cucuron (Vaucluse); cet animal, très-commun dans les terrains tertiaires, se rapproche par sa forme générale du Cheval; mais tandis que le Cheval n'a qu'un seul doigt au pied, l'Hipparion en a trois. — **Ossements divers de l'Ormenalurus** *(Ormenalurus agilis)*, Lion de taille gigantesque, trouvé aux environs de Toulon (Var). — **Plantes et Coquilles terrestres de Meximieux** (Ain). La flore de cette localité était celle des pays chauds, du Japon, par exemple: on y trouve en effet les espèces suivantes : *Bambusa Lugdunensis, Quercus precursor, Q. subvirens, Humulus palæolupulus, Populus anodonta, Persea amplifolia, P. assimilis, Magnolia fraterna, Vitis subintegra, Acer latifolium,* etc. — **Coquilles fossiles** des argiles d'Hauterives (Drôme). — Etc.

Vitrine 171

Maxillaire inférieur droit et maxillaire supérieur entier de **Mastodonte** *(Mastodon dissimilis)*, de Saint-Michel Montmirail (Drôme); dans la mâchoire inférieure on voit, à l'intérieur de l'alvéole, la dent dite de remplacement, qui doit succéder à celle qui est encore en fonctionnement dans la mâchoire. — Omoplate de **Tortue** *(Testudo)* de grande taille, de Cucuron (Vaucluse). — Différentes dents de **Mastodonte** *(Mastodon dissimilis)*. — Etc.

Vitrine 172

Coquilles marines des Marnes pliocéniques inférieures de Tersanne (Drôme), et Corbelin (Isère), telles que *Nassa, Trochus, Turritella, Arca, Corbula,* etc. — Série de **Roches basaltiques et trachytiques** des anciens volcans de l'Auvergne en activité pendant cette période des terrains tertiaires; les Basaltes et les Trachytes sont des Roches composées en grande partie de Feldspaths et qui, semblables à la lave de nos volcans actuels, étaient expulsés des cratères de l'Auvergne et du Vivarais. — A Vialette (Haute-Loire), on a retrouvé au-dessous de ces mêmes Roches des ossements d'animaux appartenant encore à cette même époque : *Tapyrus Vialetti, Cervus Pardinensis,* etc. — Etc.

Vitrine 173

Mâchoire inférieure de **Mastodonte** *(Mastodon Borsoni)* des couches sous-basaltiques de Vialette (Haute-Loire). — Crâne entier de **Rhinocéros** *(Rhinoceros megarhinus)*, recueilli en 1856 dans les sables d'eau douce à Lens-L'Étang, près Moras (Drôme). — Mâchoire inférieure gauche et tibia droit de **Tapir** *(Tapyrus intermedius)*, de Lucenay (Rhône). — Os frontal et base des cornes de **Cerf** *(Cervus ardens)*, de Perrier (Puy-de-Dôme). — *Mastodon Pyrenaicus* et *M. dissimilis*, de différentes localités. — Etc.

Vitrine 151

Cette vitrine renferme des **Ossements de grands Mammifères** ayant appartenu à la période quaternaire, et d'autres au commencement de la période tertiaire. — Ossements d'**Éléphants** et de **Bœuf** des terrains quaternaires de la campagne de Rome. — Os d'**Hippopotame** des alluvions d'Issoire (Puy-de-Dôme). — Sommet antérieur du crâne d'un grand **Bœuf**, du Monte-Sacro (Rome). — Maxillaire inférieur d'un **Hippopotame** d'Issoire (Puy-de-Dôme), ainsi que plusieurs autres parties du squelette. — Les types de quelques-uns des animaux qui vivaient à cette époque sont représentés par des figures encadrées et placées dans cette vitrine. — Etc.

Entre cette vitrine et la vitrine numéro 152 est placée, sur une porte, la coupe complète du chemin de fer de la Croix-Rousse à Lyon, relevée lors de sa construction, par le docteur Jourdan, sous le titre de **Coupe du promontoire de la Croix-Rousse**, de la rue Saint-Marcel à la rue de Bellevue.

Vitrine 152

Grande série d'**Ossements de Mammifères** provenant de Pikermi, près d'Athènes (Grèce), appartenant au terrain pliocène : *Mesopithecus pentilicus*, Singe voisin des Macaques et des Pithèques ; *Rhinoceros pachygnatus*, *Sus erynanthius*, *Tragoceras amaltheus*, *Palæoryx Pallasii*, etc. — Dans le bas de la vitrine, ossements des sables marins de Montpellier, beau fémur de *Mastodon dissimilis*, *Halitherium*, *Physetus antiquus* — Divers ossements de *Dinotherium lævius*, de Saint-Jean de Bournay (Isère).; — Etc.

Contre la vitrine, et en dehors, moulage en plâtre de fémur droit de *Mastodon Borsoni*, trouvé à Autrey (Haute-Saône), et dont l'original est déposé au musée de Dijon.

Vitrine 153

Série d'**Ossements des dépôts sous-basaltiques** de Vialette, près le Puy (Haute-Loire). — *Mastodon Borsoni*, Cerf, Tapir, etc. — Le Muséum de Lyon possède une grande partie d'un squelette de *Mastodon Borsoni*, que l'on espère pouvoir reconstituer et monter comme on l'a fait pour le Mammouth ; on voit du reste dans la vitrine le pied antérieur gauche presque complet. — Etc.

Au-dessus de la vitrine, le buste de feu le docteur Jourdan, doyen de la Faculté des sciences de Lyon, directeur du Muséum, qui, pendant de longues années, a su amasser et collectionner une grande partie des beaux animaux vertébrés que nous admirons dans cette galerie.

TERRAIN MIOCÈNE

Le Terrain miocène, très-développé aux environs de Lyon, est caractérisé par l'apparition des *Dinotheriums* et de quelques autres animaux propres à cet étage ; nous y retrouvons les mêmes alternances de dépôts d'eaux douces et de dépôts marins.

Vitrine 174

Mammifères et Coquilles d'eaux douces trouvés dans la partie supérieure du tunnel du chemin de fer de la Croix-Rousse : ossements de *Rhinoceros. Hipparion gracile, Tragoceras amaltheus, Dinotherium Cuvieri, etc.* — Coquilles : *Helix, Ancylus, Bithinia, Planorbis, Unio, etc.* Ces dépots qui jouent un rôle très-important dans la géologie de la ville de Lyon, sont rarement mis à jour dans des conditions aussi favorables que celles présentées par la construction de ce chemin de fer, dont nous avons déjà examiné la coupe près de la vitrine 151.

Vitrine 175

Maxillaire inférieur du Mastodonte *(Mastodon longirostris),* provenant de la Croix-Rousse, en 1867; dans cette curieuse espèce, la mâchoire inférieure est très-développée ; c'est elle qui porte les défenses qui viennent alors s'implanter dans l'os à la place du menton. — Dents de *Dinotherium lævius,* de la Grive-Saint-Alban (Isère). — Etc.

Vitrine 176

Lignites des dépots de la Tour-du-Pin (Isère). — Le lignite a une origine analogue à celle de la houille; mais la transformation de la matière organique y est généralement moins avancée ; il s'allume et brûle facilement, avec flamme, fumée noire et odeur bitumineuse. Ces Lignites renferment quelques fossiles d'eau douce. — Les Marnes qui les accompagnent contiennent également quelques empreintes végétales. — **Graviers et Sables marins** qui se trouvent à la base des collines lyonnaises et qui sont riches en fossiles de toute nature. Lors de la construction des tunnels de la Croix-Rousse et de Saint-Paul, on a rapporté de nombreuses collections d'une faune très-riche en espèces marines *(Balanus, Murex, Fusus, Patella, Pecten, Lima, Ostrea, etc.).* — Etc.

Vitrine 177

Maxillaire inférieur et palais du Dinotherium *(Dinotherium lævius),* une des plus belles pièces de la collection, recueillie dans les fentes de carrières de la Grive-Saint-Alban (Isère). On ne connaît pas encore bien la véritable affinité zoologique du genre éteint *Dinotherium;* la plupart des auteurs ont cru devoir le rapprocher des Eléphants ; dans cet animal de grande taille, la mâchoire inférieure est terminée par deux énormes défenses dirigées en bas ; on suppose que cette disposition toute particulière des défenses permettait à l'animal de remuer la terre pour en extraire les racines nécessaires à son alimentation; les fosses nasales, étudiées chez un autre individu, sont larges et ouvertes en dessus ; on observe de grands trous sous-orbitaires, qui, joints à la forme du nez, peuvent faire conjecturer que le *Dinotherium* était muni d'une trompe.

Vitrine 178

Fossiles de la Mollasse marine des balmes de Saint-Fonds (Isère). *Pecten, Lima, Bryozoaires, Crustacés, Balanes,* etc.; on appelle Mollasse des sables calcaires plus ou moins compactes, passant parfois à l'état de grès et formant des dépôts considérables entre la chaîne des Alpes et les montagnes du Lyonnais. — Côtes d'*Halitherium*, espèce de Sirène de grande taille, de la Mollasse marine de Vienne (Isère). — **Lignites** de Soblay (Ain), dans lesquels on trouve des ossements de *Mastodon dissimilis*, *Mastodon affinis*, *Hipparion*, etc., associés à des coquilles d'eau douce. — Etc.

Vitrine 179

Ossements de Dinotherium. — Rangée de dents de la mâchoire supérieure gauche du *Dinotherium lœvius*, de la Grive-Saint-Alban (Isère). — Cubitus du même animal. — Une défense laisse voir les emboîtements dentaires chez le Dinotherium. — Empreinte végétale de la Mollasse de Crest (Drome). — Etc.

Vitrines 180 & 181

Faune de la Grive-Saint-Alban. — Avec le Dinotherium dont nous avons déjà parlé, on a trouvé dans cette même fente de carrière, à la Grive-Saint-Alban (Isère), une très-belle série de Mammifères, dont les principaux types sont déposés dans ces deux vitrines. Nous signalerons : le *Dinocyon Thenardi*, grand Chien qui avait la taille d'un Âne; — l'*Anchiterium Aurelianense*, qui tenait à la fois du Cheval et du Cochon; — Le *Machairodus latidens*, grand Chat de taille gigantesque; — le *Rhinoceros Albanensis*; — de nombreux os de Cerf, d'Antilope, de Sanglier, différents petits Rongeurs, enfin des fragments de Tortue, etc. — Dans la vitrine nᵒ 181, figure une portion de mâchoire d'un jeune *Dinotherium*; — un maxillaire supérieur et un palais de *Rhinoceros Albanense*. — On constate par cette simple énumération quelle grande quantité d'ossements d'animaux dû être entraînée par les eaux dans cette fente de rochers; on voit également combien était riche et variée la faune de cette époque dans nos environs alors couverts d'une luxuriante végétation favorisée par un climat plus chaud.

Vitrine 182

Ces mêmes terrains ont leurs équivalents dans d'autres pays; ne pouvant les représenter tous, on a disposé dans cette vitrine quelques types principaux. — **Faune de Sausan** (Gers) : *Anchitherium Aurelianense*; *Dicroceras elegans*; *Listriodon*, *Palæomeryx Bojani* etc., du miocène d'eau douce. — *Dicroceras elegans*, de Saint-Donat (Drome). — **Coquilles marines des faluns** de la Touraine : *Conus*, *Voluta*, *Trochus*, *pectunculus*, *Cardita*, *Scutella*, etc. — Dans cette même vitrine devraient également prendre place les collections des faluns de Bordeaux, du Roussillon, de l'Autriche, etc., qui toutes sont enfermées dans des tiroirs, faute d'emplacement suffisant.   Etc.

Vitrine 183

Collection de dents de *Dinotherium lœvius* et *Dinotherium giganteum*, de différentes stations, soit de Lyon, soit du bassin du

Rhône : Saint-Clair, Fourvière, la Drôme, l'Ain, etc. — Os du pied de *Dinotherium lævius*, de la Grive-Saint-Alban (Isère). — Ossements de *Lophiodon* (humérus et tibia), de Saint-Clair et Saint-Just, à Lyon. — Bois de *Dicroceras elegans*, de la Grive-Saint-Alban. — Ossements de *Cervus Aurelianense*, de Sausan (Gers). — Etc.

Vitrine 184

Avec cette vitrine commence la partie inférieure des Terrains miocènes : nous y retrouverons, comme dans la partie supérieure, des alternances de dépôts marins avec des dépôts d'eaux douces. — **Mollasse marine de la Drôme :** Saint-Restitut, Clansaye, Châtillon près Saint-Paul, Montsegur, etc.; ossements de grands Mammifères de la famille des Sirénidæ ; *Delphinus*, *Halitherium*, *Plesiocetus* ; — Série considérable de dents de Poissons du genre Squale, dont quelques-unes de très-grande taille : *Carcharodon megalodon*, *Odontopsis contortidens*, etc. — Coquilles marines, Peignes, Huitres, Oursins, etc. — Etc.

Vitrine 185

Une belle tête de **Rhizoprion** *(Rhizoprion Bariensis)*, grande espèce de Mammifère amphibie voisine du Dauphin, trouvée à Saint-Juste, près du village de Bari (Drôme). — Côte de **Lamantin** *(Halitherium)*, de Saint-Paul-Trois-Châteaux (Drôme). — Fragment de mâchoire de Dauphin, de la mollasse de Saint-Restitut (Drôme). — Grands Peignes et Oursins du genre Clypeaster, de la même localité. — Dans le haut, grands Oursins de la Corse et de l'île de Malte, appartenant à la même formation géologique. — Etc.

Vitrine 186 & 188

Mollasse marine de Saint-Paul-Trois-Châteaux (Drôme), renfermant une nombreuse série de dents de Poissons : *Picnodus*, *Spharodus*, *Galeocerdo adunctus*, *Oxyrhina*, *Xiphodon*, *Carcharodon megalodon*, *Lamna cuspidata*, etc. — **Faune du mont Léberon** (Vaucluse) **et de Saint-Jean de Royans** (Drôme). — Belle série de **Mammifères et d'Oiseaux de Saint-Gerand-le-Puy** (Allier) : *Vivera antiqua*, *Amphicyon major*, *Amphitragulus elegans*, *Dremotherium Feignouxii*, *Cinotherium commune*, *Palæochœrus typus*, *Palæludus ambiguus*, *Palæludus gracilipes*, *Phœnicopterus Croizeti*, *Graculus mioceni*, etc.; œufs d'Oiseaux : *Testudo Eurysternum*, œufs de Tortues, carapace complète du *Ptychogaster emydoïdes*. — **Calcaires à Indusies**, tubes de Phriganes de Lanzi (Allier), avec ossements de *Cephalogale Geoffrayi*, et fragments de carapaces de Tortues. — On appelle Calcaire à Indusies des dépôts formés par les amas des tubes calcaires construits par les larves de petits insectes nommés Phriganes, dont quelques espèces vivent encore de nos jours. — Etc.

Vitrine 187

Fragment de crane, face et mâchoire supérieure de *Rhinoceros Gannatensis*, de Gannat (Allier). — Mâchoire inférieure de *Rhinoceros*

9

insignis, de Gannat (Allier). — Maxillaire supérieur du *Diphocynodus Ratelli*, de Montaigu-le-Belin (Allier), trouvé dans le Calcaire à Indusies. — Fragment de mâchoire d'un grand Crocodile. — Au-dessus, dents de *Carcharodon Megalodon*. — Etc.

Vitrine 139

Crâne de *Cephalo ale Geoffrayi*, provenant du Calcaire à Indusies, de Billy, près Varennes (Allier). — Crâne de *Cyneclos Laugensis*, de la même localité. — Empreintes végétales du mont Charray (Ardèche). — Grande carapace de Tortue, du Vernet, près Vichy (Allier). — Etc.

Vitrine 190

Argiles de Cournon (Puy-de-Dôme), renfermant des os de *Cainotherium*, des œufs d'Oiseaux, des Tortues et des Coquilles d'eaux douces. — Même Faune de la **station d'Aigueperse** (Puy-de-Dôme). — Dents d'*Anthracotherium magnum*, de Digoin (Saône-et-Loire). — Série d'ossements divers, provenant du **gisement de Lacapelle-Livron** près Caylus (Tarn-et-Garonne), trouvés dans des exploitations de phosphorites ; ce sont surtout des os d'*Antracotherium magnum, Brachycyon Gaudryi, Hyenodon, Rhinoceros minutus, Crocodilus*, etc. — Etc.

Vitrine 191

Grands végétaux fossiles *(Flabellaria latiloba)* trouvés dans les **Calcaires lacustres** de la gare de Dijon (Côte-d'Or). — Mâchoires d'*Antracotherium magnum*, grand Pachyderme dont le genre est actuellement éteint ; dans l'une de ces mâchoires on voit les dents de remplacement logées dans l'alvéole. — Empreintes de végétaux fossiles dans la **Silice farineuse de Menat** (Puy-de-Dôme). — Etc.

Vitrine 192

Empreintes végétales du mont Charray (Ardèche), dans un dépôt de Tripoli, ou Farine siliceuse ; cette flore correspondrait à la flore actuelle du Japon. — **Empreintes végétales de Menat** (Puy-de-Dôme) dans un dépôt de nature similaire : *Juglans bilinica, Quercus drymeia, Toxodium dubia, Cinnamomum Rossmassleri, Acer. Glyptastrobus Europœus*, etc. — **Calcaires lacustres** de Lagarde (Drôme) et de la Haute-Saône, avec Coquilles fossiles : Limnés, Hélix, Planorbes, etc. — Etc.

Vitrine 193

Dans le bas de la vitrine, la grande **Mâchoire de Mastodonte** *(Mastodon angustidens)*, trouvée à Villefranche-d'Astarac (Gers) en 1859 ; elle mesure 1m.50 de longueur ; avec de pareilles dimensions on peut juger quelle singulière forme devait avoir la tête de cet animal.

Dans le haut de la vitrine, grandes **Empreintes végétales** de la Côte-d'Or : *Sapinus falcifolius, Quercus provectifolia, Cercis Tournoueri, Myrca lœvigata, Ficus recondita, Salix longa*, etc. — Etc.

Vitrine 154

Collection de dents de diverses espèces de Mastodonte, et plus particulièrement du *Mastodon angustidens*, recueillies dans les Marnes d'eaux douces de Sausan (Gers) et de Simore (Haute-Garonne). — **Dents de Rhinocéros** *(Rhinoceros cinnagorrhensis)*, de la même station. — Dans le bas de la vitrine, type des **Roches basaltiques** du Puy en Velay (Haute-Loire). — Etc.

TERRAIN ÉOCÈNE

Sous ce nom on désigne le groupe des Terrains tertiaires les plus anciens, qui renferme le moins de dépôts organiques analogues aux espèces vivantes. Nous y retrouverons en effet de nombreux Ruminants, qui n'ont plus aujourd'hui de représentants à la surface du globe. La faune varie du reste suivant les pays, ainsi que la nature des dépôts.

Vitrine 194

Poissons et Insectes des schistes argileux d'Aix en Provence : ce gisement essentiellement lacustre se compose de Calcaires marneux et de Marnes bitumineuses, au milieu desquelles sont intercalées plusieurs couches de Lignites : on y rencontre des débris organiques parfaitement conservés ; les Insectes les plus délicats s'y retrouvent avec leurs ailes, leurs pattes et leurs antennes : nous citerons : *Protomyia Bucklandi, Heterogaster radians, Bibio Curtinii, Curculionites staphylinides, Pachymerus pulchellis, etc.* — **Calcaires Lacustres du Puy en Velay** (Haute-Loire) avec ossements d'*Anthracotherium magnum, Bothryodon velannum, Theriodomys Arvernensis, Theriosaurex velannus, Theriodomys aquatilis, Perutherium, Crocodilus, etc.* — Etc.

Vitrine 195

Grands échantillons de **Végétaux et Poissons d'Aix** en Provence : on remarquera une plaque renfermant un grand nombre de petits Poissons remarquablement conservés *(Lebias cephalotes)*, qui constituent une couche entière dans ce gisement. Parmi les autres espèces signalons : *Sphenolepis squamosus, Mugil cephalus, Perca Beaumonti* ; parmi les végétaux, le *Flabllaria thrinacea.* Etc.

Vitrine 155

Poisson des Schistes d'Aix en Provence : *Lebias cephalotes, Sphenolepis squamosus,* représentés par plusieurs types. *Cyprinus bipunctatus.* Dans le bas de la vitrine, une collection d'**Empreintes végétales** du terrain miocène supérieur de la gare de Dijon (Côte d'Or). — *Quercus Divionensis, Cercis Tournoueri, Podocarpus eocenica, Flabellaria latifolia.* Dans le haut de la vitrine, vertèbres de *Delphinum.* Etc.

Bois silicifiés du parc de Neuville (Rhône). — *Ostrea crassissima*. de la mollasse de Vaucluse et de l'Hérault.

A côté de cette vitrine, et sur la porte qui conduit aux laboratoires et magasins, **Carte géologique de la France.** par Dufrenoy et Élie de Beaumont.

Vitrinés 196, 197, 198, 199, 201,

Ces cinq vitrines sont consacrées à la riche **Faune de Gargas,** près Apt (Vaucluse); tous ces ossements ont été recueillis dans des Lignites correspondant aux gypses des environs de Paris, ou Cuvier a rencontré les mêmes animaux. les **Palæotherium.** *Palæotherium magnum, P. medium, P. minus, P. crassum;* ce genre, qui aujourd'hui a complétement disparu, a été découvert pour la première fois par Cuvier dans les gypses de Montmartre; il appartient aux Pachydermes; les os du nez relevés comme dans les Tapirs, montrent que l'animal portait une petite trompe flexible, mais non préhensible; les pieds antérieurs et postérieurs portaient trois doigts; la forme extérieure rappelait celle du Tapir. — L'**Anoplotherium** *(Anoplotherium commune)* a également disparu de la création actuelle; il présentait à la fois des affinités avec les Rhinocéros, les Chevaux, les Hippopotames. les Cochons et les Chameaux; les pieds antérieurs et postérieurs n'avaient que deux doigts développés comme chez les Ruminants, et dans quelques espèces de petits doigts accessoires; mais les os ne formaient point de canons. et comme chez les Pachydermes restaient toujours séparés. — Avec ces animaux, qui sont les plus communs. nous trouvons encore à Gargas : le *Xiphodon gracile*, le *Dichobune leporidum*, les *Perotherium parcum* et *P. affine*, l'*Acoterulum Saturnium*, le *Cheropotamus affinis*. les genres *Hyenodon* et *Ptero don*. le *Crocodilus Parisiensis*. des Tortues, des Coprolithes ou excréments fossiles de ces animaux. quelques rares Coquilles d'eau douce, etc. — Etc.

Vitrine 200

Calcaire lacustre de l'éocène inférieur, de Villeneuve-Lacomptal (Aude), renfermant de nombreuses Coquilles d'eaux douces: *Helix, Bulimus. Cyclostomus, Achatina. etc.* — **Calcaires à Nummulites** de Menton (Alpes-Maritimes), de Biarritz (Basses-Pyrénées), des Diablerets (Suisse).— On donne le nom de Calcaires à Nummulites à une formation qui s'étend dans tout le midi de la France, depuis les Pyrénées jusqu'en Italie, et que l'on retrouve même en Chine; ce dépôt, essentiellement marin, renferme une innombrable quantité de Foraminifères de grande taille appelés Nummulites : on retrouve également des Nummulites dans le bassin de Paris. mais elles ne constituent pas un banc aussi important que dans la France méridionale.

Vitrines 202 & 203

Dépôts d'eaux douces de la partie inférieure du Terrain eocène: Poudingues d'Issel, près Castelnaudary (Aude). avec ossements de *Lophiodon Isselense* et de *Crocodilus doduni.* — **Lignites de Fuveau**

(Bouches-du-Rhône), remplis de Coquilles d'eaux douces des genres *Melania, Melanopsis, Cyrena, Unio, etc.* — **Lignites des Martigues** (Bouches-du-Rhône), appartenant à une formation similaire. — **Lignites d'Aix** en Provence avec *Cerithium Gardanensis, Cyclas Brongnarti, etc.*

Dans la vitrine verticale, des **Troncs de Palmiers** silicifiés, de Rustrel, près Apt (Vaucluse). — *Palmacites grandis* et *P. restitus.* — Etc.

Vitrine 156

Série d'ossements d'**Animaux vertébrés de Gannat** (Allier), appartenant à la partie supérieure des Terrains éocènes; on y voit surtout des ossements de **Rhinocéros** *(Rhinoceros Gannatensis* et *R. minutus)*; le *Rhinoceros Gannatensis* est spécial à cette station : le *R. minutus* répond à une espèce de petite taille. — Etc.

Vitrine 157

Empreintes de **Végétaux d'Armissan** (Aude) dans les couches schisteuses et feuilletées : la flore de cette station correspond à une flore de pays chauds, tels qu'on n'en rencontre plus aujourd'hui en Europe; on y trouve en effet le Pistachier, plante propre aux pays exotiques; nous citerons parmi ces nombreuses espèces : une grande et belle feuille d'*Aralia Hercules, Sequoia Couttsiæ, Comptonia dryandræfolia, Sequoia Tournalii, Pinus cylindrica, P. longibracteata, Betula Dryadum, Betula cuspideus, Engelhardtia detecta, Carpolites Gervaisi, Acer Narbonense, Laurus superba, Benzoin antiquum, etc.* — Etc.

Vitrine 158

Cette vitrine est consacrée en grande partie aux **dépôts de Gargas**, que nous avons déjà examinés dans plusieurs vitrines situées vis-à-vis; nous y trouvons plusieurs espèces de Mammifères, mais plus spécialement des débris du *Palæotherium minus.*

Dans le haut de la vitrine, une collection de Poissons du Monte-Bolca (Italie). — Quelques pièces remarquables des Terrains éocènes du bassin de Paris, telles que le *Cerithium giganteum*, une des plus grandes Coquilles fossiles connues. C'est ici que devrait prendre rang les riches séries de Coquilles que l'on trouve dans tout le bassin de Paris, et qui appartiennent aux différents niveaux de la partie inférieure des Terrains tertiaires; mais, comme nous l'avons déjà dit, le Muséum de Lyon est surtout réservé pour les collections locales, déjà si riches en débris organiques de toute nature.

GALERIE
DE MINÉRALOGIE
ET DE
GÉOLOGIE
— PÉRIODES PRIMAIRE ET SECONDAIRE —

Cette galerie renferme : 1° la suite des collections géologiques dont nous avons déjà examiné une partie dans la salle précédente ; 2° la collection de Minéralogie. Nous supposerons que le visiteur, après avoir parcouru la salle qui renferme les collections des périodes quaternaire et tertiaire poursuivra son étude en visitant ce qui a rapport aux périodes secondaire et primaire. Il examinera ensuite la collection de Minéralogie. Tel est l'ordre que nous suivrons en guidant ses pas dans cette salle.

La collection de Minéralogie occupe la galerie principale et commence à l'extrémité de la salle, immédiatement après la Géologie ; les collections de Géologie sont réparties dans les différents annexes ouverts sur la droite de la galerie. En tête de chaque arcade le visiteur trouvera le nom des terrains qu'il va examiner.

Les vitrines horizontales des salles annexes, placées au centre de chaque compartiment, renferment les collections typiques de chaque étage, prises autant que possible dans le bassin du Rhône. Dans les vitrines verticales figurent les mêmes collections recueillies dans différents pays, et classées par étages et par localités. Au-dessus de chaque vitrine est inscrit le nom de l'étage et de la formation ; les noms des localités sont placés sur des guidons en tête de chaque série.

Devant les fenêtres de la galerie de Minéralogie, on a disposé soit des coupes géologiques, soit des collections de pays étrangers.

Une grande partie de ces collections paléontologiques viennent du cabinet de feu Victor Thiollière, enlevé trop tôt à la science et à ses amis, après avoir amassé une riche et intéressante collection que ses héritiers ont donnée à la Ville.

PÉRIODE SECONDAIRE

La période secondaire est caractérisée par l'apparition de grands Reptiles et de Mollusques céphalopodes qui n'ont plus de représentants pendant la période tertiaire. C'est pendant cette période que les roches calcaires formées par la sédimentation chimique arrivent à leur plus grand développement ; la puissance totale de ces assises est de 7,000 mètres, et cependant elles recèlent une faune des plus variées ; au nombre des montagnes qui apparaissent en totalité ou en partie durant cette période il faut citer le Thuringerwald, les Ourals, la Côte-d'Or, le Viso, les Carpathes, etc. On divise cette période en Terrains crétacés, Terrains jurassiques et terrains triasiques. Les collections relatives à la période secondaire occupent quatre compartiments.

TERRAIN CRÉTACÉ

Comme le nom l'indique, le Terrain crétacé est le gisement par excellence de la craie ; il renferme pourtant, surtout à la base, des Calcaires compactes et des Argiles. La Craie est un Calcaire à peu près pur, contenant de grandes quantités de débris fossiles, notamment de Foraminifères, la plupart visibles seulement au microscope ; on divise ces terrains en sept étages : Danien, Sénonien, Turonien, Cénomanien, Albien, Aptien et Néocomien ; ces noms, créés par Alcide d'Orbigny, ont pour origine les noms des localités qui servent de type à l'étage.

La faune crétacée se compose de plus de 5,500 espèces ; la flore n'en renferme que 300 environ ; quant à sa puissance elle peut être évaluée à 4,000 mètres. Les terrains crétacés supérieurs sont peu développés dans le bassin du Rhône ; les plus anciens, au contraire, ont une grande importance dans la formation du relief du sol de nos pays.

Vitrine 204

Carte géologique et agronomique de l'Isère, par M. Scipion Gras ; on y remarquera le développement et l'extension des Terrains crétacés. — **Carte géologique en relief de la Suisse,** par M. Ed. Beck ; ces mêmes terrains sont également très-développés en Suisse. — **Carte géologique de la France** à l'époque crétacée, faisant voir quelles étaient les parties du continent français émergées à l'époque où les mers crétacées formaient leurs dépôts.

Vitrine 205

Danien. — Cet étage n'existe pas, ou du moins sa présence jusqu'à ce jour n'a pas été démontrée dans le bassin du Rhône ; il est donc représenté dans nos collections par des séries étrangères. — Dans le haut de la vitrine, une collection de Poissons du mont Liban (Asie), donnée au Muséum par M. Pictet, de Genève : *Scombroclupea macrophthalma, Clupea brevissima, Pycnosterix Heckelii, Spaniodon elongatus, Platax minor, Leptotrochelus triqueta*, etc. — Au-dessous, une série de Fossiles de Petersberge, près Maëstricht (Allemagne) ; *Ammonites Lewesiensis, Scaphites pulcherrimus, S. plicatilis, S. inflatus, Trochus lævis, T. Buchi, Pleurotomaria plana, P. distica, Panopæa Ingleri, Echinochoris vulgaris*, etc. — Etc.

C'est à cet étage qu'il faut rapporter le **Maussasaure** *(Maussasaurus Camperi)*, Saurien de taille gigantesque, dont la tête trouvée à Maëstricht est représentée par un moulage que l'on voit au-dessus de la vitrine ; cette pièce mesure 1^m,20 de long, et 71 centimètres de haut.

Senonien. — Ce sont les Calcaires blancs crayeux qui avoisinent la ville de Sens qui ont servi de type à cet étage. Nous commençons à le trouver dans la partie sud du bassin du Rhône ; il est au contraire très-développé dans la partie inférieure du bassin de Paris. — Série de Fossiles de Halden (Westphalie). — Collection de Coquilles de Gravesand, près Londres : *Ostrea vesicularis, Terebratula carnea, T. gallina, Asterias scutata, Apiocrinites elliptica*, etc. — Série de Fossiles de Cyphy (Belgique) : *Rhynchonella, Terebratulina, Terebratula, Terebratella, Crania, Thecidea*, etc. — Etc.

Vitrine 214

Senonien. — Craies des carrières de Meudon et des environs de Paris : c'est le type de la Craie blanche, exploitée du reste dans ces pays ; vue au microscope, elle semble composée d'un nombre infini de petits animaux, au milieu desquels on trouve des fossiles plus gros, tels que : *Belemnites mucronata, Janira quadricosta, Ostrea vesicularis, Rhynchonella octoplicata, Terebratula carnea, Crania Parisiensis, Ananchytes ovata, A. gibbosa, Micraster cor-anguinum, M. cor-testudinarium*, etc. — Ces mêmes terrains ont leur équivalent en Suède, ainsi que le démontrent les quelques échantillons qui suivent. — A Montdragon (Vaucluse) on a trouvé dans des lignites rapportés, avec doute pourtant, à cet étage, des vertèbres et divers ossements de Poissons. — Etc.

Vitrine 215

Turonien. — La **station d'Uchaux** (Vaucluse) est, comme on peut le voir, très-riche en fossiles appartenant à l'étage turonien ; en outre ces fossiles étant un peu siliceux, la pierre qui les renfermait s'est désagrégée sous l'influence des agents atmosphériques, et a permis de recueillir des Coquilles et des Polypiers dégagés de leur gangue et très-bien conservés : on y trouve surtout des Polypiers, peu d'Ammonites, et quelques fragments de Crustacés ; nous signalerons : *Eulyma amphora, Turritella granulata, Natica Requieniana, Rostellaria ornata, Trigonia scabra, Spondylus hippuritanus, Arca Matheroniana, Ostrea diluviana, Cyclolites discoidea, Turbinolia compressa, Astrea luganum, A. pseudo-meandrina, A. grandis, Stylina striata, Sarcinula favosa, S. striata*, etc. — Etc.

Vitrine 206

Turonien. — Cette vitrine renferme des **fossiles d'Uchaux** (Vaucluse), et de quelques autres localités du midi de la France ; on remarquera plus spécialement les Hippurites, Mollusques caractéristiques de cet étage, dont les formes singulières les ont fait classer par les naturalistes tantôt parmi les Gastéropodes, tantôt avec les Brachiopodes. — Fossiles d'Uchaux : *Trigonia scabra, Teredo Requieniana, Arca Matheroniana, Turbinolia compressa, Sarcinula striata, S. astroïtes, Astrea decaphylla,* etc. — Montdragon (Vaucluse) : *Trigonia* et *Inoceramus.* — Les Martigues (Bouches-du-Rhône) : *Hippurites cornu-vaccinum,* plusieurs beaux échantillons : *Hippurites organisans,* etc. — Le Beausset (Var) : *Hippurites mamillaris, H. Toucasi, H. organisans, H. cornu-vaccinum, Cyclolites giganteus, Plagioptious Toucasi,* etc. — Bergerac (Dordogne) : *Sphærulites calceolites, S. cylindraceus.* — Pons (Charente) : *Ostrea hippopodium.* — Bains-de-Rennes (Corbières) : *Hippurites organisans,* etc. — Etc.

Vitrine 207

Cénomanien. — C'est au Mans (Sarthe) que d'Orbigny a pris son type pour créer cet étage ; on en voit des lambeaux dans le Gard, à Pont-Saint-Esprit, avec des fossiles assez mal conservés : débris de Crustacés, Natices, Trigonies, *Ostrea columba,* etc. — En Algérie, dans la montagne des Madines, près Bordj-bou-Areridj, aux environs de Batna, ces mêmes terrains contiennent des fossiles mieux conservés ; ce sont surtout des Huîtres : *Ostrea Syphax, O. Nicaisi, O. Terestensis,* etc. — Ces mêmes terrains existent aux environs de Rouen. — Enfin, en Belgique, à Montignies-sur-Roc, les fossiles sont très-abondants et bien conservés : nous citerons dans cette belle série : *Turbo Bobleryi, Trochus Cordieri, Pecten, Astarte, Exogyra, Ostrea vasculum, O. carinata, Terebratula nerviensis, T. latissima, T. Tornacensis,* etc. — Etc.

Vitrine 217

Albien. — A mesure que nous rencontrons des terrains crétacés de plus en plus anciens, nous voyons qu'ils occupent une importance de plus en plus grande dans le bassin du Rhône. L'étage Albien, avec lequel commence la formation des Grès verts ou Craie chloriteuse, est représenté par d'importants gisements, pour la plupart riches en fossiles : ainsi, à Escragnolles, dans le Var, les fossiles sont nombreux et bien conservés : citons : *Nautilus Bouchardianus, N. Neckerianus, Ammonites mamillatus, A. Lyelli, A. Beudanti, A. interruptus, A. latidorsatus, Turrilites catenatus, Pleurotomaria provincialis, P. Rhodani, Solarium ornatum, S. Martinianum, Inoceramus concentricus, I. Coquandi,* etc. — Clansaye (Drôme) : *Ammonites mamillatus, A. Veileda, Spondylus gibbosus, Caprina adversaris, Discoidea rotula, Pinus,* etc. — Etc.

Vitrine 208

Albien. — Nous observons ce même terrain dans les localités suivantes : Évry (Aube) : *Ammonites interruptus, Cerithium ornatum, Nucula pectinata, N. ovata*, etc. — Saxonnet (Haute-Savoie) : *Ammonites Velledæ, A. mamillatus, A. inflatus, A. dispar, Inoceramus concentricus, Rhynchonella Deluci*, etc. — Reposoir (Haute-Savoie) : *Ammonites inflatus, A. Raulinianus, A. tarde-furcatus, Inoceramus sulcatus*, etc. — Soleyrieux (Ain) : *Ammonites, Trigonia, Terebratula*, etc. — Cosne (Nièvre) ; ces Fossiles ont conservé leur test et leurs ornements sont des plus délicats : *Turritella Vibrayana, Panopæa acutisulcata*, etc. — Michaille (Ain) : *Ammonites Dupinianus, Turbo Chassianus, Rostellaria Parkinsoni, Terebratula biplicata, Peltatus Studeri*, etc. — Saint-Jullien de Peyrolles, près Pont-Saint-Esprit (Gard) : *Ammonites*. — Etc.

Vitrine 216

Albien. — Cette vitrine est entièrement consacrée au beau et classique **gisement de la perte du Rhône**, près Bellegarde (Ain) ; cette collection avait été recueillie par Victor Thiollière ; nous y remarquerons les espèces suivantes : *Ammonites Delucii, A. splendens, A. mamillatus, A. Miletianus, A. Beudanti, A. inflatus, Ancyloceras Saussureanus, Hamites rotundus, Scalaria Rhodani, Arellana subincrassa, Natica gaultina, Trochus conoideus, Solarium Martinianum, Inoceramus sulcatus, S. concentricus, Holaster lævis, Diadema Brongniarti*, etc. — Etc.

Vitrines 217 & 218 (pars)

Aptien. — L'étage Aptien, dont le type existe aux environs d'Apt (Vaucluse), est moins riche en Fossiles que les étages précédents ; on le retrouve au-dessus de l'étage Albien, à la perte du Rhône, à Bellegarde, avec les espèces suivantes : *Pecten Dutemplei, Epiaster polygonus, Orbitolina lenticularis*, etc. — A Gargas (Vaucluse) la Faune est plus riche et renferme de nombreux fossiles, mais assez petits pour la plupart : *Ammonites Dufresnoyi, A. nisus, A. Martini, A. Emerici, A. Gargasensis, Cerithium aptiense, Ostrea aquila, Plicatula radiata, Toxoceras Royerianus*, etc. — Lioux (Basses-Alpes) : *Ammonites Emerici, A. strangulatus, A. Ducalianus*, etc. — Barrême (Basses-Alpes) : *Ammonites Ducalianus, A. Morelianus, A. Guettardi*, etc. — Etc.

Vitrine 209

Aptien. — Collection de Fossiles de l'étage Aptien, recueillis à la perte du Rhône, près Bellegarde (Ain) : *Pholadomya, Pinna Robinaldia, Trigonia caudata, Terebratula Dutempleana, Orbitolites lenticulata* ; ces derniers animaux, qui appartiennent aux Foraminifères, forment par leur agglomération une couche importante, dont la présence est tout à fait caractéristique. — Etc.

Vitrine 218

Néocomien. — L'étage Néocomien, le plus ancien des terrains crétacés, se présente dans la plupart des hautes montagnes de l'Ain et de l'Isère ; il constitue à lui seul une partie de ces grandes balmes, premiers contreforts des Alpes entre Lyon et la grande chaîne alpestre ; sans être très-fossilifère, il renferme cependant assez de fossiles pour pouvoir le définir d'une façon suffisamment exacte. Les géologues l'ont subdivisé en un certain nombre de sous-étages que nous n'avons pu faire entrer dans nos classifications malgré leur importance. Les gisements représentés dans cette vitrine sont les suivants : Orgon (Bouches-du-Rhône), avec ses Calcaires blancs, dont on a fait l'*Urgonien*, riches en *Chama ammonia* ou *Requienia ammonia*, *Caprotina sulcata*, etc.   Nantua et ses environs (Ain) : *Requienia ammonia*. — Lieous (Basses-Alpes) : *Ammonites Grasianus*, *A. Tethys*, *A. Neocomiensis*, etc. — Castellane (Var) : *Belemnites dilatatus*, *B. Emerici*, *Trigonia caudata*, *Terebratula sella*, *Echinospatangus Ricordeanus*, etc. — Etc.

Vitrine 210

Néocomien.   Cette vitrine renferme la suite des **terrains néocomiens dans la partie nord du bassin du Rhône** : Saint-Hilaire près Fontaine (Saône-et-Loire), gisement signalé par Thiollière : *Pteroceca Pelagi*, *Janira atava*, *Terebratula collinaria*, *Pygurus rostratus*, etc. — Mont du Chat (Savoie) : *Ostrea*, *Cardina*, *Arca*, *Toxaster complanatus*, etc. — Bellegarde (Ain) : *Pteroceca Pelagi*, *P. Beaumontiana*, *Janira atava*, etc. — Oyonnax (Ain) : *Pteroceca Pelagi*, *P. Ponti*, *Pholadomya*, *Terebratula biplicata*, etc.   Fort de l'Écluse (Ain) : *Toxaster complanatus*. — Geovressiat (Ain) : *Nerinea*, *Acteonella*, *Natica*, *Trigonia elongata*, *Pecten striato-costatus*, *Pholadomya elongata*, *Ostrea sinuata*, *Terebratula*, *Rhynchonella depressa*, *R. plicatilis*, etc. C'est un des beaux gisements des départements voisins. — Martinet-de-Charrix, près Nantua (Ain) : *Janira atava*, *Panopaea neocomiensis*, *Pholadomya elongata*, *Holaster intermedius*, *Toxaster complanatus*. — Hauteville (Ain) : *Belemnites*, *Cardium*, *Ostrea columba*, etc. — Cormoranche (Ain) : *Trigonia transversa*, *Crassatella Robinaldia*, *Pecten*, *Terebratula*, etc. — Mont-Vergy (Haute-Savoie) : *Rhynchonella irregularis*, nombreux spécimens d'*Echinospatangus cordiformis*, etc.   Etc.

Vitrine 211

Néocomien. — Suite des **Terrains neocomiens dans le bassin du Rhône.** — Rochemaure (Ardèche) : *Belemnites*, *Ammonites*, *Crioceras Villiersianus*, *Ostrea Couloni*, *Toxaster complanatus*, etc. — Bourg-Saint-Andéol (Ardèche) : *Belemnites*, *Ammonites*, *Trigonia*, *Cardium Panopaea*, *plicatula*, *Rhynchonella peregrina*, *R. lata*, etc. — Le Theil (Ardèche) et ses vastes carrières, qui s'étendent le long du Rhône : *Toxaster complanatus*, *Discoidea decorata*.   Charmes (Ardèche) : *Belemnites*, *Holectypus macropygus*, beaux cristaux de carbonate de chaux. — Cruas (Drôme) : *Belemnites bipartitus*, *Ammonites*, *Ancyloceras*, *Pupina incisa*, etc.   Soyons (Drôme) : *Belemnites*, *Ammonites*,

Ancyloceras, etc. — Grenoble (Isère), carrières de la porte de France, exploitée pour la fabrication des ciments : *Terabratula Janitor, Toxaster complanatus*, etc. — Fontanil (Isère) : *Collyrites ovulum.* — La Grande-Chartreuse (Isère) : *Heteraster Couloni, Echinospatangus gibbosus.* — Livron (Drôme) : *Toxaster complanatus.* — Blacon (Drôme) : *Ammonites* et quelques autres fossiles mal conservés. — Voreppe (Isère) : *Nautilus neocomiensis, Ostrea Couloni, Terebratula prælonga, T. hippopus, T. carteroniana, Toxaster complanatus, Holaster Graseanus, Collyrites ovulum, Echinobrissus Olfersi, Pygurus rostratus*, etc. — Chambery (Savoie) : *Natica, Toxaster complanatus, Heteraster Couloni*, etc. — Virieu-le-Grand (Ain) : *Nerinea*, fossiles mal conservés. — Saint-Germain et Belley (Ain) : mauvais fossiles. — Beaufort (Drôme), vertèbres de Poissons, *Ammonites*, etc. — Coutrevos (Ain) : *Trigonia, Ostrea, Holectypus macropterus*, etc. — Murs et Peyrieux (Ain) : plusieurs espèces de *Nerinea, Ostrea*, etc.

Dans le haut de la vitrine, un bel exemplaire de l'*Ancyloceras Matheronianus*, de La Bedoule (Var). — *Crioceras Duvalii, Scaphites Ivanii, Hamites*, etc., de Castellane (Basses-Alpes). — *Ostrea aquila*, de Saint-Andéol et Clansaye (Drôme).

Au-dessus des vitrines 210, 211 et 212, **Coupe géologique du mont Blanc**, d'après MM. Favre et Lory.

Vitrine 212

Néocomien. — Suite des **Terrains Néocomiens dans la partie sud du bassin du Rhône.** — Escragnoles (Var), beau gisement, riche en fossiles : *Belemnites subfusiformis, B. binerva, Ammonites Parandieri, A. Matheroni, A. Didayanus*, etc. — Gigondas (Vaucluse), belle série de fossiles bien conservés : *Belemnites latus, B. subfusiformis, B. dilatatus, Ammonites Astierianus, A. verucosus, A. cryptoceras, Crioceras Duvalii, C. Villiersiana, Ancyloceras furcatus, A. Emerici, Aptychus, Rhynchonella peregrina*, etc. — Castellane (Basses-Alpes) : *Ancyloceras, crioceras*, etc. Voir le haut de la vitrine précédente. — Mont Cheiron, près Castellane (Basses-Alpes) : *Belemnites dilatatus, Ammonites Astierianus, Crioceras Duvalii, Scaphites Ivanii.* — Lieous (Basses-Alpes), série de *Belemnites* de différentes espèces, *Ammonites neocomiensis, A. difficilis, A. lepidus, Crioceras Duvalii, Scaphites Ivanii, Terebratula diphyoides*, etc. — Bérrias (Ardèche) : *Terabratula tamarindus, T. Moutoniana, T. diphyoides, Rhynchonella Boissieri, R. contracta, Collyrites Malbosi*, etc. — Barrême (Basses-Alpes) : *Ammonites Juilleti*, etc. — Angles (Basses-Alpes) : Ammonites nombreuses, *Ammonites infundibula, A. cassida*, etc. — Etc.

Dans le haut de la vitrine, deux belles plaques d'*Histialosa Thiollieri*, Poissons fossiles de Beaufort (Drôme). — Deux grandes *Natica leviatan*, de Nantua (Ain), une des plus grandes espèces de Gastéropodes. — *Nerinea gigantea*, du Bouquet, près Alais (Gard), section verticale et polie. — *Toxoceras* de Gigondas (Vaucluse), de grande taille. — *Requienia ammonia* d'Orgon (Bouches-du-Rhône), et Saux (Vaucluse). — *Ammonites cassida, A. difficilis, A. ligatus, Nautilus neocomiensis, Ancyloceras Renouxianus* d'Escragnoles (Var). — Etc.

Vitrine 213

Néocomien. — Dans le haut. Poissons fossiles de Castellamare (Naples). *Picnodus rhombus*. — Au-dessous. Fossiles néocomiens du Var : *Ammonites Astierianus*, *A. difficilis*. *A. ligatus*. *Crioceras Duvalii*. — Châtillon-sur-Die (Drôme) : *Rhynchonella peregrina*, grande et belle espèce de Brachiopode. — Etc.

Vitrine 306

Cette vitrine située vis à vis du premier compartiment, sous la deuxième fenêtre de la salle de minéralogie, renferme la **coupe des terrains crétacés de la perte du Rhône**, à Bellegarde (Ain) : elle a été faite par Victor Thiolliere. On y remarque : Les Sables verts de l'Aptien ; — L'Aptien supérieur ; — Les Marnes feuilletées et les Calcaires à orbitolites de l'Aptien inférieur. — L'Urgonien avec le *Pterocera Pelagi* ; — l'Albien de la chaîne des Fiz (Haute-Savoie). — Etc.

A droite de la vitrine, un bloc de Quartz hyalin enfumé, avec cristaux de carbonate de chaux de l'Oisan (Isère). — A gauche, un bloc de grands Cristaux de Quartz hyalin ou Cristal de roche, légèrement enfumé.

TERRAIN JURASSIQUE

Ces terrains sont particulièrement développés dans les montagnes du Jura, et leur doivent le nom qu'ils portent ; ils sont représentés aux environs immédiats de Lyon par des assises très-importantes. Nous n'y retrouverons pas la faune des Rudistes qui caractérise les Terrains crétacés ; mais en revanche nous aurons à signaler l'existence de grands Sauriens et de quelques autres animaux propres à ces terrains. On estime qu'ils renferment plus de cinq mille espèces animales, et au moins trois cents espèces végétales ; chaque jour on signale encore de nouvelles espèces. On divise ces terrains en dix étages que nous examinerons successivement dans les trois compartiments suivants de la galerie.

Le second compartiment est entièrement consacré à la belle collection des Poissons, Reptiles et Végétaux de Cerin-Marchamp, dans le département de l'Ain ; c'est incontestablement un des plus beaux fleurons de la couronne du Muséum de Lyon ; cette série, unique dans le monde entier, a été commencée par Victor Thiolliere et considérablement accrue par le Dr Jourdan ; ces beaux restes d'animaux ont été recueillis dans des Calcaires lithographiques dont le grain, très-fin, a permis la bonne conservation de ces ossements.

Vitrine 229

Portlandien. — Cet étage, le plus récent des Terrains jurassiques, est très-peu important dans le bassin du Rhône ; il est représenté dans la vitrine par une collection de Fossiles de Sevenx (Haute-Saône) : *Pycnodus gigas*, fragment de palais. *Natica elegans*, plusieurs espèces de *Nerinea*, *Pholadomya*, *Ceromya*, *Leda*, *Lucina*, *Terebratula*, etc.

Kimméridgien. — C'est à l'étage Kimméridgien qu'apparaît cette riche faune dont nous venons de parler, et que nous allons passer en revue. Ce même étage, désigné par les Suisses sous le nom de *Virgulien*, se montre à Salève (Suisse) avec des Poissons : *Pycnodus medius, Spherodus gigas, Madriosaurus Hugii.* — A Besançon (Doubs) nous trouvons : *Rostellaria, Ostrea, Terebratula varians, lithodendron,* etc. — A Morestel (Ain) : *Cardium, Ostrea, Zamia Feneonis.* — Enfin commence la série de Cerin-Marchamp avec les espèces suivantes : deux plaques renfermant des Tortues : — deux plaques figurant l'extrémité postérieure d'un petit Reptile l'*Atoposaurus Jourdani*, animal comparable aux Sauriens actuels par ses faibles dimensions, mais qui ressemble aux Crocodiliens par la forme allongée des deux principaux os du carpe. — L'*Euposaurus*, élégant Reptile ; — Tibias de *Pterodactylus grandis,* etc. — Etc.

Vitrine 230

Kimméridgien. — Poissons de Cerin-Marchamp (Ain) : *Macrosemius Margaritatus, M. rostratus, Ophiopsis, Pholidophorus, Pycnodus Itieri, P. Bernardi, Notagogus Inimontis, Thrissops aspidorhinchus, Mesodon gibbosus, Asteracanthus ornatissimus.* — **Crustacés :** *Glyphea crassipes, Bylgia elongata,* etc.

Vitrine 219

Kimméridgien. — Reptiles de Cerin-Marchamp (Ain) : deux belles Plaques de *Sauranodon incisivus, Stelliosaurus, Sapheosaurus Thiollieri, Alligatorellus, Crocodileinus robustus, Alligatorium Meyeri, Sauranodon.* On remarquera dans ces différentes formes des types de Reptiles qui n'ont plus de représentants similaires de nos jours ; quelques-uns, véritables Serpents à pattes, servent de passage entre les Lacertiens et les Ophidiens ; c'est ainsi que chaque jour la science, faisant de nouvelles découvertes, comble des lacunes que l'on croyait infranchissables dans l'échelle des êtres organisés.

Vitrine 220

Kimméridgien. — Reptiles et Poissons de Cerin-Marchamp (Ain). — Parmi les Chéloniens : *Chelonemys ovata, C. plana, Idiochelys,* en tout six plaques de Tortues. — Nous trouvons encore parmi les Sauriens : le *Sauranodon incisivus,* très-belle espèce parfaitement conservée. — Le *Saurophidium Thiollieri,* long individu porté sur de petites pattes ; son corps rappelle celui des Serpents, et ses pattes sont comme celles des Lézards. — Un *Stelliosaurus.* — Le *Sauranodon incisivus.* — Poissons placoïdes, famille des Raies : cinq plaques de *Spathobatis Bugesiacus,* différant peu par leur forme extérieure des Rhinobates actuels ; six plaques de *Belemnobatis Sismondæ,* dont la forme est voisine de celle de la Raie. — Dans la famille des Squales, cinq plaques de *Phorcynis catulina.* — Etc.

Vitrine 221

Kimméridgien. — Poissons de Cerin-Marchamp (Ain. — Dans la famille des Raies, quatre plaques de *Belemnobatis Sismondæ*; — *Belemnobatis microdon*, espèce voisine de la précédente. — Dans les Poissons ganoïdes, famille des Pycnodontes, les genres sont plus variés : nous trouvons en effet : le *Mesodon comosus*. Poisson de forme arrondie; — Le *Gyrodus macrophtalmus*; — De nombreux types de *Pienodus Bernardi*, jolie espèce bien conservée; — D'autres *Pienodus* moins abondants : *P. Itieri, P. Kœchlini* et *P. Wagneri*; cette dernière espèce est presque complétement circulaire; on en voit quatre types dans cette vitrine. — Etc.

Vitrine 222

Kimméridgien. — Poissons de Cerin-Marchamp (Ain). — Dans le haut, cinq plaques de *Pienodus Wagneri*. — *Pienodus Egertoni*, espèce plus petite que les précédentes. — La famille des Celacanthes est représentée par le genre *Undina cirinensis*. — La famille des Leptolépides est plus riche en fossiles : — Les *Leptolepis* sont de petits Poissons aux formes grêles et délicates; — Le *Thrissops salmoneus* se rapproche par sa forme générale de celle des Harengs; — Plusieurs échantillons du *Thrissops Regleyi*, espèce voisine de la précédente; — Enfin, une autre espèce similaire, le *Thrissops formosus*. — Etc.

Vitrine 223

Kimméridgien. — Dans le haut de la vitrine, figurent quatre échantillons de Solenhofen (Bavière), où le terrain, semblable à celui du Bugey, a également donné de belles empreintes de Reptiles et de Poissons. — En dessous, plusieurs pièces de Cerin-Marchamp remarquables par leur grande taille et leur bon état de conservation : *Spathobatis Bugesiacus, Pycnodus Bernardi, P. Sauvanausi, Belemnobatis Sismondæ, Mesodon majus, Ophiopsis*. — Etc.

Vitrine 224

Kimméridgien. — Grands échantillons des **Poissons fossiles de Cerin-Marchamp** (Ain). — Une magnifique plaque de très-grande taille, avec le *Lepidotus splendens*. — Deux grands *Thrissops Heckeli*. — Deux empreintes de *Thrissops* sur une seule plaque. — Un beau type du *Caturus relifer* très-bien conservé. — Etc.

Vitrine 225

Kimméridgien. — **Poissons de Cerin-Marchamp** (Ain). — Suite des Leptolépides. — Le *Megalurus*. — L'*Ittakeopsis*, genre voisin des *Megalurus* et des *Oligopleurus* par l'ossature, mais a la tête semblable à celle des Salmonoïdes. — L'*Oligopleurus esocinus*, représenté par quatre beaux échantillons; la tête de ces Poissons ressemble par sa forme générale à celle des Brochets. — Plusieurs espèces d'*Aspidorhynchus*. — De nombreux types de *Belonostomus tenuirostris*, espèce fusiforme de taille très-élancée. — Le *Belonostomus Munsteri*, espèce voisine encore plus élancée, représentée par deux échantillons. — Etc.

Vitrine 226

Kimméridgien. — Poissons fossiles de Cerin-Marchamp (Ain). — Dans la famille des Leptolépidés nous trouvons encore : les *Pleurophalis*, poissons de petite taille, représentés par cinq spécimens. — La famille des Lépidostéïdes présente la division la plus nombreuse des Poissons des mers jurassiques, du moins à Cerin; nous avons à citer : l'*Ophiopsis Guigardi*, représenté par un échantillon fort bien conservé; — l'*Ophiopsis macrodus*, espèce un peu plus petite que la précédente; — le *Lepidotus neuropterus*, existe également dans le Bugey et en Bavière; — le *Polidophorus segusianus* est plus rare dans nos pays qu'en Allemagne; — le *Caturus fuscatus* et plusieurs autres espèces de *Caturus*; — le *Disticholepis Fourneti*. — Etc.

Vitrine 227

Kimméridgien. — Poissons fossiles de Cerin-Marchamp (Ain), suite des Lépidostéïtes. — *Caturus velifer*, dont nous avons vu un si beau spécimen dans la vitrine numéro 224. — Le *Caturus Driani*, dédié à feu Drian, qui, l'un des premiers, avait signalé cet important gisement. — L'*Amblysemius Bellicianus*. — Le *Macrosemius*. — Le *Disticholepis Fourneti*, genre nouveau créé par Thiollière. — Le *Disticholepis macer*. — L'*Eugnatus prælongus*, aux formes allongées. — Le *Macrosemius Helenæ*, petite espèce très-élégante. — Etc.

Dans le bas de la vitrine nous remarquerons des **végétaux** très-bien conservés, que l'on a trouvés, soit à Cerin, soit dans quelques localités voisines, telles que le lac d'Armaille, Morestel, etc. L'espèce la plus connue appartient à la famille des Cycadées ; c'est le *Zamites Feneonis*. — Une autre espèce plus rare, le *Zamites articulatus*, a été trouvée à Armaille. — Citons encore dans cette Faune : le *Cycadopteris Braunianus*, *Lomatopteris cirinica*, *Brachyphyllum mammillare*. — Dans le bas, des rognons siliceux, intercalés au milieu de ces mêmes couches. — Etc.

Vitrine 232

Kimméridgien. — Crustacés et Mollusques de Cerin-Marchamp (Ain). — Nous aurons encore à citer parmi les Crustacés : l'*Antrimpus speciosus*, l'*Eryon orbiculatus*, et quelques autres espèces qui ne sont pas encore bien déterminées. — Nous remarquerons dans cette même vitrine des Vers dont les traces sont encore très-bien conservées. — Les Céphalopodes sont rares à Cerin-Marchamp, et leur conservation est loin d'égaler celle des animaux vertébrés; nous avons sous les yeux plusieurs échantillons de l'*Ammonites bifurcatus*. — Plusieurs plaques de l'*Aptcus laevis*. — Enfin, parmi les rares Mollusques, citons encore l'*Ostrea virgula*. — Etc.

Vitrine 233

Kimméridgien. — Mollusques et Zoophites de Cerin-Marchamp (Ain). — L'*Ostrea virgula*, espèce caractéristique de cet étage. — Parmi les Échinodermes : *Cidaris pustulifera, Pegmacrinus cylindricus, Astropecten lithographicus*, belle Astérie bien conservée ; un très-beau spécimen d'*Asterocoma*. — Nous avons déjà vu dans la vitrine numéro 227 quelques végétaux de la flore de cette localité ; nous citerons encore ici : le *Brachyphyllum mammillare*, le *Zamites Feneonis*, le *Cycadopteris Bauniana*, le *Stenopteris Desmonera*. — Le reste de la vitrine est consacré à quelques collections de divers pays : Besançon : *Ichthyosaurus, Ammonites, Trigonia depressa, Pholadomya elegans, Myophoria, Crassatella elongata, Pecten, etc.* — Cap la Hève (Seine-Inférieure) : vertèbres de *Teleosaurus, Rhabdocidaris Orbignanus, Stomechinus semiplacenta, etc.* — Etc.

Vitrine 228

Kimméridgien. — Végétaux fossiles de Morestel, Cerin-Marchamp (Ain) et **Creys** (Isère) : *Zamites Feneonis, Brachyphyllum mammillare, etc.* Nombreux échantillons. — Etc

Vitrine 231

Kimméridgien. — Faune et Flore de Creys (Isère), appartenant au même horizon géologique : Tortues, *Eurysternum ;* — Mollusques, *Ostrea virgula ;* — Zoophites, *Astropecten lithographicus ;* — Végétaux, *Stenopteris Desmonera, Scleropteris dissecta, Zamites Feneonis, etc.* — Etc.

A l'entrée du compartiment, sous l'arcade à droite, moulage du **Ptérodactyle de Solenhofen** *(Pterodactylus scolopacipes).* Cet animal constitue un genre unique qui a totalement disparu de la création ; il offre à la fois des rapports de formes avec les Reptiles et les Chauves-Souris : la longueur du cou et la forme de la tête le font ressembler aux Oiseaux ; le tronc et la queue sont ceux des Mammifères ordinaires ; les dents nombreuses et pointues dont son museau est garni appartiennent aux Reptiles ; enfin les organes de locomotion sont conformés pour le vol, et présentent les plus grands rapports avec les ailes des Chauves-Souris. — Un beau type de Poissons de Cerin-Marchamp : le *Belemnobatis Sismondæ.*

Vitrine 305

Cette vitrine, située sous la fenêtre de la galerie de Minéralogie, en face du compartiment que nous venons de visiter, renferme la **Coupe géologique des terrains subordonnés aux gisements de Poissons et de Végétaux du Bugey** (Ain), collectionnée par M. A. Falsan : cette série nous montre la succession des différents étages de cette importante localité devenue classique, avec les principaux Fossiles que l'on y rencontre.

Vitrine 244

Corallien. — L'étage Corallien, qui commence le troisième compartiment, comprend des formations dans lesquelles les Polypiers ou Coraux très-nombreux conservent encore, pour la plupart, la position qu'ils avaient dans la mer ; ils ont une certaine analogie avec ceux des récifs actuellement en formation dans l'océan Pacifique. Le Jura nous offre, dans plusieurs stations, d'intéressants dépôts appartenant à cet étage ; la collection du Muséum de Lyon possède une très-belle série de Fossiles de ces contrées. — **Faune d'Oyonnax** (Ain). — Nous présentons comme type la station d'Oyonnax (Ain), avec les espèces suivantes : *Nerinea oblonga, N. Mendelslohi, N. Mosæ, N. visurgis, N. Cabanetiana, Acteonella Dormoisiana, Pterocera tetracera, P. aranea, Corbis elegans, Trigonia Meriani, Cardium striatum, Diceras arietina, D. Chantrei, D. elongata, D. Munsteri, Ostrea solitaria, Rhynchonella inconstans, Terebratula subsella, Plymechinus mirabilis, Eunomia lævis, Lithodendron articulatus, L. basalticus, Ovalastræa caryophylloides, Astrea limbata, A. tabulosa, A. gracile, Aplosmilia aspera*, etc. Comme on le voit, cette Faune est très-riche en genres et en espèces ; ce sont surtout les Polypiers qui sont les plus abondants. — Etc.

Vitrines 245 & 247

Corallien. — Faune du Jura. — Ces deux vitrines renferment la magnifique collection amassée pendant de longues années par M. Guirand, dans les environs de Saint-Claude (Jura), et acquise récemment par la ville de Lyon. On y trouvera la plupart des types qui ont été décrits et figurés dans l'*Histoire naturelle du Jura*, par le frère Ogérien. Tous ces Fossiles sont admirablement conservés ; quelques types sont uniques ; on y compte plus de 150 espèces ; nous ne pouvons citer ici toutes ces espèces, bornons-nous à signaler seulement : *Rissoa Valfini, Acteonina Lauretana, Chemnitzia Serruroti, Nerinea Nogerti, N. Cabanetiana, N. Mosæ, N. umbilicata, Natica Fourneti, Neritopsis Rutyi, N. Buchini, Trochus Pietti, T. Michelini, Monodonta Caretti, Turbo Dumasius, T. Paschasius, T. Jourdani, T. Etalloni, Rostellaria Benoisti, Cerithium Loraini, C. Grimaldi, C. Michaleti, C. Rebour, Columbellina Sofia, C. Victoria, C. Aloysia, Bulla Condati, B. Marcousana, Fissurella Defranouxi, Opis SanJosephi, Cardita Bonjouri, Cardita Roberti, Mytilus Sautieri, M. Pidanceti, M. Therenini, Lima duplicata, L. scabrosa, Pecten solidus, Ostrea gregaria, Anomia nerinea, Terebratula insignis, Rhynchonella inconstans, Rhabdocidaris tricarinata, Cidaris florigemma, Apiocrinus rotundus, Stylina, Montlivatia, Isastrea, Thamastrea*, etc. — Etc.

Vitrine 234

Corallien. — Ces mêmes terrains ont leur équivalent à l'étranger ; nous citerons comme exemple Natheim, dans le Wurtemberg ; ils sont du reste très-développés en Allemagne ; nous y remarquerons les espèces suivantes : *Turbo tegulatus, Nerita cancellata, Mytilus furcatus, Pecten* *articulatus, Spondylus coralliphagus, Ostrea solitaria, Terebratula pentagona, T. Loricata, Rhynchonella trilobata, R. concinna, Apiocrinites mespiliformis, Scyphia intermedia, Thecosmilia trichotoma, Astrea limbata, A. explanata, Meandrina astroides, Lithodendron elegans, etc.* — Dents de Poissons de Schnaitheim (Bavière) : *Lepidotus lævis, Strophodus reticularis, Hybodus grassicornus, Sphærodus gigas.* — Etc.

Vitrine 235

Corallien. — Fossiles coralliens du département de l'Ain. — Nous avons déjà dit que le Corallien était très-répandu dans le département de l'Ain; outre la station d'Oyonnax que nous avons citée dans la vitrine 244 et dont nous retrouvons ici de beaux spécimens, nous signalerons les stations suivantes : Cormoranche et Thezillieu (Ain) : nombreux échantillons d'*Ammonites Achilles, Pecten, Terebratula, Rhynchonella, etc.* — Évosges (Ain) : Roches et Fossiles mal conservés, mais permettant pourtant d'assigner un âge exact à ces terrains. — Oyonnax (Ain) : Nombreux types de *Diceras, Lithodendron, etc.;* nous renvoyons le visiteur à la vitrine 244 qui est vis-à-vis. — Landeyron près Nantua (Ain), belle série de Fossiles bien conservés : *Nerinea Mendelshohi,* grands types de *Diceras arietina, Hinites ostreiformis, Hemicidaris crenularis, H. diademata, Cidaris filograna, Rhynchonella inconstans, Madrepora sublœvis, M. plicata, Lithodendron articulatum, Astrea helianthoides, Meandrina lotharinga, etc.* — Plagne, près Nantua (Ain) : Roches de l'Oolithe corallienne, *Nerinea visurgis, Diceras, Terebratula insignis, Rhynchonella inconstans, etc.* — Le Mont, près Nantua (Ain) : Oolithe corallienne. — Poisat, près Nantua (Ain) : beau gisement de Polypiers, *Lithodendron lœve, Lobophyllia meandrinoides, etc.* — Etc.

Dans le haut de la vitrine, de gros échantillons de Fossiles coralliens des mêmes stations : *Itiera Cabaneti,* de Nantua. — Plusieurs échantillons de *Meandrina,* de Poisat. — Collection de grands *Diceras* de Landeyron. — Quelques *Lobophyllia* de Poisat. — Dans le dernier rayon, quatre grands Polypiers du cap Martin, près Menton (Alpes-Maritimes). — Etc.

Vitrine 236

Corallien. — Roches Fossiles de l'étage Corallien des départements de l'Ain, de l'Isère, du Doubs, de la Haute-Saône, etc. — Poisat, près Nantua (Ain), dont nous avons déjà vu des échantillons dans la vitrine précédente : *Astrea gracilis, A. sexradiata, Lobophyllia meandrinoides, etc.* — Vergennes près Gray (Haute-Saône): plusieurs types de *Nerinea, Diceras, Pholadomya, Lima, etc.* — Voile (Haute-Saône) : *Nerinea, Diceras, Pholadomya, etc.* — Besançon (Doubs) : *Serpula flacita, S. convoluta, Cidaris Blumenbachi, C. florigemma, C. glandifera, C. cervicalis, Diplocidaris gigantea, Acrocidaris nobilis, Nerinea supra-Jurensis, N. depressa, Trigonia clacellata, T. hybrida, Ostrea colubrina, Apseudesia costata, Astrea microconus, Thamnastrea Lamouroui, etc.* — Briord (Ain) : Calcaire crayeux du Corallien. *Cidaris florigemma*. — Saint-Rambert (Ain) : belle série de *Nerinea* non déterminées : *Nerinea Cabanetiana*. *Cidaris Blumenbachi*. *C. filograna*. *C. lorviuscula*, *C. coronata*. baguettes de *Rhabdocidaris spinosa* et *caprimontanus*. *Stomechinus granularis*. *Pseudodiadema hemisphericum*. etc. — Ambléon (Ain) : *Chama Munsteri*, *Diadema pseudo-diadema*. — L'Huis (Ain) : Calcaires coralliens avec Fossiles mal conservés. — Prévérieux et Ordonas (Ain) : Calcaires coralliens avec Fossiles non déterminés. — Morestel (Isère) : *Ammonites Achilles*. plusieurs types de *Nerinea*. *Diceras arietina*, *Pholadomya paucicosta*. *Rhynchonella inconstans*. *Terebratula*, nombreux Polypiers à déterminer. etc. — Lancin (Isère) : *Nerinea*. *Ceromya marginata*. etc. — Mont-Fesson (Isère) : Calcaires compactes, plusieurs types de *Nerinea*. — Sauce-sous-Bois (Ardennes) : moules de Mollusques bien conservés; *Purpurina Lapierra*, *Nerita corallina*, *Chemnitzia clythia*, etc. — Saint-Mihiel (Meuse), très-beau gisement riche en Fossiles : *Diceras arietina*, *D. sinistra*. *Cardium striatum*. *Crassatella tumida*, etc. — Droge (Yonne), belle série d'Oursins. donnée par M. G. Cotteau : *Pygasterum bella*. *Collyrites Desoriana*. *Stomechinus peltatus*, *Cidaris drogiaca*. etc. — Saint-Hilaire près Fontaines (Saône-et-Loire) : Calcaires rouges remplis de Fossiles, à l'état de Lumachelles. — Etc.

Dans le haut de la vitrine : *Ammonites Achilles*, de Premeyrieu, près Morestel (Ain). — Calcaires avec *Nerinea* de Saint-Victor, près Morestel (Ain). et du Mont-Fesson (Isère). — Calcaires oolithiques de Vergennes près Gray (Haute-Saône), et de Voite (Haute-Saône). — Plusieurs Polypiers de différentes localités. — Types de Roches coralliennes de Gray. Vergennes, Voite, Belfort. etc. — Etc.

Au-dessus de la vitrine. **Coupe transversale de Dardilly. à Caluire** (Mont-d'Or lyonnais), par MM. A. Falsan et A. Locard. extraite de la Monographie géologique du Mont-d'Or lyonnais et de ses dépendances.

Vitrine 248

Corallien. — Collection du **Corallien des environs de Nantua** (Ain). — *Belemnites hastatus*. *Ammonites Lamberti*. *A. crenatus*. *A. perarmatus*. *A. tortisulcatus*. *Trigonia clavellata*, *T. striata*. *Pholadomya paucicosta*, *P. cingulata*, *P. lorviuscula*, *Gervilia*. *Lima npia*, *Ostrea dilata*, *Terebratula insignis*. *T. labiata*, *Rhynchonella inconstans*. *R. varians*, *Dysaster granulosus*, *Apiocrinites rotunda*. *Pentagonaster Jurensis*. *Scyphia*. etc.

Vitrine 246

Oxfordien. — On donne le nom d'oxfordien à un étage géologique fossilifère, tout particulièrement développé aux environs de la ville d'Oxford en Angleterre. Il a son équivalent dans le bassin du Rhône, notamment dans les départements de l'Ain, du Jura, de Saône-et-Loire et de l'Ardèche.

— **Fossiles Oxfordiens de l'Ain**. — La Latte (Ain) : *Nautilus granularis*, *Belemnites hastatus*. *Ammonites plicatilis*, *A. brevis*, *A. flexuosus*. *A. Eugenii*. *A. arduensis*. *A. perarmatus*. *A. tortisulcatus*.

Pleurotomaria, Pterocera Cassiopæ. Pholadomya cardissoides, P. flabellata. Arca parvula, Nucula suboralis. Mytilus imbricatus, Lima. Terebratula insignis, Colyrites bicordata. Pentacrinus pentagonalis, Scyphia, etc. — Etc.

Vitrine 250

Oxfordien. — Collection de **Fossiles Oxfordiens des environs de Saint-Claude** (Jura) recueillie par M. Guirand : Crustacés, *Belemnites hastatus. Ammonites cordatus. A. complanatus, A. plicatilis, A. Eugenii, A. tumidus. A. Henrici. A. erato, A. Mariæ, A. Lamberti, Rostellaria grandicalis. Panopea peregrina, P. subrecurva, Pholadomya concentrica, P. lineata. P. canaliculata, P. angulata. Ceromya alata. Ostrea dilatata. O. nana. Arca parvula, Mytilus subpectinata, Rhynchonella Amalthei. Terebratula insignis. T. bucculenta, T. lagenalis. T. Kleinii, Millecrinus rotiformis, Dysaster granulosus. Rhabdocidaris cupeoides,* belles baguettes de très-grande taille, *Eugeniacrinus cariophillatus. Pentacrinus cingulatus, etc.* — Etc.

Vitrine 237

Oxfordien. — Roches et fossiles Oxfordiens de Saône-et-Loire. de l'Ain et de l'Ardèche. — Tournus (Saône-et-Loire) : belle série de fossiles, la plupart ne sont pas encore determines : nombreuses *Ostrea dilatata. Collyrites bicordata. etc.* — Apremont (Ain) : belle série de Fossiles : *Nautilus granulosus. Ammonites plicatilis. A. perarmatus. Turbo Oxfordicnsis. Pholadomya paucicosta. P. concinna. P. cingulata, P.decorata, Trigonia monilifera. T. striata, Unicardium alcyone. Mytilus imbricatus. M. consobrinus, Gervillia aviculoides. Thracia pingvis, Lima, Pecten. Ostrea dilatata. Terebratula vicinalis. Rhynchonella inconstans, R. subsimilis, Collyrites bicordatus. Diadema priscum, etc.* — La Voulte (Ardèche) : *Belemnites hastatus, Rhynchotheutis. Ammonites biplex. A. oculatus, A. Backeriæ, A. perarmatus. A. tatricus. A. tortisulcatus, A. anceps, A. macrocephalus, Posidonia, Rhynchonella. Cidaris florigemma, C. Roisyii. etc.* — Caussol (Ardèche) : *Belemnites semi-hastatus. Ammonites tripartitus. A. biplex, A. triplex. A. oculatus, A. tortisulcatus, A. cordatus;* nombreux *Aptychus, Terebratula, Rhabdocidaris spinosus. Pentacrinus subteres, etc.* — Etc.

Dans le haut de la vitrine : *Ammonites macrocephalus* de Saint-Rambert (Ain). — *Scyphia,* de Nantua (Ain). — *Ammonites plicatilis,* de Saint-Claude (Jura). — *A. polyplocus,* de Flacé, près Mâcon (Saône-et-Loire). — *A. plicatilis,* d'Escragnoles (Var) et de Barrème (Basses-Alpes). *Astropecten arenicola,* de Malton, dans le Yorkshire (Angleterre).— Etc.

Vitrine 238

Oxfordien. — Calcaires et fossiles Oxfordiens de la partie sud du bassin du Rhône (Drôme, Var, Basses-Alpes, etc.). — Digne

(Basses-Alpes) : *Ammonites biplex, A. Calypso, etc.* — Barrème (Basses-Alpes) : *Ammonites biplex, A. tortisulcatus, etc.* — La Palud (Basses-Alpes) : *Ammonites anceps, A. biplex, A. tripartitus, A, tortisulcatus, etc.* — Escragnoles (Var) : *Ammonites biplex, A. platystomus, etc.* — Brious (Var) : *Ammonites cordatus, A. hecticus, etc.* — Les Blaches (Basses-Alpes) : *Ammonites heterophyllus, A. aralicus, A. tripartitus, A. athleta, etc.* — Norante (Basses-Alpes) : *Ammonites anceps, A. biplex, etc.* — Blieus (Basses-Alpes) : *Ammonites plicatilis, A. convolutus.* — Beaumont, près Digne (Basses-Alpes) : Plaques de calcaires à *Posidonia, Ammonites heterophyllus, A. anceps, A. tortisulcatus, A. platystomus, etc.* — Châtillon-sur-Die (Drôme) : *Belemnites hastatus, Ammonites biplex, etc.* — Serre (Drôme) : Calcaires compactes avec fossiles mal conservés. — Saint-Roman, près Châtillon (Drôme) : Types de calcaires ; Géodes avec quartz hyalin cristallisé et carbonate de chaux, recueillis dans les marnes oxfordiennes près de Vercheny, route de Saillans à Pontoix (Drôme). — Sisteron (Basses-Alpes) : Géodes avec cristaux de carbonate de chaux, dans les masses oxfordiennes. — Gigondas (Vaucluse) : *Ammonites biplex, etc.* — Besançon (Doubs) : *Terebratula digona, T. lentiformis, Millecrinus Milleri, Scyphia Bronnei, Apiocrinites rosaceus, Collyrites bicordatus, C. eiliptica, etc.* — Etc.

Vitrine 239

Oxfordien. — Roches et fossiles de l'étage Oxfordien de la partie nord du bassin du Rhône (Ain, Savoie, etc.). — Le Pouzin (Ardèche) : *Ammonites oculatus, A. cordatus, A. biplex, A. Homairi, A. Adelæ, Aptychus, etc.* — Chatonnod, près Belley (Ain) : Calcaires compactes fossilifères. — Albatrix (Ain) : *Ammonites, Phaladomya flabellata, P. cingulata, etc.* — Vallon de l'Huis (Ain) : *Ammonites, Pecten, Terebratula. Rhynchonella, etc.* — De Bouis à Portes (Ain) : *Ostrea, Terebratula. Rhynchonella, etc.* — Saint-Germain des Parroisses (Ain) : *Belemnites, Ammonites, Pecten. Terebratula, Rhynchonella, etc.* — Combe, entre France et Treffort (Ain) : *Ammonites plicatilis, Pholadomya, Terebratula. Rhynchonella, etc.* — Tour, près Nantua (Ain) : *Pecten, Mactromya. Terebratula, Pseudodiadema priscum, Collyrites bicordatus, Scyphia, etc.* — Thoirette (Ain) : Plusieurs variétés d'*Ammonites.* — Chanas (Savoie) : *Ammonites. Terebratula insignis, Rhynchonella. Collyrites elliptica, C. pseudoringens, Millecrinus Milleri, Scyphia, etc.* — Saint-Christin (Ain) *Ammonites annulatus, Terebratula. etc.* — Mont du Chat (Savoie) : *Belemnites, Ammonites, Aptychus, Rhynchonella. Terebratula, etc.* — Saint-Rambert (Ain) : *Ammonites biplex. A. tenuilobatus, A. convolutus. Asterias jurensis, Eugeniacrinus Raguebertensis, Dysaster Moeschi. Pseudodiadema Burgundiæ, etc.* — Etc.

Dans le haut de la vitrine : *Ammonites funatus*, de Villers (Calvados). *A. involutus*, de Balingen (Wurtemberg). — *A. plicatilis*, de Saint-Claude (Jura). — *A. inflatus*, de Balingen (Wurtemberg). — *A. biplex* et *A. tripartitus*, de l'Isère. — Bel échantillon de *Scyphia*, du Pontet (Ain). — Etc.

Vitrine 249

Callovien. — L'étage Callovien accompagne presque toujours l'étage Oxfordien : son type a été pris en Angleterre, aux environs de la ville de Kelloway ; dans le bassin du Rhône nous le trouvons presque partout où affleurent les gisements d'Oxfordien : dans l'Ardèche, il renferme d'importants dépôts de minerais de fer. — **Roches et fossiles de l'étage Callovien de l'Ain**. — Montange près Nantua (Ain) : *Ammonites macrocephalus, A. Backeriæ, A. athleta, A. anceps, A. Hommairi, Rhynchonella varians,* etc. — Tournus (Saône-et-Loire) : *Ammonites hecticus, A. anceps, A. plicatilis,* nombreuses espèces de *Pholadomya,* etc. — Ordonas (Ain) : *Ammonites,* deux types sont peints en rouge de façon à montrer les ornements des lobes : *A. commensis, Aptychus, Pholadomya, Pecten, Terebratula, Rhynchonella,* etc. — Saint-Rambert (Ain) : *Nautilus hexagonus, Ammonites hecticus, A. macrocephalus, A. athleta, A. tumidus, A. coronatus, A. Freårsi, A. Greppini, Collyrites dorsalis, C. elliptica, Holectypus depressus,* etc. — Montagnieu, près Briord (Ain) : *Ammonites biplex, A. anceps, Terebratula, Rhynchonella,* etc. — Etc.

Vitrine 252

Callovien. — Collection de **Fossiles de l'étage Callovien de Saint-Claude** (Jura), recueillie par M. Guirand. — *Belemnites hastatus, Ammonites Backeriæ, A. Lunula, A. cordatus, A. plicatilis, A. Arduennensis, A. athleta, A. coronatus, A. oculatus, A. Mariæ, Phasianella striata, Pleurotomaria Cytherea, Rostellaria tristis, Pleuromya recurva, Lyonsia excavata, Trigonia mundifera, Lima proboscidea, Gervilia aviculoides, Arca chauviniana, Mytilus rotundata, Pecten fibrosus, Rhynchonella quadriplicata, R. decorata, Terebratula bicanaliculata, T. subcanaliculata, T. impressa, T. insignis, T. bucculenta, Cyclocrinus calloviensis, Millecrinus rotiformis,* etc. — Etc.

Vitrine 240

Callovien. — Roches et fossiles de l'étage Callovien du bassin du Rhône et de la Sarthe. — Champgrenon près Mâcon (Saône-et-Loire) : *Ammonites athleta, A. anceps, A. hecticus, A. Jason, Pholadomya decussata, Pecten, Ostrea, Terebratula,* etc. — Valouze-sous-Venonce (Ain) : *Ammonites biplex, A. macrocephalus, Pleurotomaria, Rhynchonella, Terebratula,* etc. — La Voulte (Ardèche) : Fossiles recueillis dans le minerai de fer en exploitation (oligiste compacte, fer sesquioxyde) : *Belemnites, Ammonites coronatus, A. anceps, A. Freårsi, A. hecticus, A. tatricus, A. sigmodianus, A. Parkinsoni, A. Backeriæ, A. athleta, A. heterophyllus, A. perarmatus, A. Herveyi, Geoconia elegans, Terebratula, Rhynchonella,* etc., collection des principaux types de minerais. — Saint-Rambert (Ain) : *Ammonites macrocephalus, A. Herveyi, Pholadomya Murchisoni,* etc. — Saint-Pierre des Bois (Sarthe) : *Ammonites biplex, Panopæa Beaugniartina, Mytilus imbricata, Terebratula* *bicanaliculata, Rhynchonella quadriplicata.* — Mamers (Sarthe) : dents de Sauriens et de Poissons : *Ammonites anceps, A. coronatus, A. Jason, A. biplex, A. Backeriæ, Pholadomya carinata, Ostrea Gregaria, Pecten fibrosus, Ceromya concentrica, C. elegans, Perna mytiloides, Rhynchonella quadriplicata, R. Royeriana, Colyrites elliptica, etc.* — Pizieux (Sarthe) : *Astarte Achilles, Isocardia tenera, Mytilus Hyphœus, Pholadomya clytia, Pygopyrus depressus, etc.* — Sainte-Scolasse (Sarthe) : *Palynurus squammifer, P. longebrachiatus, Belemnites hastatus, Ostrea amor, O. Gregaria, O. alimena, O. amata, O. dilatata, Trigonia elongata, Pholadomya crassa, P. decussata, Terebratula calloviensis, Rhynchonella quadriplicata, Millecrinus pulchellus, M. Backeriæ, Montlicaltia regularis, etc.* — Etc.

Dans le haut de la vitrine : *Ammonites macrocephalus* de Chanas (Savoie). — *A. anceps, A. Backeriæ,* de Saint-Rambert (Ain). — *Ammonites anceps, A. coronatus, A. athleta, A. Adelæ,* de la Voulte (Ardèche). — *A. coronatus,* beau type du Wurtemberg. — *A. Pollux, A. Backeriæ, A. Babeanus, A. perarmatus, A. Mariæ,* des Vaches-Noires (Calvados). — Etc.

Vitrines 251 (pars)

Bathonien. — L'étage Bathonien a son type en Angleterre à Bath ; dans nos pays, il est surtout représenté par des calcaires oolithiques ; on donne ce nom à une variété de carbonate de chaux compacte, en grains ronds, ressemblant à une agglomération d'œufs de Poissons. Dans les environs de Tournus (Saône-et-Loire) et diverses autres localités, on exploite cette pierre comme pierre à bâtir ; dans les grandes carrières de Villebois, dont on extrait les beaux matériaux de construction qui servent de soubassement à la plupart des grandes maisons de Lyon, le calcaire est compacte sans être oolithique. — Mamers (Sarthe) : Dents de *Strophodus longidens, Pychodus Lugii.* — **Fossiles de l'étage Bathonien de l'Ain.** — Villebois (Ain) : Mâchoire supérieure de *Garialium,* vertèbres de *Plesiosaurus, Ammonites opalinoides, A. Moorei, A. aurigenus, Ceromya plicata, Isocardia tenera, Cardium globosum, Rhynchonella spinosa, R. obsoleta, Terebratula intermedia, T. maxillata, T. ornithocephala, Collyrites analis, Holectypus depressa, Hyboclypus gibberulus, etc.* — Etc.

Vitrine 241

Bathonien. — Roches et fossiles de l'étage Bathonien du bassin du Rhône, de la Sarthe, du Calvados, etc. — Thoyrette (Jura) : *Astarte rotunda, Pholadomya Vezelayi, P. bellona, Anatina, Clypeus Lugii, etc.* — Sarthe, différentes localités ; collection d'Échinodermes : *Collyrites analis, Pseudodiadema Desorianum, Echinobrisus Burgundiæ, Pseudodiadema subcomplanata, etc.* — Nantua (Ain) : Sauriens, *Ammonites Backeriæ, A. discus, A. subbackeriæ, A. macrocephalus, Gresslya, Trigonia Cassiope, Astarte rotunda, Pholadomya ornata, P. decorata, P. fronteplana, Ceromya striata, C. pli-*

cata, *Isocardia minima, Lyonsia peregrina. Mytilus plicatus. Goniomya scalprum, Terebratula intermedia, Rhynchonella carinata. R. concinna, Holectypus depressus, Collyrites analis*, etc. — Saint-Rambert (Ain) : *Ammonites bullatus, Hyboclypus gibberulus. Acrosolenia spinosa, Collyrites analis. Pygurus Michelini. Clypeus Plati.* etc. — Collection des **Calcaires Bathoniens du département de l'Ain** avec leurs fossiles caractéristiques. — Villebois (Ain) : *Belemnites Bessinus. Ostrea subserrata,* etc. — Collection des **Calcaires Bathoniens du nord du Dauphiné** avec leurs fossiles. — Belfort (Haut-Rhin) : *Nerinea, Pecten, Ostrea, Rhynchonella, Terebratula,* etc. — Vesoul (Haute-Saône) : *Belemnites, Pecten,* etc. — Etc.

Dans le haut de la vitrine : belle plaque recouverte d'Encrines, de Sennecey-le-Grand (Saône-et-Loire). — *Pentacrinus nodotianus,* de Villey-Saint-Étienne (Meurthe). — Plaque d'Encrines, de la Grive-Saint-Alban (Isère). — *Ammonites discus,* du Grand-Colombier (Ain). — Marbre dit petit granite, échantillon poli, du Jura. — *Ostrea acuminata,* de Saint-Gerome (Ain). — Plaque de calcaire de la Grive-Saint-Alban (Isère). — Moulage en plâtre d'une tête de *Steleosaurus Larteti,* de Caen (Calvados), sorte de grand Reptile, voisin des *Ichthyosaurus.* — Côtes d'*Ichthyosaurus,* de Villebois. — Etc.

Au-dessus de la vitrine, **Coupe géologique. passant de la Croix-du-Pérolier à Chasselay** (Mont-d'Or lyonnais), extraite de la *Monographie géologique du Mont-d'Or lyonnais et de ses dépendances,* par MM. A. Falsan et A. Locard.

Vitrine 251 (pars)

Bajocien. — Avec l'étage Bajocien, dont le type a été pris à Bayeux (Calvados), commence la série des terrains jurassiques que l'on peut voir aux environs immédiats de Lyon, dans les montagnes du Mont-d'Or lyonnais. A cet étage se rapportent en effet les bancs épais de calcaires qui recouvrent le mont Ceindre, le mont Tout et le Verdun : citons également les vastes carrières de Couzon, d'où l'on a extrait depuis plusieurs siècles une grande partie de la pierre avec laquelle on a bâti la ville de Lyon. — Dans cette vitrine figure une intéressante collection de petits fossiles qui présentent ce caractère particulier d'être siliceux tout en étant engagés dans une roche calcaire connue dans le pays sous le nom de **Ciret** ; on les trouve sur les plateaux du mont Ceindre, du mont Tout et du mont Verdun : *Belemnites canaliculatus. B. fusiformis, Ammonites Parkinsoni. A. Blagdeni. A. Martinsii. Ancyloceras annulatus, Rostellaria spinosa, Cerithium echinatum. Dentalium entaloides. Astarte pisum, Lucina bellona, Cucculaea concinna, Avicula inaequivalvis, Pecten spathulatus. Terebratula carinata. Pentacrinus cristagalli. Discocyathus Eudesi.* etc. Etc.

Vitrine 242

Bajocien. — **Roches et Fossiles de l'étage Bajocien du bassin du Rhône**, et particulièrement du Mont-d'Or lyonnais. — Nantua (Ain) : *Belemnites giganteus. Ammonites subbackeriae. A. Blagdeni, Pecten Personi. Lima proboscidea, Lima lucularis, Ostrea Marshii.*

Ostrea crenata, O. Gregaria, O. acuminata, Rhynchonella concinna, Hemithyris spinosa, Terebratula impressa, Pentacrinus bajocensis. Prionastrea Bernardiana, Collyrites ovalis, Holectypus depressus. Cidaris Blumenbachi, Clypeus alter, C. Lugi. etc. — Types de Calcaires à entroques du nord du Dauphiné. la Balme, Hyères, etc.; on donne le nom de **Calcaires à entroques** à des Calcaires remplis de débris d'Encrines qui font corps avec la pâte calcaire. — Collection de Calcaires à Entroques avec Fossiles, de Solutré, Milly, Marcigny. Pierre-Clos (Saône-et-Loire). — Bagnols (Rhône) : *Lima proboscidea, Pecten, Ostrea Marshii, Terebratula, Rhynchonella. etc.* — Chessy (Rhône) : *Ammonites humphriesianus, Ostrea Marshii, Terebratula clarellata. etc.* — Mont-d'Or (Rhône) : nous comprenons sous cette dénomination tout le massif de montagnes qui s'étend au nord de Lyon, et dans lequel sont ouvertes de nombreuses carrières d'où l'on extrait une pierre appelée dans le pays Calcaire jaune : à la base, ces Calcaires sont remplis d'empreintes d'une plante nommée *Cancellophicus scoparius : Belemnites canaliculatus, Ammonites subradiatus. A. Murchisonae. Trigonia costata, Lima proboscidea, L. semicircularis, Avicula inaequivalvis. Pecten demissus-gengensis, P. tectorius, Ostrea Marshii, O. calceola. O. sandalina. Pentacrinus.* baguettes de *Rhabdocidaris*, nombreuses variétés de Bryozoaires, *Cancellophicus scoparius, etc.* — Etc.

Vitrine 243

Bajocien. — Collection de **Fossiles de l'étage Bajocien de la Sarthe.** de Ternie et Conlie : *Ammonites subradiatus, Turbo Davousti, Trochus Artæa, Pleurotomaria armata, Chemnitzia, Patella, Phasianella striata, Pholadomya ambigua, P. vilicola, Panopæa, Ceromya Bajociana, Mytilus asper, M. Sowerbianus, Opis similis, Trigonia Proserpina, T. costata, Unio abductus, Lima transversa, Pecten demissus, Terebratula lata, Diastopora diluviana, etc.*

Dans le haut de la vitrine, Zones colorés par l'oxyde de fer, et infiltration de Dendries de Manganèse (cristaux d'Acerdèse) des carrières de Couzon (Rhône). — Deux échantillons de la *Belemnites giganteus*, du Wurtemberg. — *Cancellophycus scoparius*, de Poleymieux (Rhône). — Etc.

Sous l'arcade, à l'entrée du compartiment : à gauche, un Polypier de provenance inconnue; au-dessus une plaque de *Cancellophicus scoparius*, de l'Ardèche. — A droite l'*Ichthyosaurus tenuirostris*, du lias supérieur de Caen (Calvados). L'**Ichthyosaure.** genre éteint de la famille des Sauriens, avait le museau et l'aspect général d'un Marsouin, la tête d'un Lézard, les dents d'un Crocodile, les vertèbres d'un Poisson, le sternum d'un Ornithorhynque. et les nageoires d'une Baleine; l'énorme volume de l'œil était une des particularités remarquables de ces animaux; dans l'une de ces espèces la cavité orbitaire avait jusqu'à 38 centimètres de diamètre : cet œil était du reste protégé par des plaques osseuses comme chez quelques Reptiles. Ces animaux étaient aquatiques et essentiellement carnassiers; leur canal digestif était contourné en spirale. du moins à en juger par la forme de leurs excréments que l'on retrouve à l'état fossile, sous le nom de Coprolithes.

Devant l'armoire centrale, **Carte géologique du Mont-d'Or lyonnais** et de ses dépendances, par MM. A. Falsan et A. Locard

Vitrine 304

Bajocien. — Sous la quatrième fenêtre de la galerie de minéralogie on trouvera une collection de **Fossiles des environs de Bayeux** (Calvados), localité typique de cet étage : *Belemnites giganteus*, *B. ellipticus*, *Nautilus clausus*, *Ammonites Parkinsoni*, *A. garantianus*, *A. Martiusii*, *A. humphriesianus*, *A. Blagdeni*, *A. gradiatus*, *A. Gervillei*, *Chemnitzia coarctata*, *C. Normaniana*, *Pleurotomaria conoidea*, *P. granulosa*, *P. succula*, *P. ornata*, *Trochus duplicatus*, *Pholadomya siliqua*, *Mytilus elongatus*, *Astarte elegans*, *A. modiolaris*, *Lima Hector*, *Terebratula perovalis*, *T. digona*, *T. globata*, *Sciphia costata*, etc.

Vitrines 263 & 265 (pars)

Toarcien. — L'étage Toarcien tire son nom de la ville de Thouars (Deux-Sèvres); il est représenté dans le bassin du Rhône par des dépôts ferrugineux dont plusieurs sont exploités comme minerais; riche en Fossiles, il a permis de collectionner des séries très-remarquables; citons en première ligne le beau **gisement de la Verpillière** (Isère) auquel on a consacré la vitrine 263 et une partie de la vitrine 265 : nous remarquerons les espèces suivantes : *Belemnites stimulus*, *B. breviformis*, *Ammonites bifrons*, *A. Aalensis*, *A. Murchisonae*, *A. Transchaldi*, *A. mactra*, *A. subplanatus*, *A. opalinus*, *A. cornucopiae*, *A. hircinus*, *A. Braunianus*, *A. fluitans*, *A. falcifer*, *A. subinsignis*, *A. variabilis*, *A. rheumatisans*, *A. subarmatus*, *A. crassus*, *A. mucronatus*, *A. bubatus*, *A. goniatus*, *A. jurensis*, *A. naris*, *Natica pelops*, *Ancylus capitaneus*, *Turbo Bertheloti*, *Pleurotomaria grasana*, *P. Repeliana*, *Inoceramus cinctus*, *Astarte lucida*, *Hinites relatus*, *Rhynchonella Jurensis*, *R. subteraedra*, *Thecocyathus mactra*, etc.

Vitrine 253

Toarcien. — Collection de **Poissons et Mollusques des schistes de Boll et d'Ohmiden** (Wurtemberg) : *Sauropsis* ou *Pachycormus*, *Tetragonolepis*, *Lepidotus*, *Semionotus*, *Tetragonolepis poliodotus*, *Pachycormus curtus*, *Ammonites Jurensis*, *Pholadomya Murchisonae*, *P. decorata*, *Trigonia brevis*, etc.

Vitrine 254

Toarcien. — Collection de **Roches et Fossiles du Mont-d'Or lyonnais, de l'Ain et de l'Isère.** — Mont-d'Or lyonnais : c'est principalement à Saint-Romain que l'on trouve les Fossiles du Toarcien, dans les déblais d'une exploitation de minerai de fer aujourd'hui abandonnée : *Belemnites irregularis*, *B. tripartitus*, *Nautilus*, *Ammonites serpentinus*, *A. bifrons*, *A. radians*, *A. primordialis*, *A. Aalensis*, *A. cornucopiae*, *A. Jurensis*, *A. mucronatus*, *A. Raquinianus*, *A. sternalis*, *A. insignis*, *A. variabilis*, *A. complanatus*, *A. discoides*, *A. toarciens*, *A. subplanatus*, *A. Lithensis*, *A. crassus*, *A. costula*, *Natica Pelops*, *Ancylus capitaneus*, *Turbo Bertheloti*, *Pleurotomaria grasana*

Nucula Hammeri, Avicula Münsteri, Pecten textorius, Pentacrinus Jurensis, etc. — Crussol (Ardèche) : Ammonites subarmatus, Cardita gibbosa, etc. — Mont-Buissante (Rhône) : Belemnites Quenstedti, Ammonites opalinus, A. communis, A. Jurensis, A. concavus, A. subplanatus, A. mactra, A. Acanthopsis, Nucula Hammeri, Pecten textorius, etc. — Saint-Rambert (Ain) : Ammonites bifrons, A. serpentinus, A. opalinus, A. communis, A. Jurensis, A. Acanthopsis, etc. — Moiré (Rhône) : Ammonites insignis, A. Toarcensis, A. Ogeriani, etc. — La Verpillière (Isère) : nous avons déjà vu une grande partie de ces beaux fossiles dans la vitrine numéro 263. — Etc.

Dans le haut de la vitrine, grandes Ammonites des mêmes stations : A. radians, du Mont-d'Or lyonnais. — A. bifrons, A. subplanatus, A. heterophyllus, A. Lilli, A. Jurensis, beaux types de l'A. subplanatus et de l'A. cornucopiae, de la Verpillière et Saint-Quentin (Isère). — A. cornucopiae, de Villebois (Ain). — A. variabilis, de Nantua (Ain). — Etc.

Vitrine 255

Toarcien. — Collection de **Roches et de Fossiles des départements de Saône-et-Loire, de l'Ain, du Rhône**, etc. — Saint-Julien de Jonzy (Saône-et-Loire) : Ammonites subplanatus, A. insignis, A. crassus, A. mercati, A. bifrons, A. striatulus, A. angulatus, A. sternalis, A. Bayani, A. Cæcilia, Pleuromya striatula, etc. — Saint-Julien de Cray (Saône-et-Loire) : Belemnites tripartitus, B. irregularis, Ammonites heterophyllus, A. Emilianus, A. crassus, A. variabilis, A. radians, A. undulatus, A. Lithensis, A. Ogerianus, Nucula, Lima Galathea, Inoceramus dubius, etc. — Mussy (Saône-et-Loire) : Belemnites irregularis, B. tripartitus, B. Quenstedti, Ammonites Lithensis, Ostrea Pictaviensis, Leda rostralis etc. — Marcigny (Saône-et-Loire) : Belemnites irregularis, B. digitatus, Ammonites Thoarcensis, A. Murchisonae, A. radians, A. bifrons, A. crassus, Inoceramus, Serpula, etc. — Villebois (Ain) : Belemnites irregularis, Ammonites Aalensis, A. insignis, A. radians, A. bifrons, A. crassus, A. planicosta, A. Ebraensis, Chemnitzia, etc. — Boitasson (Saône-et-Loire) : Belemnites Quenstedti, B. Rhenanus, Ammonites Aalensis, A. costula, etc. — Laissac (Aveyron) : Belemnites tripartitus, Ammonites Germani, A. gonionotus, A. subradiatus, Lucina plana, Leda rostralis, Terebratula submaxillata, etc. — Saint-Nizier (Loire) : Nautilus striatus, Ammonites crassus, A. Thoarcensis, A. angulatus, A. striatulus, etc. — Charnay (Rhône) : Ammonites undulatus, A. striatulus, A. radians, Pecten textorius, etc. — Charlieu (Loire) : Ammonites bifrons, A. undulatus, A. Murchisonae, A. insignis, etc. — Brienon (Loire) : Belemnites Quenstedti, Lima gallica, Cypricardia brevis, Inoceramus cinctus, etc. — Vesoul (Haute-Saône) : Schistes avec Posidonia, Rhynchonella meridionalis, Terebratula Jauberti, Galeopygus agariciformis, etc. — Etc.

Dans le haut de la vitrine : Ammonites serpentinus, A. radians, A. variabilis, de Saint-Rambert (Ain). — Vertèbres d'Ichthyosaurus, A. serpentinus, de Villebois (Ain). — A. insignis, A. radians, de Saint-Julien de Cray (Saône-et-Loire). — Bel échantillon d'Ammonites insignis, de Pouilly-sur-Charlieu (Rhône). — A. insignis, de Saint-Romain au

Mont-d'Or (Rhône), et de Saint-Nizier, près Charlieu (Rhône). — *A. Levisoni, A. heterophyllus, A. subarmatus*, de Whitby (Angleterre). — Schistes à posidonies, de Vesoul (Haute-Saône). — Etc.

Au-dessus de la vitrine : **Coupe géologique de la plaine de Balmont, à Chasselay** (Mont-d'Or lyonnais), d'après MM. A. Falsan et A. Locard (*loc. cit.*).

Vitrine 265 (pars)

Liasien. — Le nom de Liasien, dérivé du Lias des Anglais, s'applique à des calcaires marneux fossilifères, qui, sous une puissance parfois de plus de cent mètres, s'étendent au-dessous de l'étage Toarcien. Cet étage renferme un grand nombre d'espèces de Bélemnites, ces curieux Céphalopodes qui se rapprochent sans doute des Seiches et des Calmars. Aux environs de Lyon, les marnes ou ravins du lias ont souvent plus de soixante mètres d'épaisseur, et remplissent les combes ou ravins entre les différents sommets du Mont-d'Or. — Nous présentons comme localité typique, Laissac, dans l'Aveyron, gisement riche en beaux fossiles, parfaitement conservés : *Belemnites clavatus, Ammonites planicosta, A. Davæi, A. complanatus, A. numismalis, Turbo canalis, T. Gaudryanus, Cyclostoma, Pholadomya decorata, Cardium caudatum, C. multicostatum, C. truncatum, Arca Munsteri, Nucula variabilis, Lima punctata, L. acuticosta, Pecten textorius, Gryphæa cymbium, Terebratula numismalis, Pentacrinus*, etc. — Etc.

Vitrine 256

Liasien. — Roches et fossiles de l'étage Liasien, dans le bassin du Rhône (Mont-d'Or lyonnais, Ain, Saône-et-Loire, etc.). — Mont-d'Or lyonnais : les gisements compris sous cette dénomination sont très-nombreux ; nous indiquerons plus spécialement les travaux de recherche du puits du mont Tout, la partie supérieure des carrières d'Arche, de Saint-Fortunat, etc. : *Nautilus Araris, Belemnites pavillosus, B. clavatus, B. umbilicatus, B. elongatus, B. Araris, B. acutus, B. centroplanus, B. acuarius, B. palliatus, Ammonites Davæi, A. margaritatus, A. Jamesoni, A. planicosta, A. amaltheus, A. Bechei, A. Birchii, Pholadomya decorata, Lima punctata, Avicula cygnipes, Plicatula lœvigata, Ostrea sportella, Gryphæa obliqua, Terebratula cor, Pentacrinus basaltiformis, Thisoa siphonalis*, connus dans le pays sous le nom de fromages du père Adam, etc. — Saint-Rambert (Ain) : *Ammonites Davæi*, etc. — Châteauneuf (Saône-et-Loire) : *Belemnites pavillosus, B. brevis, B. Araris, B. Milleri, Mytilus Thiollieri, Avicula cygnipes, Pecten textorius, Gryphæa gigantea*, etc. — Mont-Buissante, près Villefranche (Rhône) : Lumachelles ou Calcaires remplis de débris de coquilles, *Belemnites pavillosus, Lima succincta, Chemnitzia, Turritella*, etc. — Morestel (Isère) : *Terebratula acuta, Rhynchonella rimosa*, etc. — Lons-le-Saulnier (Jura) : *Belemnites elongatus, B. Milleri, Harpax pectinoides, Pecten æquivalvis*, etc. — Sivry (Saône-et-Loire) : *Belemnites centroplanus, B. pavillosus, B. acutus, B. acuarius, B. palliatus, B. elongatus*, etc. — Saint-Julien (Rhône,

Belemnites elongatus, *B. apicicurvatus*, *Ammonites nodotianus*, *Serpula Etalensis*, etc.

Dans le haut de la vitrine : *Belemnites elongatus*, *Ammonites margaritatus*, de Saint-Rambert (Ain). — *Ammonites stellaris*, *A. Birchii*, *A. submuticus*, *A. cornucopiæ*, *A. fimbriatus*, nombreux types de *Nautilus Araris*, *Chemnitzia Baugeriana*, du Mont-d'Or lyonnais. — Bel échantillon de l'*Ammonites heterophyllus*, de Charlieu (Rhône). — Etc.

Vitrine 257

Collection des Géodes des carrières de Couzon. — On trouve dans les assises des Calcaires bajociens des carrières de Couzon des concrétions dans l'intérieur desquelles sont renfermés des cristaux de Chaux carbonatée; Haüy avait étudié ces échantillons et y avait reconnu les types suivants de cristallisation : Rhomboèdres primitifs, équiaxes, raccourcis, inverses, unitaires, senobisunitaires, complexes, hexamorphiques et dilatés. — Prismes analeptiques, inverso-émarginés et coordonnés. — Etc.

Vitrine 267

Lias modifié. — Dans les Alpes, les étages Sinémurien et Liasien ont une grande puissance; leurs assises, au lieu d'être régulières, sont au contraire fortement bouleversées, et la texture de la roche se trouve être modifiée par suite des actions chimiques et mécaniques qui se sont produites lors du soulèvement des montagnes. Les Fossiles eux-mêmes ont participé à ces modifications, et se présentent souvent sous des formes écrasées ou déprimées. On a réuni dans cette vitrine les principaux types de roches du Lias des Alpes avec leurs fossiles caractéristiques. Roches du Lias d'Allevard, de Vizille, du Bourg-d'Oisan, de Villars-d'Arène, etc., du département de l'Isère. — Etc.

Vitrine 258

Collection des Roches du Mont-d'Or lyonnais.— Cette collection, importante surtout au point de vue des études locales, a été faite par M. E. Dumortier, l'un de nos savants paléontologues lyonnais; il a réuni toutes les roches du Mont-d'Or, assises par assises, de façon à former une coupe complète; on voit d'après ces roches que l'ensemble de ces montagnes comprend, outre les étages Triasiques supérieurs, toute la partie inférieure des Terrains jurassiques jusqu'à la grande oolithe. — Etc.

Au-dessus de la vitrine : moulage d'une patte de *Plesiosaurus brachiderus* (membre antérieur), de l'Angleterre.

Vitrine 259

Sinémurien. — L'étage Sinémurien a son type à Semur en Brionnais (Côte-d'Or); il existe dans presque toute la partie nord du bassin du Rhône. Dans le Mont-d'Or, il occupe une place importante au point de vue des exploitations des carrières de pierre; qu'il nous suffise de citer les carrières d'Arche, de Saint-Fortunat, de la Barollière, etc., toutes riches en fossiles. La plupart des escaliers des anciennes maisons de Lyon, ceux mêmes du palais Saint-Pierre, sont construits avec des blocs de Calcaire Sinémurien, remplis parfois des débris d'une huître très-commune, nommée *Gryphœa arcuata*. — Mont d'Or lyonnais : *Ichthyosaurus communis, Belemnites acutus, Ammonites stellaris, A. raricostatus, A. Bucklandi, A. geometricus, Pleurotomaria, Pholadomya glabra, P. Fortunata, Cardinia copides, Lima punctata, L. gigantea, Pecten Hehli, P. textorius, Gryphœa arcuata, Spirifer Walcotii*, etc. — Châteauneuf, Isigny, Sivry (Saône-et-Loire) : *Ammonites planicosta, A. raricostatus, Pholadomya striatula, Lima Hartmani, Pecten textorius, Gryphœa arcuata, G. obliqua, Terebratula subpunctata, Pecten Hehli*, etc. — Nolay (Côte-d'Or) : *Nautilus striatus, Ammonites planicosta, A. stellaris, A. bisulcatus, Pleuromya striatula, Cardinia copides, Pecten Hehli, P. textorius, Gryphœa obliqua*, etc. — Lons-le-Saunier (Jura) : *Ammonites planicosta, A. raricostatus, Pleuromya striatula, Gryphœa arcuata*, etc. — Saulx (Haute-Saône) : *Lima gigantea, L. punctata, Pecten Hehli, Gryphœa obliqua*, etc. — Châtillon (Rhône) : Calcaires sinémuriens avec *Pecten Hehli*. — Etc.

Dans le haut de la vitrine : Dents et ossements divers d'*Ichthyosaurus communis*, du Mont-d'Or lyonnais; on voit sur une figure cet animal reconstitué. — *Nautilus striatus, N. latidorsatus, Ammonites Sauzeanus, A. bisulcatus*, dont un échantillon poli permet de suivre la disposition des cloisons intérieures, *A. Bucklandi, A. Liasicus*, du Mont-d'Or lyonnais. — Plusieurs types de la *Lima gigantea*, la plus grande Coquille bivalve de nos pays, toutes recueillies dans le Mont-d'Or. — *Ammonites planicosta*, d'Allevard (Isère). — *Ammonites Boucaultianus*, de l'Arbresle (Rhône). — Etc.

Au-dessus de la vitrine : Moulage de *Mistriosaurus longipes*, du Wurtemberg.

Vitrine 268 (pars)

Sinémurien modifié. — Dans le département de Saône-et-Loire, à Romanèche, les couches de l'étage Sinémurien ont été modifiées par le voisinage des filons de Manganèse; on remarquera dans cette vitrine l'aspect nouveau de cette roche renfermant encore des fragments de *Gryphœa arcuata*. — Etc.

Infra-liasien. — Les Terrains jurassiques se terminent par l'étage Infra-liasien dont nous rencontrons des fossiles dans nos environs. — Villefort et le Bleymard (Lozère) : *Mytilus Stoppani, Lucina circularis, Pinna similis, Lima succincta, Pecten æquivalvis, P. Valoniensis, Lima Valoniensis, Turbo subplicatus*, etc. — Etc.

Vitrine 260 (pars)

Infra-liasien — Roches et Fossiles de l'étage Infra-liasien dans le Rhône et la Moselle. — Mont-d'Or lyonnais : *Bone-bed*; on donne ce nom à une couche renfermant des dents et des écailles de Poissons et qui se trouve à la partie inférieure de cet étage. — Roches au puits du mont Tout ; ce puits, creusé en 1823, au sommet du mont Tout, sous prétexte d'y rechercher de la Houille, a mis à jour les roches de l'Infra-lias avec quelques Fossiles : Perforations d'Annélides, *Pecten Pollux*, *Corbula Ludoviœ*, *Cypricardia porrecta*, *Ostrea sublamellosa*, etc. — Anse (Rhône) : *Turritella Deshayesea*, *Cypricardia porrecta*, *Mytilus Stoppani*, *M. scalprum*, *Corbula Ludoviœ*, *Lima Valoniensis*, *Pecten Thiollieri*, *Harpax spinosus*, *Plicatula intus-striata*, *Ostrea sublamellosa*, etc. — Bois-d'Oingt (Rhône) : *Turritella Deshayesea*, *Cypricardia porrecta*, *Mytilus Stoppani*, *Corbula Ludoviœ*, *Lima Valoniensis*, etc. — Hettange, près Thionville (Moselle), gisement riche en fossiles ; *Cancellaria*, *Mytilus*, *Lima acuticosta*, *Pecten Valoniensis*, etc. — Etc.

Dans le haut de la vitrine : *Thecosmilia major*, du Pas du Roc (Savoie). — Plaques de Choin-bâtard, montrant des perforations d'Annélides, du mont Narcel (Rhône). — Deux plaques avec *Ostrea sublamellosa*, du Mont-d'Or. — Etc.

Au-dessus de la vitrine : Moulage du *Plesiosaurus dolichodeirus*, de Lime-Regis, dans le Dorestshire (Angleterre).

TERRAIN TRIASIQUE

Le nom de Terrains triasiques a été donné par Alberti à un ensemble de terrains dans lesquels se trouvent trois étages parfaitement distincts : le Keuper, le Muschelkalk et les Gris bigarrés ; la Faune de ces terrains indique une transition entre l'époque paléozoïque et l'époque secondaire ; elle ne comprend que deux cents espèces environ, si l'on fait abstraction du gisement de Saint-Cassian, qui à lui seul renferme sept cent cinquante espèces : la Flore, peu riche en espèces, répond à une zone chaude ; les Fougères se rencontrent à peu près partout, mais les Équisétacés et les Conifères dominent à la base, tandis que les Cycadés sont plus abondants dans les terrains les plus récents. Dans nos pays, ces terrains occupent la base des formations calcaires, reposant souvent sur les Granites ou les Gneiss.

Vitrine 260 (pars)

Keuper. — Le Keuper ou Marnes irisées est dans nos pays peu riche en Fossiles ; il est représenté par des Argiles ou des Marnes de différentes couleurs renfermant parfois du Sel gemme et du Gypse ; ce sont encore des grès dont quelques-uns, comme à Vincelles (Saône-et-Loire) sont exploités pour le pavage ou la construction. — Mont-d'Or lyonnais : Rognons de Grès. — Empreintes de cristaux cubiques de Sel gemme dans les marnes irisées. — Alpes : Gypses et Dolomies d'Allevard (Isère), de la Maurienne, de Modane (Savoie), de Thonon (Suisse), etc. — Marnes irisées d'Allevard (Isère). — Keuper modifié du col de la Furca (Valais), et Tortemagne (Valais). — Bavière : *Lingula tenuissima*, *Myophoria Goldfusii*, *Sigillaria roides*, *Teniopteris cittata*, *Calamites arenaceus*, etc. — Etc.

Dans le haut de la vitrine : *Ammonites Metternichi*, échantillon agathisé et poli d'Hallstadt (Bavière). — Empreintes de pas de *Labyrin-*

thodon, de Vincelles, près Sennecey-le-Grand (Saône-et-Loire). — *Posidonomya Keuperiana*, de Sinsheim (Bavière). — *Pterophyllum Jægeri*, d'Allemagne. — *Equicetum arenaceum, E. columnare, Pterophyllum Jægerti*, de Stuttgard (Allemagne). — Etc.

Vitrine 268 (pars)

Keuper. — Collection de Fossiles agathisés et polis d'Halstadt (Autriche) : *Nautilus Sauperi, Orthoceras dubium, O. alveolare. Ammonites Ausseanus, A. Gaytani, A. subulatus, A. Metternichi, A. neojurensis, A. Simonyi, Chemnitzia, etc.* — **Collection de Fossiles de Saint-Cassian** (Tyrol), gisement célèbre, dans lequel on trouve une Faune exceptionnellement riche en petits Mollusques : *Orthoceratite elegans, Melania nympha, M. melitorquatus, Turritella Lommelli, Natica neritina, N. subovata, Naticella castrata, Trochus binodosus, T. subconcavus, Monodonta nodosa, M. Cassiana, Pleurotomaria Meyeri, Dentalium undulatum, Nucula cuneata, N. inflata, Avicula gryphæata, Cidaris baculifera, C. catenifera, C. dorsata, Productus Alpinus, Encrinus varians, E. lilliformis, Pentacrinus lævigatus, cnemidium variabile, C. rotundum, etc.* — Etc.

Vitrine 270 (pars)

Muschelkalck. — L'étage du Muschelkalck ou Calcaire coquillier est peu développé dans nos pays ; c'est surtout en Allemagne qu'il prend une grande extension ; dans le Mont-d'Or lyonnais il est représenté par une petite couche renfermant des dents et des écailles de Poissons *(bone-bed)* accompagnés de quelques rares Mollusques. — Girecourt (Haute-Saône) : Ossements de Reptiles, *Terebratula vulgaris, etc.* — Lunéville (Meurthe) : *Nothosaurus mirabilis, Conchorhynchus avirostris, Ceratites, Myacites ventricosus, M. elongatus, Ostrea pleuronectes, Myophoria Goldfusii, etc.* — Le Beausset (Var) : *Myophoria curvirostris, Avicula lævigata, Terebratula vulgaris, etc.* — La Font-Poivre, au Mont-d'Or (Rhône) : Calcaires avec dents de Poisson *(bone-bed), Myophoria Goldfusii.* — Deux-Ponts (Palatinat) : *Pecten inæquistriatus, Avicula Bronni, A. acuta, etc.* — Etc.

Vitrine 261 (pars)

Muschelkalck. — Roches et Fossiles de l'étage du Muschelkalck d'Allemagne (Baireuth, Crailsheim, Hosmersheim, Mauer, etc.). — Allemagne : Dents et écailles de Reptiles et de Poissons : *Nothosaurus mirabilis, Girolepis Alberti, Acrodus Gaillardoti, Straphodus Angustissimus, Placodus gigas, Saurichtys apicalis, Hybodus rugosus, H. obliquus, Encrinites moniliformis, Natica gregaria, Melania, Terebratula vulgaris, etc.* — Etc.

Dans le haut de la vitrine : *Ceratites nodosus*, de Rohrbach (Allemagne) et Cericourt (Vosges). — *Mytilus eduliformis*, de Lunéville (Meurthe). — *Ceratites bipartitus.* — Deux plaques de Calcaires portant des empreintes d'ondulations laissées par les eaux, de Neffiès (Hérault), etc.

Au-dessus de la vitrine : Moulage d'une tête de *Mastodonsaurus Jægeri*, du Wurtemberg (Allemagne).

Vitrines 261 & 270 (pars)

Grès bigarrés. — L'étage des Grès bigarrés contient comme son nom l'indique par des Grés diversement colorés. C'est avec lui que commencent les formations secondaires que nous venons de parcourir ; c'est surtout dans les Vosges que cet étage est bien représenté : dans nos pays il n'est pas fossilifère. — (Vitrine n° 270) : Neffiés (Hérault) : *Voltzia heterophylla*. — Chessy (Rhône) : Grés bigarrés cuprifères avec Azurite et Malachite des exploitations de minerai de cuivre (voyez la galerie de Minéralogie). — (Vitrine n° 261) : Soultz-les-Bains (Vosges) : Belle collection d'empreintes végétales, *Voltzia heterophylla*, *Yuccites Vogesiacus*, *Æthophyllum speciosum*, *Equisetum Brongnarti*, *E. Mongeoti*, *Albertia*, *Schizoneura paradoxa* : sur une grande plaque graines d'*Albertia* et de *Voltzia*, avec graines d'*Equisetum Brongnarti*, *Lima radiata*, etc. — Gypses des grés bigarrés d'Allevard (Isère) avec minerais de Fer carbonaté (voyez la galerie de Minéralogie). — Etc.

Vitrine 262

Grès bigarrés. — Collection de végétaux fossiles de Neffiés (Hérault) : *Voltzia heterophylla*, *Schizoneura paradoxa*, *Anomopteris Mongeoti*, *Equisetum Mongeoti*, etc. — Collection de Roches des Grés bigarrés de Plombières (Vosges). — Etc.

Sous l'arcade, à l'entrée du quatrième compartiment, on remarquera : à gauche : Plaque de Calcaire à *Gryphæa arcuata*, de grande taille, des carrières de Saint-Fortunat, au Mont-d'Or (Rhône) : c'est le type du calcaire Sinémurien des environs de Lyon. — Moulage en plâtre de l'*Ichthyosaurus tenuirostris*, de Boll (Allemagne). — Moulage en plâtre du *Teleosaurus Mystisiosaurus* (tête de Gavial), de Boll (Allemagne).

A droite : grande plaque de Grés portant des empreintes en relief de pas de *Labyrinthodon*, du Keuper de Lodève (Hérault) ; les affinités zoologiques du **Labyrinthodon** sont encore mal définies, on ne le connaît guère que par la trace de ses pas retrouvée dans plusieurs stations d'Europe et d'Amérique. — Empreintes de pas de *Labyrinthodon*, de plus petite taille, du Mont-d'Or lyonnais.

Contre le meuble qui occupe le centre du compartiment : *Ichthyosaurus tricisus*, et *Pentacrinus subangulosus*, de l'étage Toarcien, d'Halzmaden (Wurtemberg).

Vitrine 303

Toarcien, Liasien. Sinémurien. — Sous la quatrième fenêtre de la salle de Minéralogie, on a disposé une collection de Fossiles d'Angleterre et d'Allemagne appartenant à la partie inférieure des Terrains jurassiques.

Toarcien. — Angleterre : *Belemnites compressus*, *Ammonites bifrons*, *A. elegans*, *A. subcarinatus*, *A. cornucopiæ*, *A. radians*, *A. concavus*, *A. falcifer*, *A. subarmatus*, *A. annulatus*, *A. Acanthopsis*, *Natica pelops*, *Nucula ovum*, *Monotis substriata*, etc. — Allemagne) : *Belemnites paxillosus, B. digitatus. A. trisulcatus, Ammonites radians, A. Aalensis, A. Jurensis, A. amaltheus. etc.*

Liasien. — Angleterre : *Belemnites æquarius, B. tubularis. B. irregularis. B. trisulcatus, B. digitalis. Ammonites elegans. A. serpentinus. A. heterogenus. A. hastatus, A. maculatus. A. Margaritatus. A. spinatus. Pholadomya Haussmani, Trigonia litteralis, Cardinia Listeri. Cardium truncatum. Avicula inæquivalvis, etc.* — Allemagne : *Belemnites brevispinus, Ammonites costatus, A. Bucklandi, etc.*

Sinémurien. — *Ammonites geometricus, A. stellaris. A. oxynotus, A. crenularis, A. raricostatus. A. nitidus, A. Turneri. Cardium truncatum. Mytilus Hillanus. etc.*

Contre la vitrine : Tableau synoptique indiquant la **succession des étages géologiques du Mont-d'Or lyonnais** et de ses dépendances. leur stratigraphie, leurs emplois divers, leurs Fossiles caractéristiques et leurs localités. par MM. A. Falsan et A. Locard.

A droite de la vitrine : Moulage du *Pistosaurus longevus*. du Lias du Wurtemberg (Allemagne). — A gauche Moulage de l'*Ichthyosaurus tenuirostris*. du Dorestshire (Angleterre).

PÉRIODE PRIMAIRE

La période Primaire a suivi la période Azoïque : c'est pendant cette période que la vie animale et végétale apparaît pour la première fois sur le globe terrestre. Sa Faune est riche et variée : sa Flore très-développée : on le divise en quatre terrains : terrain Permien, terrain Carboniférien. terrain Dévonien et terrain Silurien.

TERRAIN PERMIEN

Ce nom a été donné à un groupe de terrain très-développé et parfaitement caractérisé dans les environs de la ville de Perm (Russie) ; ces mêmes terrains existent dans l'Autunois et dans l'Hérault. La faune Permienne compte à peine trois cents espèces : la flore, plus variée que la faune. renferme la plupart des espèces qui ont commencé à apparaître pendant la formation des Terrains carbonifères : c'est encore une flore propre aux pays chauds.

Vitrines 272 & 273

Permien supérieur. — C'est à l'étage Permien supérieur que se rattachent les Schistes noirs de Muse, près Autun (Saône-et-Loire). dans lesquels on a trouvés d'intéressants débris de Poisson. Ces Schistes étaient autrefois exploités pour la fabrication de l'huile dite huile de schiste, ou huile minérale. — Vitrine 272 : Grande plaque de *Sigillaria canaliculata*.

d'Autun (Saône-et-Loire) — Vitrine 273. — Muse. près Autun (Saône-et-Loire) : *Palæoniscus magnus, P. Voltzii, P. Blainvillei, P. Durernoyi. Walchia imbricata;* bois silicifiés : *Calamodendron, Psaronius Augustodunensis, Microporites dictyoxylon, Sigillaria,* etc. — Neffiés (Hérault) : *Ulmania, Odontopteris, Neuropteris flexuosa, Callipteris gigantea, Neuropteris intermedia, Walchia piniformis, Tæniopteris linearis,* etc. — Commentry (Allier) : *Palæoniscus Duvernoyi.* — Mansfeld (Prusse) : *Palæoniscus Freislebensis,* représenté par plusieurs types. — *Palæoniscus Vratislaviensis,* de Rupersdorf (Bohême). — Etc.

Vitrine 282

Permien inférieur. — Roches et fossiles de l'étage Permien inférieur de l'Hérault et de l'Allier. — Neffiés (Hérault) : Schiste à *coprolithes;* on donne le nom de coprolithes à des excréments de vertébrés que l'on retrouve conservés dans ces schistes : *Posidonia, Walchia piniformis, Cardiocarpus, Alethopteris, Sphenopteris linearis, Pecopteris, Odontopteris,* etc. — Bert-le-Donjon (Allier) : *Coprolithes, Palæoniscus, Walchia heterophylla, W. imbricata,* etc. — Etc.

Vitrine 274

Permien inférieur. — Nous trouvons encore dans cette vitrine quelques échantillons des environs d'Autun, appartenant au Permien supérieur : les autres échantillons proviennent du beau gisement **de fossiles de l'étage Permien inférieur de Lebach,** près Saarbrüken (Prusse).— Nombreux types de l'*Archegosaurus Dechenii* renfermé dans des nodosités; ce Reptile à respiration aérienne devait avoir plus d'un mètre de longueur, *A. latirostris. Amblipterus palæoniscus, A. macropterus, A. latus, A. lateralis, Pecopteris sinuata, Callipteris conferta, Calamites Suckowii, Pecopteris gigantea,* etc.

Dans le haut de la vitrine (Autun (Saône-et-Loire) : cinq grandes plaques de *Palæoniscus maximus, P. Blainvillei, P. magnus;* dans le bas de la vitrine : *Palæoniscus Dufrenoisi, P. Blainvillei, P. Voltzii, P. angustus,* grande série de *Coprolithes, Posidonia minutissima,* etc. — Commentry (Allier), deux plaques de *Palæoniscus Duvernoyi.* — Etc.

TERRAIN CARBONIFÉRIEN

C'est à ce terrain que l'on doit rapporter les dépôts houillers, qui jouent un si grand rôle dans l'économie sociale; à l'époque houillère, la température du sol était élevée et uniforme, l'humidité était extrême, toutes conditions très-favorables au développement des végétaux : par leur grande accumulation, ces débris organiques formèrent d'abord des tourbières, qui plus tard, sous l'influence de la chaleur et de la compression, se sont minéralisées et transformées en dépôts houillers.

Nous retrouvons aujourd'hui, dans les Grès et les Schistes qui accompagnent les dépôts houillers, des débris de cette faune si remarquable : elle comprend plus de huit cent cinquante espèces très-diversement réparties ; généralement chaque région a sa flore spéciale ne comprenant pas plus de vingt à trente espèces différentes. Quant à la faune, elle se compose de plus de quatre mille neuf cents espèces, et est caractérisée par le règne des Crinoïdes fixes et de certains Brachiopodes, les Chonétes et les Productus de grande taille.

Vitrine 283

Carboniférien supérieur. — Flore du bassin de la Loire. Le bassin de la Loire est riche en débris organiques appartenant à cet soit étage. La vitrine 283 renferme les types végétaux les plus importants soit de Saint-Étienne, soit de Rive-de-Gier : *Rhabdocarpus amygdalæformis, Sigillaria Dacreuxi, S. tessellata, S. Defrancii, S. Lævigata, Lepidodendron, Calamites Cistii, C. nodosus, C. approximatus, Annularia longifolia, A. Schlotheimi, A. sphenophylloides, Stomatopteris pettigera, Pecopteris arborescens, P. plumosa, P. aquilina, P. Loshii, P. Bioti, P. pteroides,* etc.

Vitrine 275

Carboniférien supérieur. — Roches et Fossiles de l'étage carboniférien supérieur d'Allemagne. etc.— Saarbrucken (Prusse) : *Sigillaria tessellata, S. scutellata, Stigmaria ficoides, Lepidodendron Sternbergii, Calamites Suckowii, Sphenophyllum erosum, S. Schlotheimi, S. fimbriatum, Sphenopteris spinosa, Pecopteris nervosa, P. dentata, P. polymorpha, P. acuta, P. plumosa, P. lonchitica, Neuropteris gigantea, N. tenuifolia, Sphenopteris distans, S. tridactyles, S. latifolia,* etc. — Waldenberg (Silésie) : *Unio carbonarius, Lepidodendron Sternbergii, L. acubatum, L. undulatum, L. spinosum, L. oboratum, Sigillaria complanata, S. ficoides, Neuropteris gigantea, Cyclopteris obliqua, Aspidites Silesiacus, Lycopodium dichotomum,* etc. — Wettin, près Halle (Prusse) : *Annularia longifolia, Sigillaria Brongnarti, Knoria imbricata, Sphenophyllum dentatum, Pecopteris crenulata, P. arborescens, Neuropteris mirabilis,* etc. — Ollendorf (Bohême) : *Neuropteris longifolia, N. conferta, Ulmania Bronii, Licopodium,* etc. — Radnitz (Silésie) : *Lepidodendron tetragonum, Stigmaria ficoides, Naeggerathia foliosa, Pecopteris dentata, P. obtusa, Sphenopteris rigida,* etc. — Angleterre : *Erenopteris, Neuropteris Loshii,* etc. — **Roches et Fossiles de l'étage carboniférien supérieur de Saône-et-Loire.** — Épinac : *Sigillaria pachyderma.* — Blanzy : *Lepidodendron Sternbergii, Sphenophyllum, Sphenopteris Schlotheimi, Pecopteris arborescens, Neuropteris obliqua, Annularia longifolia, Alethopteris Serlii,* etc. — Etc.

Dans le haut de la vitrine : Chamounix (Savoie) : *Annularia longifolia, Lepidodendron, Neuropteris flexuosa, N. Loshii,* etc. — Saarbruken (Prusse) : *Stigmaria ficoides, Callipteris conferta, Alethopteris lonchitica, Pecopteris dentata, Lepidostrobus Goldenbergii, Alethopteris Serlii, Sigillaria Cortei,* etc. — Deux belles plaques de *Neuropteris heterophylla*, de Essen (Westphalie). — *Alethopteris aquilina*, de Saint-Martin-Laporte, en Maurienne (Savoie). — *Sphenopteris crenata*, de Portelette (Isère). — Etc.

Au-dessus de la vitrine, **coupe géologique de Charlieu, au mont Pilat** (Loire), d'après M. Gruner, montrant la disposition géologique des couches dans le bassin houiller de la Loire.

Vitrine 276

Carboniférien supérieur. — Roches et végétaux fossiles des couches schisteuses de Petit-Cœur (Savoie). — *Pecopteris pteroides, P. arborescens, P. Cistii, P. Lodovensis, P. oreopteridius, P. Reicheana, P. abbreviata, P. Sterlii, Odontopteris minor, Sphenopteris latifolia, Alethopteris aquilina, Neuropteris Loshii*, etc. — Dans le haut de la vitrine : *Pecopteris gigantea, Neuropteris Loshii, Annularia brævifolia, Neuropteris heterophylla, N. tenuifolia, N. gigantea, N. heterophylla*. — Dans le bas de la vitrine : Saint-Martin des Alpes (Hautes-Alpes) : *Calamites, Lepidodendron, Stigmaria*. — Etc.

Vitrine 284

Carboniférien supérieur. — Collection de Roches de l'étage Carboniférien supérieur du bassin de la Loire. — Cet étage comprend une succession de couches de Poudingues, de Grés et de Schistes, au milieu desquelles sont intercalées, à des niveaux définis, les couches de Houille. Dans la vitrine n° 340, on trouvera la collection des principaux types de Houilles du bassin de la Loire.

Vitrine 277

Carboniférien supérieur. — Collection de végétaux fossiles de l'étage Carboniférien supérieur de la Loire et de la Haute-Loire. — Nous comprenons dans le bassin de la Loire les différentes concessions de Saint-Étienne, Firminy, Rive-de-Gier, Saint-Chamond, etc. — *Sigillaria tessellata, S. Cortei, Calamites Cistii, C. cannæformis, C. pachyderma, Walchia, Lepidodendron, Stigmaria, Annularia sphenophylloides, Pecopteris cyathea, P. arborescens, Sphenopteris Vignali, Odontopteris minor, Neuropteris Loshii, Pecopteris polymorpha, P. platyrochis*, etc. — Langeac (Haute-Loire) : *Cardiocarpus gracilis*, etc. — Etc.

Vitrine 278

Carboniférien superieur. — Collection de végétaux fossiles de l'étage Carboniférien supérieur du bassin houiller de la Loire et de divers autres bassins houillers. — Bassin de la Loire : *Sigillaria elongata, S. sulcata, S. pescapreoli, S. spinosa, S. tessellata, S. elliptica, S. pachyderma, S. Defrancei, Pecopteris polymorpha, P. Grandini, P. lonchitis, P. cyathea, P. aquilina, Stigmaria ficoides, Annularia sphenophylloides, A. longifolia, A.*

calamitoides, Calamocladus equisetiformis, Lepidodendron Defrancei. Ulodendron, Neuropteris rotundifolia , N. auriculata , Knoria angustifolia, Sphenophyllum Schlotheimi. etc. — Nefflés (Hérault) : *Pecopteris Grandini, Sigillaria,* etc. — Graissessac (Hérault) : *Pecopteris lonchitis, Sphenopteris convexiloba, Sigillaria lævigata,* etc. — Chamounix (Haute-Savoie) : *Annularia longifolia, Neuropteris flexuosa, N. heterophylla, N. Loshii, Sphenopteris Schlotheimi, Cyclopteris, Calamites gracilis, C. Cistii,* etc. — Lamure (Isère) : *Calamites Cistii, Pecopteris arborescens, P. aspera, P. lepidorachis,* etc. — Commentry (Allier) : *Annularia, Callipteris conferta,* etc. — Sainte-Foy l'Argentière (Rhône) : *Annularia longifolia.* — Alais (Gard) : *Equisetum, Alethopteris gigas,* etc. — Etc.

Vitrines 285 & 286

Carboniférien inférieur. — Cet étage diffère essentiellement du précédent ; sa faune est beaucoup plus riche en Mollusques, tandis qu'au contraire sa flore est moins étendue ; il renferme surtout des Grès et des Calcaires. Dans le bassin de la Loire, il est représenté par les **Calcaires fossilifères des carrières de Régny,** dont le Muséum possède une belle série ; c'est à cette collection que sont consacrées ces deux vitrines : *Nautilus cyclostomus, Orthoceras Goldfusianum, O. cinctum, Bellerophon costatus, B. rasulites, B. bicarenus, B. tangentialis, B. Keinianus, B. Ferrusaci, Eromphalus Dyonisii, E. pentagulatus, Chemnitzia Lefebvrei, Nerita ampliata, Dentalium cinctum, Metoptoma, Solemya Pusoziana, Arca Lacordairiana, A. Verneuilliana, Avicula nobilis, A. radula, A. Dumontiana, A. benediana, Cardinia laminata, C. nana, Cardiomorpha oblonga, C. elliptica, C. Pusoziana, Cardium rostratum, Isocardia transversa, Edmondia amoniformis, Pecten plicatus, P. dissimilis, Terebratula Roysii, Spirifer striatus, S. lineatus, S. atenuatus, S. Sowerbyi, Orthis resupinata, Chonetes papilionacea, Productus giganteus, P. punctatus, P. latissimus, Platycrinus granulatus, Poteriocrinus crassus, Cyathophyllum mitratum, C. plicatum, Caryophyllia fasciculata, Harmodites catenatus,* etc. — Etc.

Vitrine 279

Carboniférien inférieur. — Roches et Fossiles de l'étage Carboniférien inférieur, de Belgique et d'Amérique. — Dans le haut de la vitrine : Suite des végétaux fossiles du Carboniférien supérieur : Commentry (Allier) : Deux belles plaques de *Pecopteris cyathea, P. heterophylla, Annularia longifolia.* — Saint-Étienne (Loire) : Deux troncs de *Calamites Suckowii.* — Une longue tige de *Calamites approximatus,* des Grès du Mouillon, à Rive-de-Gier (Loire). — Carboniférien de Belgique, Visé et Tournay : *Nautilus Phillipsianus, Orthoceratites Goldfusianus, O. cinctus, O. crenulatus, Macrocheilus acutus, Natica cariata, Eromphalus pentangulatus, E. acutus, E. helicoides, E. lævigata, E. pallas, Turbo decoratus, Turritella abbreviata, T. Archiaciana, Pleurotomaria scarata, P. Kominckii, P. submamili-*

fera, P. *striata*, *Capulus vetustus*, *C. neritoides*, *Bellerophon hiulcus*,
B. canaliferus, *Cypricardia rhombea*, *C. transversa*, *Cardium alæ-
forme*, *C. hibernicum*, *Avicula tessellata*, *Productus giganteus*, P.
striatus, P. *platissimus*, P. *semireticulatus*, P. *costatus*, P. *punctatus*, P. *aculeatus*, *Chonetes papilionacea*, *C. comoides*, *C. variolata*,
Leptæna arachnoidea, L. *depressa*, *Spirifer lineatus*, S. *striatus*,
S. *bisulcatus*, S *histericus*, S. *Roysii*, etc. — Illinois (Amérique) : *Orthoceras Rushensis*, *Nautilus sangonensis*, *Macrocheilus fusiformis*,
M. inhabilis, *M. ventricosus*, *Pleurotomaria carbonaria*, *Naticopsis
rugosus*, *Bellerophon carbonarius*, *B. Montfortianus*, *Evonphalus
catilloides*, *Orthis subtilita*, *Spirifer lineata*, S. *camerata*, *Chonetes
mesaloba*, etc. — *Pecopteris elegans*, *Alethopteris Serlii*, *Neuropteris
hirsuta*, *Callipteris Sulliranti*, etc.

Au-dessus de la vitrine : **Coupe des terrains subordonnés aux
couches à Poissons fossiles du Bas-Bugey**, d'après M. A. Falsan.

Vitrine 280

**Carbonifèrien inférieur. — Roches et Fossiles de l'étage
Carbonifèrien inférieur du bassin du Rhône et de la Loire.**
etc. (Grauwacke du Kulm supérieur). — Valsonne (Rhône) : *Stigmaria
ficoides*, *Ulodendron commutatum*, *Knoria imbricata*, etc. — Fossiles carbonifériens de la Loire : Néronde : *Chemnitzia*, *Cardinia*,
Avicula spinosa, *Cypricardia squamifera*, *Orthis resupinata*, *Productus giganteus*, *Chonetes papilionacea*, *Poteriocrinus conicus*, P.
crassus, *Cyathophyllum plicatum*, etc. — Saint-Jullien d'Oddes (Loire) :
Orthis resupinata, *Poteriocrinus crassus*, *Harmodites catenatus*,
Caryophyllia fasciculata, etc. — Cherbué (Loire) : *Isocardia pumila*,
Leptæna depressa, *Spirifer lineatus*, *Cardiomorpha Puzoriana*,
Orthis resupinata, *Poteriocrinus conicus*, *Platycrinus*, *Actinocrinus*,
etc. — Tarare (Rhône) : *Harmodite catenatus*, *Spirifer bisulcatus*,
Cyathocrinus, etc. — Thizy (Rhône) : *Phillipsia*, *Productus*, *Avicula*,
etc. — Vaux-Ponsonnière (Rhône) : *Orthis resupinata*, *Spirifer bisul-
catus*, etc. — Plancher-les-Mines (Haute-Saône) : *Capulus*, *Evonphalus
Dyonisii*, *Avicula*, *Cardium*, *Productus giganteus*, P. *tortilis*, P. *carbonarius*, P. *Martini*, P. *costatus*, P. *striatissimus*, P. *antiquatus*,
P. *undatus*, P. *conoides*, P. *Vosgesiacus*, P. *semireticulatus*, P. *minor*, P. *proboscideus*, *Spirifer attenuatus*, S. *crispus*, S. *lineatus*,
S. *pinguis*, S. *undulatus*, *Chonetes punctatus*, *Terebratula serpentina*, T. *Roysii*, *Orthis resupinata*, *Atrypa acuminata*, *Cyathanoxia
mitrata*, *Amplectus coraloides*, *Dendrophyllum insigne*, *Bornia radiata*, etc. — Etc.

Dans le haut de la vitrine : Valsonne (Rhône) : *Bornia radiata*, *Stigmaria ficoides*, *Ulodendron commutatum*, *Lepidodendron Rimosum*,
etc. — *Knoria imbricata*, de Thann (Alsace). — *Lepidodendron acubatum*, d'Essen (Westphalie). — Deux plaques de *Pecopteris polymorpha*,
de Saint-Étienne. — Tronc de *Calamites cannæformis*, de Saint-Étienne
(Loire). — Etc.

Vitrine 281

Carbonifèrien inférieur. — Collection de **Végétaux fossiles de la partie inférieure de l'étage Carbonifèrien de Thann** (Haut-Rhin) : *Cardiopteris frondosa, Sphenopteris Schimperiana, Sagenaria Wettheimiana, Knoria longifolia, Dadoxylon rosgesia-cum*, etc. — Dans le haut de la vitrine : plaque de *Pecopteris polymor-pha*, de Saint-Étienne (Loire).

Sous l'arcade du cinquième compartiment, à droite : *Calamites Cistii* de Rive-de-Gier (Loire). — *Sigillaria Keniformis*, et *Pecopteris poly-morpha*, de Saint-Étienne (Loire). — A gauche : *Rabdocarpus* du Carbo-nifèrien supérieur de Neffiés (Hérault). — *Sigillaria lœvigata*, et *Pecop-teris polymorpha* de Saint-Étienne (Loire).

Vitrine 302

Permien et **Carbonifèrien**. — Sous la sixième fenêtre de la galerie de Minéralogie, figure une collection de **Fossiles des étages Permien et Carbonifèrien de Russie, d'Allemagne et d'Amérique.**

Permien. — Perm (Russie) : *Pecopteris, Sphenopteris cuneifor-mis, Pachypteris latinerva, Cyathocrinus ramosus*, etc. — Thuringe, Eisleben, Eisnach, Halle, Naumburg, etc. (Allemagne) : *Palœoniscus lepidus, P. magnus, P. Freislebense, Schizodus Schlotheimi, Arca tumida, Pygopteris Humboldti, Mytilus Haussmanni, Cardinia carbonifera, Avicula speluncaria, Pecten pusilus, Terebratula Schlotheimi, T. elongata, Productus horridus, P. aculeatus, Orthis pelargonata, O. excavata, Spirifer undulatus, Fenestrella retini-formis, F. Ehrenbergi, Walchia pinnata, Fucus selaginoides, Cu-pressites Ullmani*, etc.

Carbonifèrien inférieur. — Tennesse, Mississipi, Illinois, Indiana, Kentucky, etc. (Amérique du Nord) : *Bellerophon, Pleurotomaria striata, Spirifer striatus, Orthis Michelini, Poteriocrinus crassus, P. conicus, Pentremites globosus*, etc. — Silesie, Bohème, Westpha-le, etc. (Allemagne) : *Goniatites Listeri, G. atratus, Orthoceras strio-latum, Euomphalus Dionysii, Posidonia Becheri, Pecten dissimilis, Spirifer striatus, S. rotundatus, Productus striatus, P. longispinus, P. costatus, Orthis Koninki, Lithodendron fasciculatum*, etc.

A droite de la vitrine, moulage du *Natosaurus mirabilis*, du War-temberg.

TERRAIN DÉVONIEN

Ainsi nommés parce qu'ils ont été d'abord étudiés dans le Devonshire, en Angleterre, où ils offrent un remarquable développement, ces terrains ont une puissance qui dépasse quelquefois 3,000 mètres : ce sont surtout des Grès, des Calcaires et des Schistes alternant de diverses manières sui-vant les pays. Nous y trouvons, plus abondamment que dans les terrains carbonifères, des Crustacés, voisins des Branchipodes, connus sous le nom de Trilobites, par suite de la division de leur corps en trois segments ; la faune comporte environ cinq mille deux cents espèces ; la flore, beaucoup moins riche, ne renferme que deux cents espèces environ ; tous de grande taille et souvent de dimensions colossales, ces végétaux recouvraient sans doute une partie des terres fermes, et pullulaient dans les marais et les tourbières, ou vivait déjà des Coquilles d'eau douce.

Vitrine 297

Dévonien supérieur. — Faune du terrain Dévonien supérieur de France, d'Amérique, etc. — Ces terrains sont représentés dans le nord de la France par des Calcaires fossilifères, que nous voyons dans la vitrine 297. — Saint-Sauveur (Manche) : *Orthoceratites regularis*, etc. — Nehou (Manche) : *Orthoceras*, *Spirifer Verneuilli*, *S. concentricus*, *S. histericus*, *S. priscus*, etc. — Boulogne-sur-Mer (Pas-de-Calais) : *Serpula*, *Avicula*, *Leptæna Dutertri*, *Spirifer Verneuilli* *S. Bouchardi*, *S. Archiaci*, *Orthis elegans*, *Spirigera concentrica*, *Cyathophyllum turbinatum*, *Favosites orbinianus*, *Calamopora*, *Spongites*, etc. — Les Courtoisières (Sarthe) : *Pentamerus globulus*, *Orthis striatula*, *Atrypa subtiliformis*, *Spirifer Darousti*, *Alveolites suborbicularis*, etc. — New-York, Ohio, Canada, Kentucky, etc. (Amérique) : *Pleurorchynchus trigonalis*, *Asaphus caudatus*, *Orthoceras*, *Turbo Shumardi*, *Pterinea fascicularis*, *Astarte subtextilis*, *Avicula orbiculata*, *A. signata*, *A. demissa*, *Venulites concentricus*, *Sanguinolaria dorsata*, *Grammysia Hamiltonensis*, *Leptæna alternistriata*, *Cypricardia truncata*, **Macrodon** *bellastria*, *Spirigerina spinosa*, *S. concentrica*, *Atrypa reticularis*, *Orthis plicatella*, *Spirifer mucronatus*, *Strombodes rectus*, *Platyrus Dumosus*, *Cyathophyllum turbinatum*, etc. — Ferrones (Asturies) : *Pentremites Schulzii*, *P. Paillettei*, etc. — Etc.

Vitrine 288

Dévonien supérieur. — Roches et Fossiles de l'étage Dévonien supérieur de l'Hérault et de l'Allemagne. — Neffiés (Hérault) : *Goniatites*, *Orthoceras*, etc. Série de fossiles non déterminés. — Eifel (Prusse) : *Pleurocanthus laciniatus*, *Aulopora spicula*, *A. serpens*, *Eucalyptocrinus rosaceus*, *Favosites suborbicularis*, *F. Goldfusii*, *Cystiphyllum vermiculare*, *Cyathophyllum mitratum*, *Stomatopora polymorpha*, etc. — Pelm (Allemagne) : *Spirifer spinosus*, *Cyathophyllum hexagonum*, *C. helianthoides*, *Diphyphyllum cespitosum*, *Favosites Gothlandicus*, etc. — Gerolstein (Allemagne) : belle série de Fossiles : *Trigonaspis lævigata*, *Calymene concinna*, *Phacops arachnoides*, *Orthoceratites regularis*, *Euomphalus rotula*, *E. radiatus*, *Bellerophon tuberculatus*, *B. nodosus*, *B. aperta*, *Patella Sturnii*, *Sanguinolaria dorsata*, *S. sulcata*, *S. compressa*, *Solen pelagicus*, *Cardium retrostriatum*, *Pileopsis trigona*, *Spirifer curvatus*, *S. simplex*, *S. lævigatus*, *S. speciosus*, *S. lævis*, *S. intermedius*, *Spirigerina squammifera*, *S. spinosa*, *Terebratula rostrata*, *T. primipilaris*, *T. flabellata*, *Orthis tetragona*, *O. opercularis*, *Leptæna lepis*,

L. rugosa, *Cyathocrinus rugosus*, *Cyathophyllum turbinatum*, *C. ceratites*, *Discophyllum helianthoides*, *Geoporites placenta*, *G. porosa*, etc. — Paffrath (Allemagne) : *Macrocheilus arcuatus*, *Evomphalus lævis*, *E. planorbis*, *Buccinum arcuatum*, *Turritella coronata*, *T. bilineata*, *Murchisonia nodosa*, *Megalodon cucullatus*, *M. carinatus*, *M. auriculatus*, etc. — Bensberg, près Cologne (Allemagne) : *Bellerophon nodulosum*, *Buccinum torosum*, *Spirifer apertulatus*, *Terebratula sacculus*, *Stomatopora capitula*, *Cyathophyllum cæspitosum*, *Favosites suborbiculare*, *Calamopora polymorpha*, *Aulopora serpens*, etc. — Wuhnar (Allemagne) : *Pleurotomaria Defrancei*, *Spirifer subdentata*, *S. ostiolata*, *Catantostoma clathratum*, etc.

Dans le haut de la vitrine : Calcaires à crinoïdes, *Cyrthoceras ventricosum*, plusieurs Polypiers de Nefliés (Hérault). — *Cyathophyllum hexagonum*, *C. Dianthus*, de Pelm (Allemagne). — *Alveolites polymorpha*, de Gerolstein (Allemagne). — *Spirifer speciosus*, de Nassau (Allemagne). — Etc.

Vitrine 287

Dévonien inférieur. — L'étage Dévonien inférieur accompagne presque toujours l'étage précédent : comme lui, il renferme de nombreuses espèces nettement définies. — Collection de **Roches et de Fossiles de l'étage Dévonien inférieur d'Allemagne** (Coblentz, Unkel, Ollenbourg, Wissenbach, Singhofen, etc.) : *Bellerophon*, *Pleurodictyum problematicum*, *Cypridina serrato-striata*, *Spirorbis ammonia*, *Phileopsis cassidus*, *Spirifer cultrijugatus*, *S. macropterus*, *Orthis striatula*, *O. subarachnoides*, *O. umbraculum*, *Leptæna plicata*, *L. laticosta*, *Terebratula strigiceps*, *T. concentrica*, *T. reticularis*, *Actinocrinus nodulosus*, *Cyathophyllum primævum*, *Gorgonia infundibuliformis*, *Ficoides dichotoma*, *Chondrites antiquus*, *Halserites Dechenianus*, etc. — Etc.

Vitrine 289

Dévonien inférieur. — Roches et Fossiles de l'étage Dévonien inférieur de France, d'Allemagne, de Russie et d'Amérique. — Rennes (Ille-et-Vilaine) : *Phacops longicaudata*, *Nileus Beaumonti*, *Calymene Tristani*, *Trinucleus Pongerardi*, etc. — Singhofen (Nassau) : *Pterina reticulata*, *Nucula obesa*, *Solen constriosus*, *Megalodon bipartitus*, *Bellerophon striatus*, *B. trilobatus*, *Loxonema arociata*, *Grammysia Hænicheriensis*, etc. — Grund, dans le Harz (Allemagne) : *Serpularia centifuga*, *Orthoceras regularis*, *Bellerophon primordialis*, *Goniatites striatus*, *G. Wurmii*, *Cardiomorpha subata*, *Phasianella subclathrata*, *Avicula crinita*, *Natica inflata*, *Spirifer bifidus*, *S. deflexus*, *Terebratula prisca*, *T. aspera*, *T. hastata*, *T. cuboides*, *Calamopora spongites*, *C. fibrosa*, etc. — Rubeland, dans le Harz (Allemagne) : *Astrea basaltiformis*, *A. parallela*, etc. — Altenau, dans le Harz (Allemagne) : *Orthoceras agrarius*, *Cardium retrostriatum*, *Cypridina nitida*, etc. — Kahlenberg, dans le Harz (Allemagne) : *Bellerophon globatus*, *Sanguinolaria elliptica*, *S. Ungeri*, *Nucula subdeunoides*, *Thetys trigona*, *Cardium Koh lenbergense, Spirifer resupinatus, Orthis umbracula, O. sordida, O. testudinaria, Cyathocrinites pinnatus, etc. — Elbersreuth (Bavière) : Orthoceras regularis, O. speciosus, Orthoceratites subannularis, Goniatites subsulcatus, Turritella antiqua, Clymenia lœvigata, C. costellata, C. undulata, Cardium alternans, Cardiola interrupta, Syphocrinus elegans, etc. — Oberscheld (Russie septentrionale) : Goniatites intumescens, Orbicula concentrica, Cardium concentricum, etc. — Niagara (Amérique du Nord) : Calamopora, Cyathophyllum, Favosites, etc. — Cazenovia (New-York) : Dipleura Dekayi, Calymene bufo, Atrypa reacinna, Chonetes nana, Leptœna laticosta, Cystiphyllum Daumoniense, C. cylindrica, etc. — Louisville (Virginie) : Spirigerina reticularis, Delthyris mucronata, Spirifer ostiolata, Cyathophyllum radiatum, Favosites Goldfusii, Calamopora polymorpha, etc. — Etc.

Dans le haut, une collection de Roches et Fossiles de Neffiés (Hérault) : Goniatites, Schistes à Goniatites (Marbre griotte), etc.

Au-dessus de la vitrine. **Coupe géologique générale des Alpes** par le Saint-Gothard, d'après MM. Studer, Desor et Pareto.

TERRAIN SILURIEN

Avec le Terrain Silurien, la vie apparaît pour la première fois à la surface du globe ; c'est le premier âge vital de la terre, tel que l'admet actuellement la science. Ce terrain, fort développé en Angleterre, particulièrement dans le pays des Silures, n'y a pas moins de 8,000 mètres de puissance ; les Grauwackes, les Poudingues et les Grès à gros éléments en sont les Roches dominantes. Quant aux premiers corps organisés que l'on rencontre, et dont les vestiges ont pu se conserver jusqu'à nos jours, ce sont des cavités cylindriques analogues à celles des Arénicoles, et de vagues empreintes qui semblent appartenir à des Polypiers, à des Annélides et à un Trilobite ; on a cru distinguer aussi des traces de plantes marines. Mais bientôt ces formes deviennent plus nettes, des êtres plus complets ne tardent pas à paraître : ce sont alors des Foraminifères, des Polypiers, des Échinides, des Bryozoaires et quelques Mollusques, principalement des Brachiopodes ; presque en même temps apparaissent les Trilobites, qui deviennent fort abondants. La faune silurienne compte à elle seule plus de dix milles espèces ; quant à la flore, elle consiste jusqu'à présent en empreintes assez frustres d'algues marines mal définies.

Vitrine 298

Silurien supérieur. — Roches et Fossiles de l'étage Silurien supérieur de Neffiés (Hérault). — Nous avons encore à Neffiés, dans le département de l'Hérault, des représentants de la faune de l'étage Silurien supérieur : ce sont surtout des Trilobites ; quelques-uns même sont de très-grande taille : *Phacops latifrons*, *Orthoceratites*, *Cardiola interrupta*, *Graptolites*, *Catenipora*, *Asaphus Haussmannii*, *Calymene macrophtalma*, etc. — Etc.

Vitrine 290

Silurien supérieur. — Roches et Fossiles de l'étage Silurien supérieur de Russie. de Scandinavie, d'Allemagne et d'Angleterre. — Pulkowa (Russie) : *Asaphus caruigerus, Calymene Polytoma, Amphion Fischeri, Orthis cincta, O. parva, O. radians. O. eminea, Spirifer, S. parambonites, S. chama, Leptæna transversa, Cyclocrinites Sposkii, Calamopora fibrosa, etc.* — Christiania (Scandinavie) : *Illænus crassicauda, Asaphus cornigerus, Battus pustulata, Calymene læviceps, Orthoceras conquestum, O. crassicenta, O. strigillatum, O. gigas, Arca pinguis, Terebratula Duboisii, Orthis elegantula, Leptæna rugosa, L. depressa, Lituites lituus, Catenipora labyrinthica, Stomatopora polymorpha, Columnaria sulcata, etc.* — Saint-Ivan (Bohême) : *Cheirurus insignis, Aryes speciosus, Calymene diademata, C. Raylii, Asaphus arachnoides, Nerita substriata, Terebratula navicula, T. Duboisii, Spirifer trapezoidalis, Leptæna rugosa, Corydocephalus flabellatus, etc.* — Konieprus (Bohême) : *Gyroceras alatum, Proetus concinnum, Pentamerus optatus. P. rectifrons, Terebratula sylphidea, T. Proserpina, T. Sapho, T. Henrici, T. Hecate, T. Thisbe, Leptæna fugax, L. transversalis, L. Verneuilli, L. Bohemica, Spirifer najadum, Orthis umbella, etc.* — Branik (Bohême) : *Avicula rugosa, Mytilus Hevei, Asaphus Hausmani, Orthoceras regularis, Cardiola subdecussata, Cardium cornucopiæ, etc.* — Rochester (New-York) : *Dumaster Barriensis, Asaphus caudatus, Strophonema rhomboidalis, S. striata, Leptæna transversalis, Orthis flabellum, Salthyris plicata, etc.* — Helderbergen (New-York) : *Pentamerus galeatus, Strophonema rhomboidalis, Spirifer trapezoidalis, Spirigerina aspera, Orthis biloba, Terebratula prunum, T. microrhynchus, etc.* — Dudley (Angleterre) : *Homalonotus Delphinocephalus, Calymene Blumenbachi, Ogygia Bucchi, Asaphus caudatus, Econphalus rugosus, Nerita haliotis, Avicula reticulata, Pentamerus Knigthtii, Spirifer tenuistriatus, Leptæna depressa, Terebratula canalis, T. oborata, T. interplicata, Cyathophyllum cylindricum, C. subturbinatum, etc.* — Dayton (New-York) : *Asaphus, Illænus, Orthis elegantula, Catenipora escharoides, Geoporites Americana, etc.* — Etc.

Dans le haut de la vitrine : **Collection de Roches et Fossiles de l'étage supérieur de Neffiés** (Hérault). Cinq grands exemplaires de l'*Asaphus Barrandei.* — Moulages de Trilobites : *Paradoxydes Harlani*, d'Angleterre. — *Isotelus megistus*, de Cincinnati : *Acidaspis Buckii*, de Bohême. — Etc.

Vitrine 291

Silurien inférieur. — Cet étage est particulièrement développé en Bohême où l'on a trouvé plus de 1.500 espèces de Trilobites. En France il est représenté par les Schistes ardoisiers d'Angers (Maine-et-Loire) qui renferment quelques rares fossiles. — Beraun (Bohême) : *Cheirurus clavigcr, Calymene lævis, C. declicus, Dalmania socialis, Illænus limbatus, Cryptoceras elegans, Hieqada attenuata, Orthis desiderata, Leptæna* *aquila*, etc. — Gmetz (Bohême) : *Paradoxides Bohemicus*, *Hellipso-cephalus Haffi*, *Conocephalus Sulzeri*, *Acidaspsis Buchii*, etc. — Litten (Bohême) : *Bronteus palifer*, *Cheirurus gibbosus*, *Harpes speciosus*, *Pentamerus Sieberi*, *Terebratula Livonica*, *T. triquata*, *T. Wilsoni*, *T. prisca*, *Orthis umbraculum*, etc. — Wesela (Bohême) : *Trinucleus tessellatus*, *Dalmania socialis*, *Orthis testudinaria*, etc. — Mnienjan (Bohême) : *Phacops breviceps*, *P. intermedia*, *Terebratula Eucharis*, etc. — Tetin (Bohême) : *Phacops cephalotes*, *Agraulus ceticephalus*, *A. Delphinocephalus*, *Phacops decorus*, *Olenus spinulosus*, *O. gibbosulus*, *Gryphæus Roothi*, *Battus pisiformis*, etc. — Oelsen (Silésie) : *Calamopora basaltica*, *Orthis transversalis*, *Nerites Sedgwickii*, etc. — Medina (New-York) : *Fucoides Harluni*, etc. — Etc.

Dans le haut de la vitrine : Schistes ardoisiers d'Angers; *Illænus giganteus*, cinq échantillons; *Oggya Guettardi*, etc.

Vitrine 301

Silurien inférieur. — Sous la septième fenêtre de la galerie de Minéralogie : **Collection de Roches et Fossiles de l'étage Silurien inférieur d'Amérique.** — Cincinnati : *Homalonotus Dekayi*, *Calymene senaria*, *Polytoma*, *Asaphus gigas*, *Orthoceras corallifera*, *O. crebriseptum*, *Pleurotomaria biplex*, *Orthis accidentalis*, *O. biforata*, *O. subquadrata*, *Leptæna deflecta*, *L. alternata*, *L. tenuistriata*, *Heterocrinus simplex*, *Columnaria alveolata*, *Gorgonia aspera*, etc. — New-York (Illinois), etc. : *Calymene Blumenbachi*, *Cyrtalites ornatus*, *Bellerophon bilobatus*, *Modiolopsis truncata*, *M. nasula*, *Orthis testudinaria*, *O. centrilineata*, *O. erratica*, *Leptæna alternata*, *L. sericea*, *Atrypa increbescens*, *Stictopora acuta*, etc. — Etc.

TERRAINS CRISTALLOPHYLLIENS

Dans les Terrains Cristallophylliens on n'a jusqu'à ce jour rencontré aucune trace de vie animale ou végétale; en effet, la grande température de la terre à l'époque de leur formation, interdisait la vie à la surface du globe. Ces terrains représentent les premiers dépôts de sédiments qui ont formé dans les eaux, par erosion et désagrégation des couches cristallines ou de première consolidation; ils ont dû se déposer par couches horizontales; mais comme la chaleur du globe était intense, ils ont eu à subir des modifications et des transformations dans leur texture. Il est très-difficile d'établir des divisions tranchées entre ces terrains; car ils n'ont pas précisément d'ordre de superposition chronologique; suivant les éléments qu'ils renferment on les divise en Talschistes, Micaschistes et Gneiss.

Vitrine 293

Talschistes, Micaschistes, Gneiss. — Les **Talschistes** sont des roches composées de Talc rarement pur, le plus souvent mélangé de Quartz, de Feldspath et de Mica. — Les **Micaschistes** se rapprochent des

Gneiss, et constituent une des roches, les plus abondantes de la série des terrains Cristallophylliens : ils sont composés de Mica et de Quartz, le Mica paraissant souvent former la masse totale : leur texture est feuilletée, et la structure fissile ; la puissance de ces roches peut atteindre jusqu'à 2,000 mètres. — Les **Gneiss** sont formés de Mica très-abondant en paillettes déposées dans le sens des feuillets de la roche, et de Feldspath laminaire ou grenu ; leur texture est schistoïde. — Nous trouvons dans cette vitrine les principaux types des roches Cristallophylliennes du bassin du Rhône. — Micaschistes de l'île Barbe, près Lyon, de Saint-Étienne (Loire), de Saint-Symphorien d'Ozon (Isère), etc. — Gneiss des bords de l'Iseron, du rocher de Pierre-Seize, à Lyon, de Vaugnerai (Rhône), de l'Oisan (Isère), du col de Lautaret (Hautes-Alpes), de Gérardemer (Vosges), etc. — Etc.

TERRAINS ÉRUPTIFS

On désigne sous ce nom les terrains qui se sont formés et déposés les premiers, ou qui venant à faire éruption, sont venus postérieurement traverser les couches des terrains déjà formés pour s'y loger ou se répandre au dehors. Leur âge est donc très-variable ; on les divise en Granites, Porphyres, Diorites et Serpentines : mais il est à remarquer que chacune de ces divisions comprend une très-grande variété de roches passant parfois des unes aux autres sans qu'il soit toujours possible de leur assigner une dénomination ou un ordre de classification bien rigoureux.

Vitrine 294

Granites. — Le **Granite** est une roche composée de Feldspath, de Quartz et de Mica à peu près également disséminés, et sous forme de grains cristallins ; lorsque le Mica est remplacé par de l'Amphibole la roche prend le nom de **Syénite :** s'il est au contraire remplacé par du Talc, c'est une **Protogine :** quand il fait défaut c'est alors une **Pegmatite :** étant données ces quatre principales variétés de composition chimique, on voit de suite les différents passages qui peuvent se présenter ; ajoutons à cela la texture du grain et sa couleur, et nous aurons une idée du grand nombre de variétés que peuvent nous offrir les roches éruptives. — Parmi les principales roches du bassin du Rhône, nous signalerons : Pegmatites de Dammartin (Rhône). — Pegmatite tourmalinifère, de Sainte-Foy-les-Lyon (Rhône). — Granite primitif, de Montagny (Loire). — Granite gris en filons, du rocher de Pierre-Seize (Rhône). — Granite normal, de la rue des Capucins, à Lyon. — Granite gris, du col du Bonhomme (Savoie). — Granite porphyroïde de la Barollière et de Tramaye (Rhône). — Granite orbiculaire, de la Corse. — **Syénite**, de la Corse et de Propière (Rhône). — **Leptynite** ou Granite à petits éléments, de la montagne de la République, du Pilat (Loire), de Monsol et Vaugneray (Rhône). — **Minette**, roche formée de Mica noir et de Feldspath orthose, de l'Hôpital, près Régny et Vaux-Ponsonière (Loire). — **Vaugnerite**, roche composée de Mica brun et d'Amphibole, trouvée par M. Fournet, à Vaugneray (Rhône). — **Protogine**, du Saint-Gothard (Savoie) ; du mont Blanc, du glacier des Bossons (Haute-Savoie). — Etc.

Au-dessus de la vitrine. **Coupe générale des Alpes passant par la Maurienne et le mont Cenis**, d'après M. Lory.

Vitrine 295

Porphyres. Diorites. Serpentines. — On donne le nom de **Porphyre** à une roche contenant des cristaux disséminés au milieu d'une pâte feldspathique fine de couleur très-variable ; c'est une roche très-recherchée pour l'ornementation lorsque ses couleurs sont riches et voyantes. — Les **Diorites** sont formées de Feldspath albite et d'Amphibole hornblende. — Les **Serpentines** sont des roches magnésiennes de couleur verte, dont les bigarrures l'ont fait comparer à la peau d'un Serpent. Ces roches ne se retrouvent pas toutes dans le bassin du Rhône. Les Porphyres pourtant y sont très-abondants ; nous signalerons les gisements suivants : **Porphyres** du Lyonnais : Monsols, Vaux, Thel, Tarare, dans le département du Rhône ; la Clayette, dans Saône-et-Loire, etc. — **Ophites**, des Vosges et d'Italie. — **Serpentines**, de Corse et des Alpes. — **Euphotides** de Saas (Valais), et du mont Genève (Hautes-Alpes). — Euphotides et **Diallages** des Alpes. — Etc.

Vitrine 299

Collection de roches éruptives de Corse. — La Corse peut être considérée comme un des gisements les plus remarquables des roches éruptives. Nous y trouvons en effet toutes les variétés de Granites, de magnifiques Porphyres aux couleurs les plus riches, des Diorites et des Serpentines, depuis la pierre ollaire ou variété tendre, jusqu'aux espèces les plus dures. — Etc.

Vitrine 300

Minéraux des filons principaux du bassin du Rhône. — Dans les filons on trouve assez souvent des minéraux intéressants, dont plusieurs peuvent donner lieu à des exploitations sérieuses ; nous citerons dans le bassin du Rhône : Galène de Chenelette (Rhône). — Blende de la Poype (Isère). — Barytes sulfatées de Saint-Clément (Saône-et-Loire) et de Chaponost (Rhône). — Etc.

Vitrine 296

Collection de roches des hautes sommités des Alpes. — Sommets du mont Blanc, du mont Servin, du mont Rose, etc. — Photographie du sommet du mont Blanc.

Sous l'arcade du sixième compartiment, à droite : Moulage du *Psoletus megistus*, grand Trilobite d'Amérique, restauré. — Au-dessous, bloc de Granite orbiculaire, de Santa-Luccia di Tallano (Corse). — A gauche : Moulage d'*Holoptychus nobilissimus*, Poisson du Dévonien du Perthshire (Écosse).

Au-dessous : bloc de Porphyre rouge.

GALERIE
DE MINÉRALOGIE

La Minéralogie a pour but l'étude des éléments constitutifs du globe sous quelque forme qu'ils se présentent.

La collection de Minéralogie du Muséum de Lyon est disposée dans une galerie spéciale, et a été classée au point de vue des bases ou corps électro-positifs : cette classification, la plus rationnelle et surtout la plus pratique, avait été adoptée par Fournet en 1834 ; le Dʳ Jourdan, en 1843, l'appliqua aux collections du Muséum : il y a lieu pourtant de remarquer qu'exception a été faite pour les Silicates multiples et les Silicates non métallifères.

La collection commence au fond de la salle, à la suite de la Géologie ; la première vitrine est à droite de la dernière fenêtre de la galerie. En tête de chaque groupe se trouvent des tableaux et des guidons donnant la clef de la classification. Sur les étiquettes de chaque corps on trouvera au-dessous du nom minéralogique le nom chimique, et la formule indiquant la composition du corps.

L'espace n'ayant pas permis d'assigner à chaque groupe de minéraux une vitrine spéciale, il en est résulté une sorte de continuité dans la collection, de telle façon que l'on retrouve au milieu d'une vitrine une division souvent même importante ; pour faciliter les recherches du visiteur, nous serons donc dans la nécessité de suivre la collection vitrine par vitrine, en l'invitant à rechercher les principales divisions sur les tableaux disposés à cet effet en tête de chaque groupe. D'après cette classification, les Minéraux sont divisés en *Minéralisateurs* et *Minéralisables*. Les Minéralisateurs comprennent deux classes : les *Métalloïdes* et les *Métallacides* ; les *Minéralisables* se subdivisent en *Métallopsides* et *Métallolithes* ; enfin une cinquième classe, formant appendice au règne minéral, comprend la classe des *Organolithes*.

Vitrine 308

Les **MÉTALLOÏDES** sont des corps électro-négatifs à un haut degré, jouant rarement un rôle basique avec des corps des autres classes, formant des gaz permanents et des acides des plus énergiques : les Métalloïdes ne présentent pas des caractères métalliques. Ils renferment trois groupes de minéraux : les *Géogénides*, les *Chlorides*, les *Sulfurides* et les *Borides*.

Le **groupe des Géogénides** renferme une série de corps simples qui se présentent dans la nature généralement sous forme de combinaisons gazeuses ; tels sont l'**Oxygène**. l'**Azote**, l'**Hydrogène**. le **Carbone** et le **Silicium**. Le **Carbone** arrêtera notre attention lorsque nous signalerons les formes solides sous lesquelles il peut se rencontrer, comme par exemple le **Diamant**. le **Graphite**. la **Houille**. l'**Anthracite**. etc. (Voy. vitrine n° 330). — Le **Silicium**, qui fait également partie de ce même groupe, se présente sous des formes sinon plus variées, du moins plus communes ; on ne le rencontre pas dans la nature à l'état libre, mais il forme avec l'Oxygène une combinaison chimique nommée *acide silicique*. très-répandue dans la nature sous le nom de **Quartz**. Le Quartz présente en effet les plus grandes variétés ; il entre dans la composition d'un très-grand nombre de roches : nous nous bornerons à citer les principaux types.

Le **Quartz hyalin** ou Cristal de roche est la variété cristallisée ; il existe le plus ordinairement sous la forme d'un prisme hexagonal terminé par des pyramides à six pans ; il est tantôt coloré en vert par la Chlorite ou l'Amphibole, tantôt en rouge par le Fer ; s'il est associé au Manganèse il devient violet et prend le nom d'**Améthiste** ; enfin mélangé à des matières bitumineuses il paraît enfumé, et perd sa transparence. On le trouve dans les roches cristallines, dans les filons, ou bien encore, comme nous l'avons vu (vitrine n° 238), dans des Géodes des calcaires secondaires.

- Le **Quartz compact** ou Quartzite forme des masses parfois considérables dans les roches stratifiées des Alpes ; ce sont souvent des dépôts de Grès en partie fondus sous l'influence des effets métamorphiques. Le **Silex** ou pierre à fusil n'est qu'une variété de Quartzite. Nous avons vu que les peuplades primitives se servaient des Silex après les avoir taillés pour en faire des armes et des instruments divers. — Etc.

Vitrine 309

L'**Agate** n'est qu'une variété de Quartz, d'une structure toute particulière et présentant les colorations les plus diverses : on la trouve dans les Terrains secondaires et tertiaires, en amas ou nodules, ou dans les filons des Terrains cristallins : plusieurs variétés, susceptibles de prendre un beau poli, sont recherchées pour la bijouterie ou l'ornementation, et prennent alors différents noms. — La **Calcédoine** est incolore ou légèrement colorée en bleu très-clair. — La **Cornaline** est une Agate de couleur rouge, plus ou moins vive ; les plus belles variétés viennent de l'Asie. — Le **Jaspe** est une variété opaque d'un quartzite associé à diverses matières colorantes : il en est de toutes les couleurs. — L'**Opale**, dont quelques variétés ont une grande valeur. se recueille en rognons ou en nids dans les terrains anciens. — Etc.

La Silice, en se combinant avec d'autres corps, forme une classe de minéraux très-riche en espèces, et désignée sous le nom de **Silicates**. On les a classés en dix sous-divisions que nous aurons à examiner successivement.

1 **Silicates alumineux**. — Le **Disthène** est un silicate d'Alumine presque pur, que l'on trouve à l'état de cristaux dans les schistes et les roches anciennes : les Dysthènes du Saint-Gothard sont souvent d'une belle couleur bleue. — La **Pyrophyllite** est une autre variété de silicate hydraté d'Alumine, de couleur verte ou grise, que l'on trouve en Angle-

terre. — L'**Andalousite**. silicate d'Alumine et de Fer, se présente sous une forme de cristaux connus sous le nom de Macles : elle accompagne parfois les Granites et les Micaschistes : on en trouve quelques spécimens dans le Beaujolais. — La **Staurotide**, autre silicate d'Alumine et de Fer, est connue en Bretagne sous le nom de Pierre de croix, à cause de la forme que prennent ses cristaux : on la trouve également dans les Alpes, les Pyrénées, etc. — Etc.

2° **Silicates alumineux hydratés.** — L'**Argile** est le plus commun de tous les silicates alumineux hydratés : nous avons vu dans la géologie toute l'importance de son rôle : lorsqu'elle est pure elle prend le nom de **Kaolin,** et provient alors de la décomposition des Feldspaths. C'est avec l'Argile que se font les poteries. — La **Carphalite** renferme en outre du Manganèse : on l'a trouvée en Bohème, sous forme de petits filets sur la Chaux fluatée. — La **Pagodite** ou Pierre à magots, est une Stéalithe de la Chine, qui sert dans ce pays à la confection des magots chinois : elle se présente en masses terreuses souvent pulvérulentes, adhérant à des mamelons de Quartz ou à du Carbonate de chaux, comme dans la mine de Coralina, dans le Hartz. — Le **Bol** ou terre bolaire est une variété assez pure d'argile qui était autrefois employée en médecine, après avoir subi certaines préparations : chez les anciens, le Bol de Lemnos jouissait d'une grande réputation. — Etc.

Vitrine 310

3° **Silicates alumineux calciques et leurs Isomorphes** — La composition chimique des **Grenats** est des plus complexes : sous ce nom on comprend des silicates d'Alumine et de Chaux, d'Alumine et de Fer, de Fer et de Chaux, d'Alumine et de Magnésie, d'Alumine et de Manganèse, etc. On les trouve généralement cristallisés en dodécaèdre : leur couleur plus ou moins riche et leur transparence les font rechercher pour la bijouterie : les plus estimés sont ceux de Sibérie et du Piémont : aux environs de Lyon on en trouve à Francheville, Brignais, sur les bords du Gier et du Garon, etc. — L'**Épidote** est également d'une composition très-complexe : elle peut renfermer, outre l'Alumine et la Silice, du Fer et de la Chaux à divers états : on la trouve dans les roches cristallines, et plus particulièrement dans les schistes chloriteux des grandes chaînes de montagnes. — L'**Émeraude** ou Aigue-marine, est un silicate d'Alumine et de Glucinium cristallisant en prismes à six pans : les plus belles Emeraudes se trouvent dans les calcaires spathiques de la Nouvelle-Grenade : il en vient également du Pérou : la variété pâle ou Aigue-marine se rencontre dans les roches granitiques de la Sibérie et du Brésil. — Etc.

4° **Silicates alumino-alcalins et leurs Isomorphes.** — Les **Feldspath** sont des silicates alumineux associés à d'autres corps, et qui entrent dans la composition d'un grand nombre de roches primitives. L'**Orthose** est un Feldspath à base de Potasse et de Chaux, cristallisant en prismes obliques, et figurant dans la plupart des roches granitiques. L'**Albite** est un Feldspath à base de Soude : on le rencontre dans les Granites, les Protogines et les Pegmatites des Alpes et de la Sibérie. L'**Oligoclase** est un Feldspath à base de Potasse, de Soude et de Chaux : les cristaux des Géodes d'Arendal en Norwége sont souvent cités : on le trouve aux environs de Lyon, dans les Granites de Francheville. — La **Labra-dorite** est un Feldspath à base de Chaux et de Soude, que l'on rencontre plus spécialement sur les côtes du Labrador, où on la recueille comme pierre d'ornementation à cause des reflets chatoyants et opalins qu'elle possède. — L'**Amphigène** ou Silicate alumino-potassique, appartient aux roches volcaniques du Vésuve dans lesquelles elle joue le rôle de Feldspath.

Vitrine 311

La **Néphéline**, Silicate d'Alumine, de Potasse et de Soude, existe à l'état de cristaux prismatiques dans quelques roches métamorphiques d'Italie et de Norwége. — L'**Obsidienne** est une roche vitreuse, due à l'éruption des volcans, et dont la composition est très-complexe ; on la trouve dans la plupart des roches volcaniques. — Etc.

5 **Silicates alumineux hydratés avec Alcalis, Chaux et leurs isomorphes**. — Ces Silicates sont souvent désignés sous le nom de **Zéolithes** ; comme leur nom l'indique, ces minéraux sont fusibles au feu du chalumeau en bouillonnant et en se boursoufflant ; on en distingue plusieurs variétés. — Le **Mésotype**, composé de Silice, d'Alumine, de Soude et d'Eau, se rencontre soit en noyaux, soit en Géodes, ou cristallisé en prismes ou en aiguilles dans les cavités des roches basaltiques ; en Islande on l'exploite comme pierre de luxe et d'ornementation. — La **Stilbite** renferme de la Silice, de l'Alumine, de la Chaux, de la Soude et de l'Eau ; on la rencontre en filons ou en Géodes dans les roches volcaniques ou les filons métallifères. — La **Prehnite** formée de Silice, d'Alumine, de Chaux, de Fer et d'Eau, se trouve en filons dans les roches cristallines anciennes, dans les Gneiss, les Diorites et les Schistes micacés. — La **Chabasie** est une substance cristalline renfermant de la Silice, de l'Alumine, de la Potasse, de la Chaux et de l'Eau ; on la recueille dans les Roches basaltiques et dans les Amygdaloïdes. — L'**Analcine** ou Silicate hydraté d'Alumine et de Soude, cristallise en cubes, et se trouve dans les mêmes gisements que la stylbite et le Mésotype. — Le **Clinoclore** ou Chlorite de Pensylvanie accompagne les roches ignées et les roches sédimentaires métamorphiques ; c'est un silicate hydraté d'Alumine, de Fer et de Magnésie. — La **Margarite**, silicate hydraté d'Alumine et de Chaux, se rencontre plus spécialement dans les montagnes du Tyrol. — Etc.

Vitrine 312

6° **Silicates non alumineux avec magnésie et ses Isomorphes.** — La **Wollastonite**, sesquisilicate de Chaux et de Magnésie, appartient aux roches anciennes et aux terrains volcaniques. — La **Chlorite**, substance verte, beaucoup plus commune, répond à divers silicates hydratés de Magnésie ; elle est associée à la plupart des roches anciennes, et s'y trouve soit à l'état de schistes chloriteux, soit sous forme de cristaux. — Le **Talc**, silicate hydraté de Magnésie, au toucher onctueux, entre comme élément constitutif dans les Talschistes et les Protogines, roches si communes dans les Alpes ; on le trouve parfois sous formes laminaires ou fibreuses dans quelques roches cristallophylliennes. — La **Stéatite** ou Craie de Briançon se rapproche beaucoup du Talc ; avec certaines variétés on fait des crayons pour marquer le drap, la tôle, et de la poudre pour les gants; enfin on s'en sert également pour dégraisser les soies et falsifier les savons. — Sous le nom de **Pierre ollaire**, ce minéral sert à la confection de certaines poteries économiques, et entre dans la composition du fard et des pastels.

La **Serpentine** ou **Ophite** est une roche de composition très-variable, et dont nous avons déjà vu de nombreux échantillons dans les vitrines 295 et 299. On la taille et la coupe sous toutes les formes pour l'utiliser comme pierre d'ornementation. — La **Magnésite**, plus connue sous le nom d'Écume de mer, est un silicate de Magnésie; quand elle est pure elle est très-estimée: les plus belles variétés viennent de Crimée et de l'Asie Mineure. — Le **Péridot** est un silicate de Magnésie associé au Fer, au Manganèse et au Nickel; on le recueille dans les terrains ignés anciens, principalement dans les roches feldspathiques, ou bien encore disséminé dans les roches volcaniques récentes; les variétés transparentes sont employées dans la bijouterie. — Le **Zircon** se présente toujours sous forme cristalline: c'est un silicate de Zirconium; on le rencontre dans les terrains granitiques ou dans les roches volcaniques; taillé et transparent, il peut être utilisé dans la bijouterie. — L'**Amphibole** est un silicate calcique, magnésique et ferreux, qui entre dans la composition des roches dites amphibolitiques; on en distingue plusieurs variétés: la *Trémolite*, l'*Actinote*, l'*Hornblende*, etc. — Le **Pyroxène** ou Augite, renferme moins de Silice et plus de Chaux que l'Amphibole; comme lui, c'est un minéral d'origine ignée, formant la base des roches dites pyroxéniques; on en connaît plusieurs variétés: le *Diopside*, l'*Augite*, l'*Hyperstène*, etc. — La **Smaragdite** est un silicate calcique, magnésique et ferreux, d'une belle couleur verte; elle entre sous le nom de **Diallage** dans la composition des roches diallagiques ou Euphotides et des Serpentines; sous la dénomination de **Jade**, les Chinois s'en servent pour fabriquer divers objets d'ornementation parfois d'un grand prix. — Etc.

7° **Silico-fluates.** — La **Topase** renferme de la Silice, de l'Alumine et de l'acide fluorhydrique; on la trouve en cristaux dans les roches cristallisées, ou en fragments roulés au milieu des alluvions anciennes du Brésil; ce sont ces dernières qui sont surtout recherchées pour leur belle couleur jaune.

Vitrine 313

Les **Micas** sont très-complexes comme composition; ce sont des Fluosilicates ayant pour base l'Alumine, la Magnésie, l'Oxyde de fer, la Potasse, la Lithine, etc.; ils se présentent sous forme de lamelles minces, parfois aussi transparentes que le verre, et quelquefois de grandes dimensions; ils entrent dans la composition des Granites, des Gneiss et de certains Schistes. Les grandes feuilles viennent de Sibérie, et sont quelquefois employées pour remplacer les vitres à bord des vaisseaux de guerre. — Etc.

8° **Silico-Borates.** — La **Tourmaline** est un Silico-Borate à base de Potasse, de Soude, d'Alumine, de Fer, de Lithine, etc.; on la trouve en cristaux ou en aiguilles, surtout dans les Granites; il existe à Chaponost, près de Lyon, un beau gisement de Tourmaline; les plus belles variétés sont utilisées en joaillerie, ou servent à l'étude de certains phénomènes optiques.

L'**Axinite**, silico-borate d'Alumine et de Chaux, se présente sous la forme de beaux cristaux minces et tranchants dans les montagnes de l'Oisan. — Etc.

9° **Silicates sulfurifères**. — La **Lazulite** ou Lapis-Lazuli, est une des pierres les plus recherchées à cause de sa belle couleur bleue, pour l'ornementation des objets de luxe ; c'est un silicate sulfurifère d'Alumine, de Soude et de Chaux ; les plus belles variétés viennent de Chine, du Pérou et du Chili. — L'**Haüyne**, silico-sulfate alcalin de Chaux et d'Alumine, dédié à Haüy, se trouve en petits grains cristallins disséminés dans les roches volcaniques. — Etc.

10° **Silico-titanates**. — Le **Sphène** est un silicate de Chaux combiné avec un silicate titanique ; on le rencontre dans les roches ignées, cristallines, plutoniques et volcaniques ; nous pouvons le signaler dans les Gneiss du Lyonnais.

Ici se termine la grande famille des Silicates ; nous trouvons à la suite de nouveaux groupes de minéraux que nous examinerons successivement.

Le **Groupe des Chlorides** comprend : le *Fluor*, le *Chlore*, le *Brome* et l'*Iode*. — Le **Chlore** se dégage parfois à différents états dans les émanations volcaniques ; on remarquera dans la collection un échantillon montrant l'altération subie par les laves du Vésuve sous l'influence d'abondantes émanations de Chlore. — Le **Brome**, l'**Iode** et le **Fluor** n'existent dans la nature qu'à l'état de combinaisons, ou associés à d'autres éléments minéraux.

Le **Groupe des Sulfurides** comprend le *Soufre*, le *Sélénium* et le *Phosphore*. — Le **Soufre**, se trouve à l'état natif sous forme de beaux cristaux, dans plusieurs pays ; telles sont les mines de Cornilla, en Espagne, les gisements de la Sicile, Bex, en Suisse, etc. ; on le voit également dans quelques roches volcaniques ; c'est actuellement la Sicile qui est le plus grand centre de production industrielle. — On rencontre assez rarement le **Sélénium** à l'état natif dans les mines de Culebras au Mexique, et dans les dépôts volcaniques des îles de Lipari. — Le **Phosphore** entre dans la composition d'un grand nombre de corps mais n'existe pas à l'état de liberté dans la nature. — Etc.

Le **Groupe des Borides** ne renferme qu'un seul corps, le **Bore** ; c'est surtout sous forme d'acide borique que l'on rencontre cette substance ; il est à l'état de dissolution dans les eaux ou d'efflorescence sur les bords des lagunes ou lacs de la Toscane ; on le trouve également dans les dépôts volcaniques des îles Stromboli (Italie).

Les **MÉTALLACIDES** sont des corps électro-négatifs dont les combinaisons avec l'Oxygène donnent lieu à des acides ; ces corps, ainsi acidifiables, présentent la plupart des caractères métalliques ; la dénomination de Métallacide exprime ces deux qualités : on y distingue trois groupes : les *Arsénides*, les *Chromides* et les *Molybdénides*.

Le **Groupe des Arsénides** renferme : l'*Arsenic*, l'*Antimoine* et le *Tellure*. — L'**Arsenic** natif se trouve parfois dans les gisements des minéraux arsénifères en masses lamineuses ou en cristaux, comme dans le Hartz, la Saxe, etc. — Le **Réalgar** ou Arsenic sulfuré, se voit à l'état de beaux cristaux rouges, dans les filons du Hartz, de la Transylvanie, ou bien encore associé aux roches volcaniques du Vésuve et de l'Etna. — L'**Orpiment** ou Arsenic sulfuré jaune existe ordinairement dans les mêmes gisements que le Réalgar ; le Levant nous fournit la majeure partie de ces produits utilisés dans les arts pour la peinture. — L'**Antimoine** existe à l'état natif dans les filons qui traversent les Terrains anciens riches déjà en minerais d'Antimoine : on en a rapporté d'Allemont, dans le Dauphiné. — La **Stibine** ou Antimoine sulfuré est le véritable minerai d'Antimoine, on la trouve à l'état de filons dans les roches anciennes ; nous signalerons plus particulièrement l'Antimoine sulfuré qui traverse les Calcaires carbonifères de Sainte-Colombe (Rhône).

Vitrine 314

L'**Exitèle** ou Antimoine oxydé, accompagne souvent les filons d'Antimoine sulfuré : à Allemond, dans le département de l'Isère, il se présente en masses amorphes et terreuses. — Le **Tellure** est rare dans la nature : on l'a rencontré dans les mines de Salatna, dans la Transylvanie, associé à d'autres minéraux. — Etc.

Le **Groupe des Chromides** comprend des corps rares et peu utilisés, le *Chrome* et le *Vanadium*. — Le **Chrome** ne se trouve qu'à l'état de combinaison. Associé à l'Oxygène, il prend le nom d'**Anagénite** et se trouve dans les Terrains anciens des environs d'Autun (Saône-et-Loire). — Le **Vanadium** n'existe dans la nature qu'associé au Plomb, au Cuivre, au Fer, etc. : à l'île Barbe, près Lyon, on a trouvé dans les roches anciennes du Vanadate de Fer. — Etc.

Le **Groupe des Molybdénides** ne renferme que des corps plus rares encore que les précédents : le *Molybdène*, le *Tungstène*, le *Niobium*, le *Tantale* et le *Titane*. — Le Titane, sous le nom de **Titanite**, est associé à l'Oxygène, et se rencontre parfois dans les roches anciennes de la Tarantaise, du Saint-Gothard, du Valais, etc. — Etc.

Les **MÉTALLOPSIDES** sont des minéraux presque toujours électropositifs dont la combinaison avec l'Oxygène donne lieu ordinairement à des bases ou oxydes réductibles par le Charbon et l'Hydrogène : ces corps possèdent à un haut degré les caractères métalliques : ce sont les métaux proprement dits : les premiers d'entre eux ne décomposent pas l'eau : les suivants ne la décomposent qu'à la chaleur de l'incandescence, à moins d'être très-divisés. On les classe en *Aurides*, *Palladiides*, *Argyrides*, *Zincides*, *Cuprides* et *Sidérides*.

Le **Groupe des Aurides** renferme les métaux dits métaux précieux : l'*Or*, l'*Osmium*, le *Platine* et l'*Iridium*. — L'**Or** n'existe qu'à l'état de métal simple dans les roches anciennes, soit en place, soit déjà ramenées à l'état de sable : on l'y recueille en petites masses, en grains, en lamelles, en dendrites, ou même, mais très-rarement, en cristaux. La collection possède des échantillons d'Or natif de Californie, dans les filons de Quartz, du Brésil, de la Sibérie, de la Gardette, de l'Oisan et des Grandes-Rousses (Dauphiné) ; enfin, nous savons qu'au commencement du dix-huitième siècle, des orpailleurs retiraient de l'or des sables du Rhône, en dessous de Lyon. — Le **Platine** ne se voit dans la nature presque jamais à l'état de pureté : presque toujours on le trouve réuni à d'autres métaux tels que le Fer, le Cuivre, l'Or, etc. : c'est la Russie qui est actuellement le centre principal des exploitations de Platine. — Etc.

Le **Groupe des Palladiides** renferme le *Ruthénium*, le *Rhodium* et le *Palladium*, corps rares et sans intérêt pour nous.

Dans le **Groupe des Argyrides** nous aurons à passer en revue : l'*Argent*, le *Mercure*, le *Bismuth* et le *Plomb*. — L'**Argent** peut se trouver à l'état natif, sous formes de rameaux ou même massif, dans les filons des roches anciennes ; les minerais d'Argent exploités sont toujours le résultat d'une combinaison chimique ou d'un alliage, qui nécessite un traitement spécial pour en extraire le métal ; parmi les pays qui nous donnent l'Argent à l'état natif citons les mines de Freyberg (Silésie), le Pérou, le Mexique, le Chili, la Hongrie, le Harz, et plus près de nous les gisements de Challanche, dans le département de l'Isère. — Le **Discrase** ou Argent antimonial accompagne ordinairement les minerais d'Argent arsénifère, notamment dans le Harz, à Allemont, dans le Dauphiné, au Chili et au Mexique. — L'**Argyrose** est le minerai d'argent le plus riche et le plus abondant : il existe plus spécialement à l'état de filons traversant les Micaschistes, les Gneiss et le Granite dans la Saxe, la Bohême, la Hongrie, le Pérou, le Chili, etc. — Etc.

Vitrine 315

Le **Mercure** se trouve à l'état libre dans quelques mines où l'on exploite ses composés, comme à Chemnitz, en Hongrie, à Almaden, en Espagne, etc. — Le **Cinabre** est le seul minerai de Mercure qui soit sérieusement exploité ; il existe en filons, en veinules ou en amas dans les terrains anciens, ou bien encore imprégnant les roches des terrains secondaires : Almaden dans la Manche, en Espagne, est le principal gisement exploité. — Le **Bismuth** natif est plus répandu que ses composés ; on le recueille dans les filons métallifères de Schnelberg, en Saxe, à Johan et à Georgenstadt, dans la Bohême ; on sait que ce métal entre dans la composition d'un certain nombre d'alliages industriels, sans compter son utilisation en médecine. — Le **Plomb** est beaucoup plus répandu dans la nature ; ses minerais sont également plus variés. A l'état libre, on peut le rencontrer dans les laves du volcan de Madère, et dans les filons des minerais de Plomb de Suède, de Saxe, de Bohême, et même aux environs de Lyon, dans les gisements du Beaujolais.

Vitrine 316

Les minerais de **Plomb** sont très-variés, et le bassin du Rhône notamment nous offre d'intéressants types minéralogiques. Les gisements du Beaujolais, de la Poype, ceux de la Loire et des environs de Lyon ont été exploités à diverses reprises à la fin du siècle dernier, et au commencement de celui-ci. Parmi les différents états où se trouve le Plomb nous citerons : la **Galène** ou Sulfure de Plomb, avec ces brillants cristaux cubiques, souvent argentifère, exploitée en divers points de nos environs : à Chenelette, Monsols, Poule et Nussière, dans les Porphyres quartzifères ou les Schistes métamorphiques : à Vienne, dans l'Isère : à Chasselay, dans le Mont-d'Or, etc. — La **Céruse**, Plomb carbonaté noir et blanc, accompagne souvent les gisements de Galène où elle s'y présente en masses amorphes ou cristallisées, comme à Chenelette, Propière, Vienne, etc. — La **Pyromorphite** ou Plomb phosphaté vert, se rencontre en cristaux de forme hexagonale, dans presque tous les filons de Galène de nos environs, notamment dans le

Beaujolais. — La **Nussiérite** que l'on trouve à la Nussière, dans le Beaujolais, renferme du phosphate et de l'arséniate de Plomb. — Le **Plomb-
gomme** des mêmes gisements, est un mélange de Plomb phosphate et
d'hydrate d'Alumine. — Etc.

Le **Groupe des Zincides** renferme l'*Étain*, le *Cadmium* et le
Zinc. — La **Cassitérite** est le principal minerai d'Étain : la Bohême, la
Saxe et le comté de Cornouailles en Angleterre, renferment les gisements
les plus importants ; on la trouve en amas ou en filons dans les Granites et
les Terrains primaires, soit en place, soit déjà désagrégée par divers agents
géologiques. — Le **Cadmium**, métal rare et sans emplois, se trouve à
l'état de sulfure dans certaines roches amygdaloïdes de Bidgopton.

Vitrine 317

Le **Zinc** se trouve rarement à l'état libre ; mais ses minerais, la Blende
et la Calamine, sont en revanche assez fréquents. Nous aurons encore à
remarquer plusieurs beaux échantillons recueillis dans le bassin du Rhône.
La **Blende** ou Sulfure de Zinc se rencontre à l'état de filons ou d'amas dans
les Granites et les Roches anciennes ; à la Poype, près Vienne (Isère), il
existe un filon de près de trois mètres d'épaisseur, encaissé dans les Schistes
micacés ; très-anciennement exploité, ce filon donna lieu en 1777 à de sérieux travaux. — La **Calamine** ou Zinc carbonaté se rencontre dans les
mêmes conditions que la Blende : on la trouve dans le filon de la Poype.
L'Angleterre, la Belgique, la Silésie, possèdent d'importants gisements de
ces minerais. — Les autres minerais : la *Zinconise*, Zinc hydro-carbonaté,
la *Willemite* ou Zinc silicaté, la *Smithsonite* ou Zinc oxydé siliceux, qui
accompagnent les filons de Blende et de Calamine sont plutôt des acci-
dents minéralogiques que de véritables minerais. — Etc.

Le **Groupe des Cuprides** comprend le *Cuivre*, le *Cobalt* et le *Nickel*.
— Le **Cuivre natif** est assez rare ; on le trouve ordinairement dans les
dépôts cuprifères en petits rameaux flexibles, articulés, formés par des
octaèdres très-distincts implantés les uns dans les autres, ou en petites
paillettes ou dendrits comme à Chessy, Sain-Bel (Rhône), etc.

Vitrines 318 & 319

Ces deux vitrines renferment la magnifique **Collection des minerais
de Cuivre des mines de Chessy et Sain-Bel** (Rhône), donnée au
Muséum en 1853, par M. Bronzet-Rigotier. Dans ces mines, exploitées dit-on
par les Romains et certainement par les Français depuis l'an 1400, on a trouvé
d'admirables échantillons minéralogiques des différentes variétés de minerais de Cuivre : les cristaux, toujours rares dans les collections, y sont aussi
nombreux que variés. — La **Cuprite**, cuivre oxydulé, se trouve à Chessy
en cristaux, à l'état amorphe (mine rouge), placée entre le Terrain ancien et
le Terrain secondaire ; l'intervalle a été rempli par des fragments amphibolitiques avec lamelles de Cuprite ou de Cuivre natif ; c'est un gîte de contact
épuisé. — La **Mélaconite** ou Cuivre oxydé noir, porte à Chessy le nom
de Mine noire ; ce gisement également épuisé provenait de la décomposition des Pyrites ; elle constituait des masses plus ou moins volumineuses
rendant en moyenne 1500. — L'**Azurite** ou Cuivre carbonaté bleu existe

à Chessy à l'état cristallisé, globulaire, amorphe ou terreux. Le gîte des minerais carbonatés a été découvert en 1811 ; il est situé dans les Marnes argileuses des Grès bigarrés, lesquels sont adossés aux Schistes métamorphiques et métallifères. — La **Malachite** ou Cuivre carbonaté vert, s'y rencontre sous forme cristalline, concrétionnée, compacte ou terreuse : on la trouve également sous forme d'aiguilles soyeuses d'un vert magnifique. Nous ne pouvons évidemment énumérer tous les beaux échantillons de la collection que le regard même le plus profane ne peut s'empêcher d'admirer : nous nous bornons à la signaler au visiteur comme n'ayant nulle part son équivalent. — La **Beaumonite** qui renferme de la Silice, du Cuivre, du Fer et de l'Alumine, se trouve également à Chessy, mélangée à des nodules de Manganèse et d'Azurite. — La **Chalcopyrite** ou Cuivre pyriteux existe à l'état cristallisé, amorphe ou granulaire ; souvent elle est associée à des pyrites de fer. — Nous aurions encore à citer comme venant des mines de Chessy et Sain-Bel : le *Chrysocale* ou Cuivre hydro-silicaté ; la *Cyanose* ou Cuivre sulfaté ; la *Tennantite* ou Cuivre gris arsénifère. — Etc.

Vitrine 320

Nous voyons dans cette vitrine la suite des minerais de Cuivres mais de provenances autres que celles des mines de Chessy et de Sain-Bel. — **Chalcopyrites** ou Cuivre pyriteux, de Lamure (Isère), Chevinay (Rhône), Sain-Clément, près de Tarare (Rhône), etc. — La **Zigueline** ou Cuivre oxydulé, se trouve sous divers états dans les monts Ourals, au Chili, sur les bords des lacs supérieurs d'Amérique, etc. — Le **Cobalt** ne se rencontre pas à l'état libre ; ses minerais recherchés pour la fabrication des couleurs employées dans la céramique sont relativement assez rares : les minéraux cobaltifères forment généralement des filons dans les Terrains anciens et cristallophylliens. — La **Cobaltine**, sulfo-arséniure de Cobalt est le minerai le plus connu ; il se trouve en Suède, en Norwége, etc. — La **Rhodoïse**, Cobalt arséniaté, connue également sous le nom de *Fleur de Cobalt*, a été reconnue à Allemont, dans l'Oisan. — Le **Nickel** accompagne presque toujours le Cobalt ; les minerais de Nickel sont recherchés pour l'extraction de ce métal qui entre dans la composition d'un grand nombre d'alliages tels que le Maillechort. — La **Nickeline**, arséniure de Nickel, est exploitée à Schneeberg et à Freyberg, en Saxe, dans le Harz, au Texas, etc. — Le **Nickelocre**, Nickel arséniaté, se trouve à la partie supérieure des filons qui contiennent la Nickeline ; il provient du reste de l'altération de ce minerai. — Etc.

Le **Groupe des Sidérides** comprend deux métaux importants, le *Fer* et le *Manganèse*. — Le **Fer** natif est très-rare ; c'est plus spécialement dans les météorites qu'on le rencontre à l'état de masses métalliques éparses à la surface, ou disséminées en petits grains ; tels sont les météorites d'Atakama (Chili), de l'Aigle (Orne), tombé en 1806, etc.

Vitrines 321, 322, 323, 324 & 325

Dans ces cinq vitrines sont réunies les **Collections des principaux types de minerais de fer** : tout le monde connaît l'importance des gise-

ments de fer exploités à l'île d'Elbe, en France, en Angleterre, en Allemagne,
en Suède, etc. L'industrie métallurgique prenant chaque jour un plus
grand développement, il convient de porter sur l'étude de ces gisements
toute l'attention possible. — Les minerais de fer sont très-nombreux,
mais quelques-uns sont plus spécialement recherchés à cause de leur pureté,
de leur abondance, et de la plus ou moins grande facilité de travail que présente leur traitement. — La **Pyrite** ou Fer sulfuré jaune est très-commune, et se trouve souvent à l'état de beaux cristaux cubiques ou de dodé-
caèdres; elle existe dans la plupart des filons métallifères; mais la
présence du Soufre la rend inutilisable dans la métallurgie: on la trouve
également dans les couches de houilles: nous voyons dans la collection des
Pyrites des Alpes, de l'île d'Elbe, du Piémont, etc. — La **Marcassite** ou
Fer sulfuré blanc diffère de la Pyrite par sa cristallisation en formes prismatiques: elle se décompose à l'air; on utilise cette propriété pour la
fabrication du sulfate de fer ou couperose verte. Les Pyrites servent également à l'obtention de l'acide sulfurique. — Le **Mispickel** ou sulfure de
Fer et d'Arsenic est plutôt un minerai d'Arsenic qu'un minerai de Fer: on le
rencontre dans les filons stannifères ou argentifères: dans le bassin du
Rhône on a trouvé le Mispickel à Longenève et à Valsonne (Rhône). — La
Magnétite ou Oxyde de fer magnétique est un des principaux minerais de
Fer; sa poussière plus ou moins noire, est un de ses principaux caractères:
fortement magnétique, elle cristallise en octaèdres réguliers ou en dodécaè-
dres rhomboïdaux. La Magnétite forme de grandes masses dans diverses
localités, et donne lieu à d'importantes exploitations: telles sont les mines
de Dannemora, en Suède, d'Arendal, en Norwège, de Saint-Léon, en Sardaigne, de Mokta-el-Hadid en Algérie, etc. — L'**Oligiste** ou Peroxyde de
Fer anhydre a sa poussière rouge: ses cristaux dérivent d'un rhomboèdre,
et sont souvent en forme de tables hexagonales: il est moins riche en Fer
que la Magnétite: les beaux et puissants gisements de l'île d'Elbe nous
offrent une remarquable collection de cette variété de minerai; son rende-
ment est de 60 à 62 0/0. Dans les volcans éteints du mont Dore et du Puy-
de-Dôme on trouve des lamelles de Fer oligiste parfois assez grandes. —
La **Gœthite** ou Peroxyde de Fer mono-hydraté, est beaucoup plus
rarement à l'état de petits cristaux ou d'aiguilles dans les filons ou amas
ferrugineux. — La **Limonite** ou Hématite est un peroxyde de Fer pluri-
hydraté qui n'est jamais cristallisé: elle se présente en masses concrétionnées, compactes, amorphes et terreuses, ou sous forme de grains isolés ou
agglutinés de grosseur variable: sa poussière est jaune: c'est le moins riche
des minerais de Fer. Il en existe plusieurs variétés: l'Hématite brune ou
noire est souvent associée au Manganèse: exemple, l'Hématite des Pyrénées, d'Espagne, des environs d'Alais, etc.; — les Hématites compactes ou
en roches que l'on rencontre dans les Pyrénées et qui sont des minerais très-
estimés; — les minerais terreux et cloisonnés provenant de la décomposition
des sulfures ou des carbonates; — les minerais oolithiques composés de
petits grains ferrugineux empâtés dans un bol calcareo-ferrifère: c'est à
cette variété que nous devons rattacher les minerais de Fer exploités à Villebois (Ain), à la Verpillière (Isère), etc., qui la plupart du temps renferment des fossiles; — les minerais pisolithiques ou minerais en grains qui
alimentent les usines de la Bourgogne, du Berry, de l'Allier, de la Haute-
Saône, etc.; — les **Œtites** ou Pierre d'aigle sont des limonites géodiques

en masses sphéroïdales contenant parfois un noyau mobile de même composition du au retrait du minerai ; — enfin les minerais limoneux ou Fer des marais exploités en Allemagne, etc. — La **Sidérose** ou Fer carbonaté se présente en cristaux, en masses lamellaires, en couches ou filons plus ou moins puissants souvent accompagnés de minerais manganésifères : nous citerons comme exemple les gisements d'Allevard (Isère), dont la collection du Muséum contient toutes les variétés : on remarquera plus particulièrement la variété dite orbiculaire, montrant dans sa section des anneaux enlacés. — L'**Ilvaïte**, Fer calcaréo-siliceux, présente de longs cristaux noirs à cassure résineuse ; c'est une des raretés minéralogiques ; on la trouve à l'île d'Elbe. — La **Vivianite**, Fer phosphaté bleu, se manifeste sous forme de masses terreuses ou cristallines d'un bleu plus ou moins accentué ; on la trouve avec d'autres variétés de Fer. — L'**Arsénis-sidérite**, dont la composition est encore mal définie, existe à l'état de concrétions fibreuses, à Romanèche (Saône-et-Loire). — Etc.

Vitrine 326

Le **Manganèse** à l'état de combinaisons est très-répandu dans la nature : mais ses minerais purs sont rares. Nous avons encore à signaler parmi les richesses minéralogiques du bassin du Rhône le beau gisement de Romanèche (Saône-et-Loire), décrit en 1796, et dont cette vitrine renferme une remarquable série d'échantillons. Les usages du Manganèse sont de plus en plus nombreux : ses minerais associés en proportions définies avec les minerais de Fer donnent des fontes aciéreuses spéciales : il entre en outre dans la composition de certains verres, et sert à la préparation de plusieurs produits chimiques. — La **Pyrolusite** est un Peroxyde de manganèse. — La **Psilomélane** est un minerai de Manganèse oxydé barytifère ; à Romanèche, la Psilomélane en masses, en veinules, en rognons irrégulièrement disséminés, forme un gîte de contact placé entre les Porphyres du Beaujolais, et le Terrain jurassique inférieur : on y voit des Géodes dont l'intérieur est mamelonné, terne ou brillant, présentant les formes les plus variées. — L'**Acerdèse**, sesquioxyde de Manganèse hydraté, se montre au contraire avec des formes cristallines rapportées au prisme rhomboïdal : on la voit en filons ou associée aux minerais de Fers spathiques. — La **Rhodanite**, bi-silicate de Manganèse, se trouve en veinule dans les roches anciennes, et dans les gîtes métallifères : certaines variétés servent de pierre d'ornementation. — Etc.

Vitrine 327

Les **MÉTALLOLITHES** que nous voyons dans cette vitrine sont des corps électro-positifs dont les oxydes de plus en plus basiques ne sont réductibles ni par le Charbon, ni par l'Hydrogène : ces oxydes plus ou moins alcalins sont les éléments principaux des terres, des pierres et des roches qui composent la couche solide de notre globe ; d'autre part, en décomposant ces mêmes oxydes, on obtient des corps simples ayant tous les caractères métalliques : de là le nom de Métallolithe qui exprime cette double propriété.

Le **Groupe des Cérides** ne comprend que des minéraux fort rares et peu répandus dans la nature : l'*Uranium*, le *Didyme*, le *Lanthane*, le

Corium et le *Thorium*. — Le **Pechurane**. Urane oxydé, se trouve en masses compactes ou testacées en Saxe et en Bohême ; on l'exploite pour en retirer l'Urane ou Uranium. — L'**Uranite** existe dans les Trachytes, les Gneiss et diverses Roches feldspathiques ; on le rencontre aux environs d'Autun (Saône-et-Loire). — Etc.

Le **Groupe des Aluminides** est plus riche en espèces communes : nous citerons : le *Zircorium*, l'*Aluminium*, le *Glucinium*, le *Terbium*, l'*Erbium*, l'*Ytrium* et le *Magnésium*. — L'**Aluminium** forme plusieurs composés importants, dont quelques-uns ont une valeur industrielle sérieuse et utile : le métal lui-même découvert en 1827 n'est bien connu que depuis 1854 : son emploi d'abord restreint devient de jour en jour plus répandu. — Le **Corindon** ou Alumine anhydre peut être taillé, et sert dans la bijouterie : les variétés limpides et colorées sont connues sous le nom de pierres orientales ; selon qu'elles sont rouges, bleues, vertes, violettes ou jaunes, elles ont reçu le nom de Rubis, Saphir, Émeraude, Améthyste ou Topase orientale : la plupart des Corindons employés en bijouterie viennent de Pégu. — La **Beauxite** ou Alumine hydratée est le véritable minerai d'Aluminium : elle renferme de 65 à 70 0/0 d'Alumine ; on la trouve dans les Terrains tertiaires du midi de la France, notamment aux environs de la commune des Beaux, près d'Arles (Bouches-du-Rhône). — Le **Spinelle** est un aluminate d'Alumine diversement coloré ; les Spinelles rouges, colorés par l'acide chromique portent le nom de Rubis balais ; les Spinelles bleus renferment de l'oxyde de Fer ; les verts ou Chloro-Spinelle sont mêlés à la Magnésie ; les noirs sont plus riches en Fer. Toutes ces pierres, lorsqu'elles ont une transparence suffisante, sont recherchées par les lapidaires : les plus belles variétés viennent de Ceylan et de la Birmanie ; on les trouve dans les roches anciennes. — La **Turquoise** ou phosphate d'Alumine impur est colorée par le Cuivre. La variété appelée vieille roche ou orientale est très-estimée en joaillerie : les plus belles se rencontrent en Perse et dans l'Arabie Pétrée, où elles se présentent en rognons très-petits disséminés dans des argiles ferrugineuses. — L'**Alunite** ou Pierre d'Alun est un sous-sulfate d'Alumine et de Potasse : on l'exploite pour en retirer l'Alun : elle provient soit des terres ou des argiles alunifères comme en Italie, soit des Schistes alumineux comme en Angleterre. — Le **Magnésium** forme un grand nombre de composés dont quelques-uns sont très-répandus à la surface du globe. — La **Dolomie**, carbonate double de Chaux et de Magnésie, existe à l'état cristallisé dans divers filons, et constitue dans les Alpes et les Pyrénées des masses considérables, d'un aspect saccharoïde, dû au métamorphisme des couches calcaires. — Etc.

Le **Groupe des Calcides** comprend : le *Calcium*, le *Strontium* et le *Baryum*. — Le **Calcium** n'existe pas à l'état libre dans la nature, mais forme des composés très-répandus, notamment le Calcaire ou carbonate de Chaux. — La **Fluorine** est un fluorure de Chaux, utilisé comme fondant dans le traitement de certains minerais quartzeux : c'est une gangue habituelle des filons métallifères : on la trouve en Bourgogne dans les Porphyres et les Granits, dans le Harz, la Saxe, le Cumberland. — Etc.

Vitrine 328

Le **Calcaire** est un carbonate de Chaux plus ou moins pur : le Calcaire qu'est cristallisé de en rhomboèdres souvent transparents ou translucides.

la collection renferme de beaux échantillons de carbonate de Chaux cristallisé ou Spath d'Islande, de diverses provenances: nous avons vu vitrine 257 les nombreuses variétés de cristaux trouvés dans les géodes des carrières de Couzon, près de Lyon. — Le Calcaire se présente plus ordinairement sous des formes très-multiples dont nous ne pouvons énumérer ici que les principales : le *Calcaire cristallin* ou en gros cristaux et alors souvent *lamellaire*; *saccharoïde* ou en petits cristaux : *compacte* sans cristaux visibles, et quelquefois *lithographique* : *brechiforme*; *crayeux* comme la craie ; *travertin* ou vermiculé, et *vacuolaire* : *oolithique*, formé de petites concrétions arrondies : *brocatelle*, formé de tubercules incomplets pénétrant entre eux : *concrétionné*, formé par suintement, et donnant les *tufs* et les *stalactites* : *grossier*, composé de sable calcaire avec débris de Coquilles et de Polypiers : *lumachelle*, presque entièrement formé de Coquilles et cependant dur et compacte, etc. — Les *Marbres* sont des variétés dures et compactes susceptibles de prendre un beau poli. C'est à ces différentes variétés typiques que doivent être rapportés tous les Calcaires dont nous avons suivi les différents dépôts et les formations dans l'étude de la géologie. — Etc.

Vitrine 329

L'**Aragonite** ou Chaux carbonatée prismatique se présente en cristaux ou en masses fibreuses, et ne constitue jamais de grands dépôts comme le Calcaire : on la trouve dans quelques filons métallifères, dans les Pyrénées, les Vosges, la Hongrie, l'Espagne, etc. — Le **Gypse** ou Chaux sulfatée donne, lorsqu'il est grillé convenablement, la pierre à plâtre : nous connaissons son emploi dans les constructions, et l'usage qu'en fait l'agriculture pour l'amendement de certains sols ; on le trouve sous forme de couches ou de lentilles dans les Marnes des Terrains triasiques ; il constitue des couches puissantes dans les Terrains tertiaires des environs de Paris et de la Provence : les variétés saccharoïdes sont utilisées dans l'ornementation sous le nom d'Albâtre : les plus beaux Albâtres viennent de la Toscane. — L'**Anhydrite** ou Chaux sulfatée anhydre se présente ordinairement en masses demi-cristallines, saccharoïdes ou compactes ; à cause de sa dureté elle est employée en Italie comme marbre. Elle se trouve en masses ou en amas irréguliers dans les couches qui renferment du Gypse ou du Sel gemme. — L'**Apatite** ou Chaux phosphatée existe dans les Terrains cristallins à l'état de petits filons, de nids et de rognons ; on la rencontre également dans les différents étages des Terrains sédimentaires, en rognons irrégulièrement disséminés, exploités en France et en Angleterre pour l'amendement du sol. — L'**Ostéolite**, de la Hesse, est une variété plus pure de Chaux phosphatée, blanche, terreuse et pulvérulente. — La **Pharmacolite** ou Chaux arséniatée était autrefois employée dans la médecine; on la trouve avec l'Apatite. — Le **Barium** n'existe qu'à l'état de composé dans la nature. — La **Witherite** ou Baryte carbonatée se présente en cristaux implantés dans les filons, en masses fibreuses ou compactes, formant la gangue de certains filons métallifères, notamment les minerais de Plomb : on s'en sert pour la préparation des sels de Baryte. — La **Barytine** ou Baryte sulfaté provient d'un grand nombre de localités ; dans l'Auvergne on la trouve dans des filons avec des formes cristallines très-variées ; elle forme la gangue des minerais métallifères du Harz, de la Saxe, du Cumberland. etc.; nous la voyons encore disséminée irrégulièrement dans les Terrains stratifiés, comme à Chessy, à Autun et dans le Mont-d'Or lyonnais; on l'emploie comme fondant dans la métallurgie du Plomb; la fabrication des papiers et des cartons en fait grand usage. — Le **Stron tium** se rencontre également sous forme de composés bien définis : la **Strontianite** ou Strontiane carbonatée existe en masses cristallines ou concrétionnées comme matière de remplissage de filons dans un petit nombre de localités, au cap Strontium, en Écosse et dans quelques autres stations. — Etc.

Vitrine 330

La **Celestine** ou Strontiane sulfatée se rencontre le plus habituellement dans les couches et les amas de Gypse ou de Sel gemme, où elle forme des veinules, des veines ou des rognons; on s'en sert dans la pyrotechnie pour fabriquer l'oxalate de Strontium qui colore les feux en rouge. — Etc.

Le **Groupe des Potassides** renferme le *Lithium*. le *Sodium* et le *Potassium*. — Le **Sodium** existe en très-grande abondance dans la nature, mais à l'état de sels. — Le **Sel gemme** ou chlorure de Sodium cristallise dans le système cubique; on le trouve avec le Gypse dans l'étage des Marnes irisées. dans le Jura, la Meurthe, etc. Nous avons vu vitrine 260 des empreintes de cristaux de Sel dans les Marnes irisées du Mont-d'Or lyonnais; on le rencontre dans le Tyrol, en Suisse, dans les formations liasiques et oolithiques; enfin en Catalogne il se manifeste dans les Terrains crétacés; on sait combien sont précieux ses nombreux emplois. — La **Nitraline** ou azotate de Soude constitue au Pérou une couche de plus de quarante lieues de longueur : la Nitraline sert à la fabrication de l'acide azotique. — Le **Borax** ou borate de Soude se présente dans la nature en cristaux blancs et opalins provenant de l'évaporation de certaines eaux ; on l'utilise comme fondant; les lagoni de la Toscane donnent lieu à de grandes exploitations de Borax. — Le **Potassium** est à l'état de combinaisons dans un grand nombre de minéraux. — Le **Nitre** ou Salpêtre est un azotate de Potasse; il se produit sur les murs des constructions calcaires, ou recouvertes de plâtre, en présence de substances alcalines. de matières organiques et de l'humidité; dans plusieurs pays il existe de véritables nitrières naturelles. — Etc.

Les **Ammonides** ou composés ammoniacaux existent à l'état d'efflorescences cristallines. — Le **Salmiac** ou chlorhydrate d'Ammoniaque se présente en croûtes cristallines ou en cristaux dans les déjections volcaniques et dans les houillères embrasées de la Loire.

Les **ORGANOLITHES** renferment des corps d'origine organique. qui. modifiés par diverses causes, ont pris plusieurs des caractères minéralogiques. On les divise en quatre groupes : les *Résinides*. les *Bitumides*. les *Carbonides* et les *Urides*.

Le **Groupe des Résinides** ou Résines fossiles comprend des matières qui ont un aspect résineux; ce sont la plupart du temps des Résines qui se sont écoulées des arbres qui vivaient dans les temps géologiques. — Le **Succin** ou Ambre jaune est une véritable Résine analogue au Copal, et qui provient des Conifères de l'époque tertiaire; on le trouve au milieu des Sables, des Argiles et des Lignites des Terrains tertiaires; parfois il renterme encore des fleurs ou des insectes qui ont été pris dans sa masse lorsque la substance encore fluide s'écoulait de l'arbre. Les plus belles variétés viennent de Prusse et des côtes de la Baltique. — Les **Bitumides** sont des corps imprégnés d'hydrocarbures qui les rendent plus ou moins combustibles ; ils proviennent de la distillation naturelle des combustibles minéraux ou végétaux. — Le **Naphthe**, plus connu sous le nom de Pétrole, est un hydrocarbure bien défini ; les sources les plus pures de Naphte sont en Perse, sur les côtes nord-est de la mer Caspienne ; le Pétrole du commerce existe dans un grand nombre des gisements : c'est surtout d'Amérique qu'il nous est expédié ; son origine est encore moins bien définie que son emploi. — L'**Asphalte** est une autre variété de carbure d'Hydrogène ; c'est ce qui constitue le Bitume. Il imprègne des bancs de Grès, des Schistes ou des Calcaires dont on l'extrait par divers procédés : citons les Bitumes de Seyssel, du val de Travers, etc. — Les **Carbonides**, désignés sous le nom générique des Charbons, sont des combustibles fossiles ou minéraux qui se trouvent parfois en grandes masses dans le sein de la terre. — L'**Anthracite** est essentiellement composée de Carbone ; elle ne s'embrase qu'en grandes masses, et brûle plus difficilement que la Houille ; son principal gisement est dans l'ensemble des Terrains carbonifériens : dans le Lyonnais, on trouve l'Anthracite à Tarare, Régny, Valsonne, etc. ; on exploite également les dépôts de Lamure dans le Dauphiné et ceux de la Maurienne, etc. — La **Houille** est plus inflammable que l'Anthracite ; nous en avons déjà parlé à propos des Terrains carbonifériens ; on remarquera dans la vitrine n° 340 la collection des Houilles des principaux gisements du bassin houiller de la Loire. — Le **Lignite** est une Houille à un état moins avancé : on y retrouve encore les fibres du bois dans toute leur conservation ; c'est le combustible des Terrains secondaires et tertiaires : nous les voyons dans le bassin du Rhône à Mondragon (Vaucluse), à Fuveau (Bouches-du-Rhône), à la Tour-du-Pin (Isère), etc. — Le **Jayet** ou Jais est un Lignite compacte d'un beau noir, dur et susceptible d'un beau poli ; on le travaille principalement dans l'Aude et dans l'Ariège pour en faire des bijoux et des objets de parure. — La **Tourbe** est le moins parfait des combustibles minéraux : c'est le produit direct de la décomposition des plantes herbacés ligneuses terrestres ou aquatiques ; les tourbières sont toutes de formation relativement récente : les plus belles tourbières françaises se trouve dans la vallée de la Somme : on emploie la Tourbe comme combustible après lui avoir fait subir une dessication préalable. — Les **Urides** ou Sels d'origine organique sont peu nombreux. Nous ne citerons que le **Guano** : c'est le produit résultant de l'accumulation des excréments des Oiseaux aquatiques ; il existe en grandes masses qui n'ont pas moins de quinze à vingt mètres d'épaisseur dans les rochers voisins des côtes du Chili et du Pérou. C'est un engrais des plus riches et des plus énergiques. — Etc.

Vitrines 292. 331 & 332

Collection de Marbres donnés au Muséum de Lyon par feu Fulchiron. Cette collection comprend 254 plaques de Marbres de toutes espèces, de Porphyres, Granites, Brèches, Lumachelles, etc. Une partie de cette collection figure dans les vitrines 331 et 332 ; l'autre a été déposée de chaque côté des vitrines de la salle de Minéralogie.

Vitrines 333 & 334

Carte géologique de l'Angleterre par G. B. Greenough.

Vitrines 335 & 336

Carte géologique de la France par Dufrenoy et Élie de Beaumont.

Vitrines 337 & 338

Carte géologique et physique des Indes anglaises. par G. B. Greenough. — **Carte hydrographique du bassin du Rhône.** dressée avec le concours de M. Fournet, par M. de Dignoseyo fils.

Vitrine 339

Carte géologique du département de la Loire. par M. L. Gruner.

Vitrine 340

Collection des types de Houilles des principales couches du bassin de la Loire. donnée au Muséum par M. A. Locard en 1873. — Le bassin houiller de la Loire, aujourd'hui si important, était presque inconnu au dix-huitième siècle : actuellement on extrait plus de 36 millions de quintaux de Houille par an. Le Terrain houiller est déposé dans une vaste dépression que présentent les Micaschistes du plateau central. D'après M. Gruner, on divise cette formation en quatre étages : 1° A la base, le système de Rive-de-Gier, qui renferme quatre couches ayant ensemble douze à quatorze mètres de puissance ; 2° le système inférieur de Saint-Étienne, contenant sept couches ayant ensemble une puissance de 10 à 12 mètres ; 3° Le système moyen de Saint-Étienne, renfermant neuf ou dix couches ayant à Bérard 10 mètres de puissance, à Montsalson 10 à 15 mètres, et à la Ricamarie jusqu'à 20 mètres ; 4° le système supérieur de Saint-Étienne, qui renferme au bois d'Aveize huit couches ayant ensemble de 15 à 20 mètres, et, à la Chauvetière, trois couches d'environ 5 mètres de puissance. — Etc.

Échantillons déposés au centre de la galerie

Bloc de **Quartz** hyalin cristallisé, des Alpes. La forme cristalline primitive du Quartz est le rhomboèdre ; mais on le rencontre plus souvent cristallisé en prisme hexagonal terminé par des pyramides à six faces triangulaires, ou prisme bi-pyramidé. Le bloc de Quartz du Muséum est un des pointements d'un prisme bi-pyramidé de très-grande taille. Les échantillons de cette nature se trouvent ordinairement dans les filons des roches cristallisées.

Bloc de **Galène**, plomb sulfuré argentifère des mines de Pontgibaud (Puy-de-Dôme).

Table de Marbre, faite avec les principaux types de roches des Pyrénées, donnée au Muséum par feu Eudchiron. — Sur la table, une plaque de

Malachite, Cuivre carbonaté vert. La Malachite est un minerai accidentel subordonné aux filons qui renferment d'autres minerais cuprifères : les plus beaux échantillons viennent de la Sibérie et des monts Ourals.

Collection des **Grès et Granites servant au pavage de la ville de Lyon** donnée au Muséum, en 1873, par M. Gobin, ingénieur en chef de la ville. — Au centre, un bloc de **Quartzite** des Alpes, trouvé dans les cailloux roulés du Rhône, jadis employés pour le pavage des rues de notre ville. — **Grès** du Lias, de Saint-Gengoux (Saône-et-Loire), de Grolliers, entre le Creusot et Autun (Saône-et-Loire), de Vincelles, près Sennecey-le-Grand (Saône-et-Loire). — **Granites** de Mornand, des carrières de Saint-Andéol, près les Bâtards, de Talluyers, de Brindas (Rhône), du Pont-de-Lignon, d'Orec (Loire), etc.

VESTIBULE

Ardoise de la Chambre (Savoie) ; plaque de grande taille provenant des ardoisières exploitées dans les Alpes. Les Ardoises de la Chambre sont situées dans le Terrain jurassique inférieur ou Lias alpin schisteux ; ce lambeau de Lias se trouve resserré du côté de l'ouest par la grande chaîne granitique qui domine Allevard et dépend du massif du mont Blanc, et du côté de l'est par le bord d'une grande faille ou cassure du sol qui a mis au jour le trias et le Calcaire à Nummulites. La schistosité de ces roches doit être attribuée au laminage puissant qui s'est produit lorsque les contrées voisines ont pris leur relief actuel.

Tronc de Sigillaria reniformis, trouvé dans le petit bassin houiller de Prades et Jaujac, situé au nord-ouest d'Aubenas (Ardèche). Ce bassin est creusé dans le Terrain granitique ; le Terrain houiller repose sur des poudingues stériles de roches de cristallisation ; il se compose d'une succession de Grès, de Schistes noirs et de Couches charbonneuses avec alternances ; les Schistes et les Grès renferment de nombreux débris de végétaux.

Karte des unter Engadins, don de M. J.-N. Ziegler.

Carte Ipsométrique de la Suisse, par M. J.-N. Ziegler

Carte géologique de la Suisse, par M. M.-B. Studer et A. Escher von der Linth.

Carte du Valais (Haut-Rhône).

Carte géologique des gisements de minerais de fer du département de l'Ardèche, par M. Charles Ledoux.

Carte des parties de la Savoie, du Piémont et de la Suisse voisines du mont Blanc, par M. Alphonse Favre.

Carte géologique des parties de la Savoie, du Piémont et de la Suisse voisines du mont Blanc, par M. Alphonse Favre.

Carte géologique des environs de Paris, par M. Édouard Colomb, etc.

FIN

TABLE DES VITRINES

TABLE DES MATIÈRES

FIN DE LA TABLE DES MATIÈRES.

LYON. — IMPRIMERIE PITRAT AÎNÉ, RUE GENTIL, 4.

ASSOCIATION LYONNAISE

DES

AMIS DES SCIENCES NATURELLES

Le développement remarquable qu'ont pris, depuis quelques années, les collections du Muséum d'histoire naturelle de Lyon assure désormais à cet établissement un rang distingué parmi tous les musées de ce genre. Non seulement il est aujourd'hui un des premiers en France, mais il peut même rivaliser avec les musées de plusieurs capitales étrangères. Cependant, tel qu'il est, le Muséum de Lyon présente encore de nombreuses et d'importantes lacunes qu'il serait temps de combler. D'un autre côté, le domaine de l'histoire naturelle s'étendant tous les jours avec une incroyable rapidité, il est nécessaire que les collections publiques suivent ce mouvement, si elles veulent rester à la hauteur de leur mission.

Malgré la généreuse subvention que notre établissement municipal reçoit chaque année de la ville, il lui devient tous les jours plus difficile de satisfaire aux exigences de la science : l'accroissement des collections entraîne des frais de conservation plus considérables, et ces derniers absorbent aujourd'hui la meilleure partie de l'allocation, à tel point qu'il ne reste, pour les acquisitions, qu'une somme réellement insuffisante. Si cet état de choses persistait, non-seulement le Muséum ne pourrait que très-lentement combler les lacunes dont nous venons de parler, mais encore, et à plus forte raison, il ne saurait prendre sa juste part aux conquêtes nouvelles les plus précieuses que fait l'histoire naturelle.

C'est pour prévenir cet état de stagnation que les soussignés ont conçu le projet d'une association, à l'imitation d'un grand nombre de villes, notamment de Strasbourg, qui ont eu recours au même moyen pour accroître leurs ressources. [illegible] dre et de propager parmi nos concitoyens le goût des sciences naturelles.

Voici le plan de l'association que nous avons l'honneur de proposer :

1º L'Association portera le titre d'*Association lyonnaise des Amis des sciences naturelles* ;

2º Sera membre de l'Association toute personne qui souscrira au moins pour une cotisation annuelle de 10 fr. ;

3º Le montant de la souscription sera prélevé tous les ans au mois de juillet ;

4º Le produit des cotisations sera employé uniquement à l'acquisition d'objets nouveaux ;

5º Les membres de l'Association se réuniront tous les ans pour nommer la commission qui sera chargée de l'emploi de ces fonds ;

6º A chaque assemblée générale, la Commission présentera un rapport sur les acquisitions faites dans le courant de l'année ;

7º Dans cette réunion, un des membres de l'Association exposera les faits les plus intéressants d'une branche quelconque d'histoire naturelle ;

8º Chaque membre de l'Association recevra une carte d'entrée avec laquelle il pourra visiter tous les jours les galeries du Muséum ;

9º Il sera dressé un tableau des noms de tous les membres de l'Association ; ce tableau sera exposé dans une des salles du Muséum ;

10º Tous les objets acquis sur les fonds de l'Association porteront sur leur étiquette : *Don de l'Association lyonnaise des Amis des sciences naturelles.*

MM. BELLON ✳, Ancien négociant.

CHABRIÈRE-ARLÈS ✳, Ancien négociant.

DELOCRE O. ✳, Ingénieur des ponts et chaussées. Président de la Société d'Agriculture et d'Histoire naturelle de Lyon.

DUMORTIER, Membre de l'Académie de Lyon.

LOCARD Eugène ✳, Ingénieur civil.

LORENTI. Professeur à l'École La Martinière.

LORTET ✳ (Dr). Directeur du Muséum d'Histoire naturelle.

PIATON ✳, Ancien notaire.